# 法國藍帶糕點聖經

# L'ÉCOLE de la
# PÂTISSERIE

100 RECETTES DE CHEF EXPLIQUÉES PAS À PAS

100 道詳細步驟完整解說的主廚精選配方

**LE CORDON BLEU**®

法 國 藍 帶 糕 點 聖 經

# L'ÉCOLE de la
# PÂTISSERIE

## 100 RECETTES DE CHEF EXPLIQUÉES PAS À PAS

100 道詳細步驟完整解說的主廚精選配方

攝影：Olivier Ploton

 **TK**

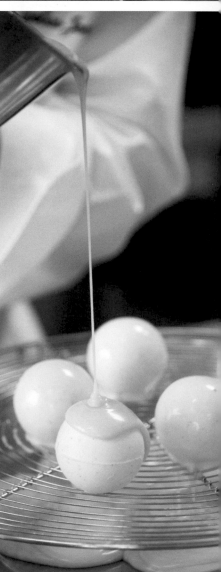

前言
# PRÉFACE

擁有超過120年經驗的法國藍帶廚藝學院，始終忠於追求卓越的理念。法國藍帶廚藝學院在全球，最早建立了廚藝與飯店管理教育的機構網絡，在超過20個國家和將近35間機構中推出多元的培訓課程，並延伸至餐飲、飯店與旅遊等大學入門課程。

本機構的聲譽從未隨著時間的流逝而中斷。仰賴最創新技術的培訓課程不斷與時俱進，以滿足各種專業發展。大學課程因應全世界政府機關、大學或專門機構而持續調整。法國藍帶廚藝學院教育機構，每一年培訓出20 000名來自100個國家，在料理、糕點、麵包、美酒和飯店管理等領域具專業長才的學生。在巴黎，我們開創了一個超現代且環保的新校園，除了專業的培訓以外，我們也在面對塞納河的專用教室，為業餘愛好者推出相關的課程。

創立於1895年，本機構旨在傳授由法式料理大師們傳承下來的技術與知識。起源可追溯至 Marthe Distel 馬斯•迪斯戴創辦，最早名為《La Cuisinière Cordon Bleu 法國藍帶廚藝》的周刊。創刊第一年就有將近20 000名訂戶，創辦人很快便想出這樣的好點子：邀請他們參與介紹食譜的主廚們所舉辦的免費烹飪課。這本雜誌反映出當時資產階級的法式經典料理，同時也反映出對世界料理的開放態度，因為它以多種語言發行。馬斯•迪斯戴最早的烹飪課於 1895年10月15日在巴黎法國藍帶廚藝學院教授。從一開始，法國藍帶廚藝學院便足以證明它對全世界的開放態度，因為它在其發源地巴黎，迎接了各國的學生。課程除了由教師以法語教授外，還會由譯者翻譯成英文，有利於多元文化的學習。本機構對外傳播，致力於讓法式料理能夠在世界上發光發熱。儘管遍布世界各地的法國藍帶廚藝學院始終教授的是法式烹飪技術，但同時也教導學生方法，讓他們能夠提升自己母國料理傳承的價值。

法國藍帶廚藝學院在國際上致力於法國文化與法式生活藝術的推廣，同時讓美食與飯店的優質典範得到重視。近年來，我們的活動也大幅多元化，並經手美食產品與專業料理器材的經銷、開設餐廳、參與電視節目的製作，以及料理書籍的出版。法國藍帶廚藝學院出版許多全球廣受好評的書籍，其中有些還成為廚藝培訓的參考書。法國藍帶廚藝學院的著作在全世界已累積銷售超過一千萬本。

專注於專業方法的法國藍帶廚藝學院和拉魯斯密切合作，一同構思出多本教導如何掌握法式烹飪技術，以及傳授本機構基本價值的書籍。作為對學生和美食愛好者的支持，很高興能和各位分享我們不斷尋找樂趣、優質美味，以及對傳統與現代的熱忱中，自我突破的決心。

向美食愛好者致意

ANDRÉ COINTREAU 安德烈•君度

國際法國藍帶總裁

# SOMMAIRE

目錄

# INTRODUCTION

法國藍帶廚藝學院自豪地獻上本著作《l'École de la Pâtisserie 法國藍帶糕點聖經》，這是一本結合法國藍帶廚藝學院教育機構的廚藝與教育職能，以及拉魯斯出版品質的參考書。

在本書中，法國藍帶廚藝學院的主廚們為我們獨家呈現85道附有完整步驟圖的糕點食譜祕訣，包含從最簡單到進階的配方，以及15種法式糕點不容錯過的基礎製作手法。

收錄了兼具經典與現代的糕點，每道配方都搭配詳盡的步驟圖與仔細的過程說明，讓讀者更容易理解，製作零失敗。本書以完整的章節介紹糕點的基礎製作，如奶油醬和麵糊，以及食譜必須掌握的成功關鍵。

你們可以在本書中找到全新且具法國藍帶廚藝學院主廚水準的蛋糕、個人糕點、塔、餅乾、糖果或特色蛋糕等食譜，而且在法國藍帶著名的教育方式下，各位將能夠在家複製出相同的味道。

法國藍帶廚藝學院的主廚們一心想研發出獨特的食譜，但同時也希望能傳授關於食譜本身，或是關於技術和食材的訣竅、軼事，以及歷史記錄。

這是繼《Petit Larousse du Chocolat 法國藍帶巧克力聖經》之後的全新出版品，闡明了法國藍帶廚藝學院的任務：在法國以及全世界傳授知識技術，並提升現代美食典範的價值。

對於希望製作獨特創新配方或較傳統糕點的愛好者來說，《法國藍帶糕點聖經》是真正的糕點聖經，邀請大家一同來探索法式糕點世界，如同親臨法國藍帶廚藝學院上課一般，讓我們像個主廚般接受全新的廚藝挑戰！

CHEF JEAN-FRANCOIS DEGUIGNET

尚方索瓦•德吉涅主廚

糕點技術指導

# LE CORDON BLEU
## les dates repères
### 法國藍帶廚藝學院重大里程碑

**1895** 法國記者馬斯•迪斯戴在巴黎創辦名爲《法國藍帶廚藝學院》的雜誌。10月，雜誌的訂戶受邀參與最早的藍帶廚藝學院課程。

**1897** 巴黎藍帶廚藝學院迎接第一位俄羅斯學生。

**1905** 巴黎藍帶廚藝學院培訓第一名日本學生。

**1914** 藍帶在巴黎已有四間學院。

**1927** 11月16日的《The London Daily Mail 倫敦每日郵報》敘述至巴黎藍帶廚藝學院的拜訪：「在一班看到八個不同國籍學生的情況並不少見。」

**1933** 在主廚Henri-Paul Pellaprat亨利保羅•貝拉帕監督下，完成培訓的Rosemary Hume蘿絲瑪莉•休姆和Dione Lucas狄奧妮•盧卡斯，在倫敦開設了藍帶廚藝學院分校（l'école du Petit Cordon Bleu）和藍帶廚藝學院餐廳（le restaurant Au Petit Cordon Bleu）倫敦分店。

**1942** 狄奧妮•盧卡斯在紐約開設了藍帶廚藝學院和餐廳。她同時也是暢銷書《The Cordon Bleu Cookbook 藍帶廚藝學院烹飪書》的作者，而且是第一位在美國電視上主持烹飪節目的女性。

**1948** 藍帶廚藝學院受五角大廈（Pentagone）委任，爲美國的年輕士兵在歐洲服役後，替他們進行專業的訓練。美國戰略情報局（Office of Strategic Services, OSS）過去的成員Julia Child 茱莉亞•柴爾德，就是在巴黎藍帶廚藝學院開始她的訓練。

**1953** 倫敦藍帶廚藝學院創造出「Coronation Chicken加冕雞」的食譜，用來在英女皇伊莉莎白二世的加冕餐會上招待外賓。

**1954** 隨著Billy Wilder 比利•懷德的電影《Sabrina龍鳳配》大獲成功，Audrey Hepburn奧黛莉•赫本在劇中飾演和電影同名的女主角，藍帶廚藝學院的聲名更是水漲船高。

*1984* 繼1945年以來擔任主席的 Madame Elizabeth Brassart 伊莉莎白・布哈薩女士之後，由 Remy Martin 人頭馬與 Cointreau 君度創始家族的後裔：君度家族擔任巴黎藍帶廚藝學院的主席。

*1988* 巴黎藍帶廚藝學院遷離靠近艾菲爾鐵塔的戰神廣場路 (rue du Champ de Mars)，搬至第15區的里昂德洛馬路 (rue Léon Delhomme)；總理 Édouard Balladur 艾德華・巴拉杜為學院舉辦開幕式・渥太華藍帶廚藝學院歡迎第一批學生入學。

*1991* 日本藍帶廚藝學院在東京敞開大門，接著是神戶。此學院以「Petite France au Japon日本的小法國」之稱聞名。

*1995* 藍帶廚藝學院慶祝100周年慶・中國上海區官方首度派主廚至巴黎藍帶廚藝學院進行培訓。

*1996* 因應新南威爾斯州 (la Nouvelle-Galles-du-Sud) 政府的要求，在澳洲雪梨設立藍帶廚藝學院，並對負責2000年雪梨奧運料理的主廚進行培訓。接著在阿得雷德 (Adelaide) 培養飯店、餐飲、廚藝與美酒等領域的管理學士和碩士，以及大學研究所。

*1998* 藍帶廚藝學院與職業教育公司 (Career Education Corporation, CEC) 簽署了獨家協議，以便將其對於教育的鑑定機制輸出至美國，並推出關於廚藝和飯店管理等獨特內容的專科證書班 (Associate Diplomas)。

*2002* 韓國藍帶廚藝學院和墨西哥藍帶廚藝學院開門迎接其第一批學生。

*2003* 祕魯藍帶廚藝學院展開冒險。這所學院發展成該國第一間廚藝教育機構。

*2006* 泰國藍帶廚藝學院與都喜天闕 (Dusit International) 展開合作關係。

*2009* 藍帶廚藝學院網絡的各大機構投入《Julie & Julia 美味關係》的電影拍攝，其中梅莉•史翠普飾演巴黎藍帶廚藝學院校友茱莉亞•柴爾德的角色。

*2011* 馬德里藍帶廚藝學院開放與佛朗西斯科德維多利亞大學（Universite Francisco de Vitoria）合作；

- 藍帶廚藝學院推動最早的線上美食旅遊碩士課程；

- 日本從法國手中搶走擁有最多三星餐廳國家的稱號。

*2012* 馬來西亞藍帶廚藝學院與雙威大學展開合作關係；

- 倫敦藍帶廚藝學院遷至布魯姆斯伯里區（Bloomsbury）；

- 位於威靈頓（Wellington）的紐西蘭藍帶廚藝學院敞開大門。

*2013* 伊斯坦堡藍帶廚藝學院正式開幕；

- 泰國藍帶廚藝學院榮獲「亞洲最佳廚藝學院」的獎項；

- 爲了在菲律賓開設教育機構，與馬尼拉雅典耀大學簽署協議。

*2014* 印度藍帶廚藝學院開始招收飯店與餐飲管理學士學生；

- 黎巴嫩藍帶廚藝學院與高等美食研究藍帶廚藝學院（Le Cordon Bleu Hautes Études du Goût）歡慶10周年。

*2015* 全世界慶祝藍帶廚藝學院120周年慶；

- 上海藍帶廚藝學院迎接新一批的學生；

- 祕魯藍帶廚藝學院被認可爲大學；

- 台灣藍帶廚藝學院在與國立高雄餐旅大學和明台卓越中心攜手合作下敞開大門；

- 藍帶廚藝學院與智利菲尼斯大學（Université Finis Terrae）合作，在智利的聖地亞哥（Santiago）敞開大門。

*2016* 巴黎藍帶廚藝學院在第15區的塞納河畔新校區重新開幕。4000平方公尺的校地用於廚藝、品酒、飯店和餐飲管理，巴黎藍帶廚藝學院迎接超過1 000名學生。

# LES INSTITUTS LE CORDON BLEU
## dans le monde
### 全世界的藍帶廚藝學院教育機構

巴黎藍帶廚藝學院
**Le Cordon Bleu Paris**
*13-15, quai Andre Citroen*
*75015 Paris, France*
Tel. :+33 (0)1 85 65 15 00
paris@cordonbleu.edu

倫敦藍帶廚藝學院
**Le Cordon Bleu London**
*15 Bloomsbury Square*
*London WC1A 2LS*
*United Kingdom*
Tel. : +44 (0) 207 400 3900
london@cordonbleu.edu

馬德里藍帶廚藝學院
**Le Cordon Bleu Madrid**
*Universidad Francisco de Vitoria*
*Ctra. Pozuelo-Majadahonda*
*Km. 1.800*
*Pozuelo de Alarcon, 28223*
*Madrid, Spain*
Tel. : +34 91 715 10 46
madrid@cordonbleu.edu

國際藍帶廚藝學院
**Le Cordon Bleu International**
*Herengracht 28*
*1015 BL Amsterdam*
*The Netherlands*
Tel. : +31 20 661 6592
amsterdam@cordonbleu.edu

伊斯坦堡藍帶廚藝學院
**Le Cordon Bleu Istanbul**
*Ozyegin Universitesi*
*Cekmekoy Campus*
*Nisantepe Mevkii, Orman Sokak, No:13*
*Alemdag, Cekmekoy 34794*
*Istanbul, Turkey*
Tel. : +90 216 564 9000
istanbul@cordonbleu.edu

黎巴嫩藍帶廚藝學院
**Le Cordon Bleu Liban**
*USEK University – Kaslik*
*Rectorat B.P. 446*
*Jounieh, Lebanon*
Tel. : +961 9640 664/665
liban@cordonbleu.edu

日本藍帶廚藝學院
**Le Cordon Bleu Japan**
東京法國藍帶廚藝學院校區
**Le Cordon Bleu Tokyo Campus**
神戶法國藍帶廚藝學院校區
**Le Cordon Bleu Kobe Campus**
*Roob-1, 28-13 Sarugaku-Cho*
*Daikanyama, Shibuya-Ku*
*Tokyo 150-0033, Japan*
Tel. : +81 3 5489 0141
tokyo@cordonbleu.edu

韓國藍帶廚藝學院
**Le Cordon Bleu Korea**
*Sookmyung Women's University*
*7th Fl., Social Education Bldg.*
*Cheongpa-ro 47gil 100, Yongsan-Ku*
*Seoul, 140-742 Korea*
Tel. : +82 2 719 6961
Fax : +82 2 719 7569
korea@cordonbleu.edu

渥太華藍帶廚藝學院
**Le Cordon Bleu Ottawa**
*453 Laurier Avenue East*
*Ottawa, Ontario, K1N 6R4, Canada*
Tel. : +1 613 236 CHEF(2433)
Toll free : +1 888 289 6302
Restaurant line : +1 613 236 2499
ottawa@cordonbleu.edu

墨西哥藍帶廚藝學院
**Le Cordon Bleu Mexico**
**Universidad Anahuac North Campus**
**Universidad Anahuac South Campus**
**Universidad Anahuac Queretaro Campus**
**Universidad Anahuac Cancun Campus**
**Universidad Anahuac Merida Campus**
**Universidad Anahuac Puebla Campus**
**Universidad Anahuac Tampico Campus**
**Universidad Anahuac Oaxaca Campus**
*Av. Universidad Anahuac*
*No. 46, Col. Lomas Anahuac*
*Huixquilucan*
*Edo. De Mexico C.P. 52786*
Tel. : +52 55 5627 0210
ext. 7132 / 7813
mexico@cordonbleu.edu

祕魯藍帶廚藝學院
**Universidad Le Cordon Bleu Peru**
**(ULCB)**
**Le Cordon Bleu Peru Instituto**
**Le Cordon Bleu Cordontec**
*Av. Vasco Nunez de Balboa 530*
*Miraflores, Lima 18, Peru*
Tel. : +51 1 617 8300
peru@cordonbleu.edu

馬來西亞藍帶廚藝學院
**Le Cordon Bleu Malaysia**
雙威大學 *Sunway University*
*No. 5, Jalan Universiti, Bandar Sunway,*
*46150 Petaling Jaya, Selangor DE,*
*Malaysia*
Tel. : +603 5632 1188
malaysia@cordonbleu.edu

泰國藍帶廚藝學院
**Le Cordon Bleu Thailand**
*946 The Dusit Thani Building*
*Rama IV Road, Silom*
*Bangrak, Bangkok*
*10500 Thailand*
Tel. : +66 2 237 8877
thailand@cordonbleu.edu

上海藍帶廚藝學院
**Le Cordon Bleu Shanghai**
*2F, Building 1, No. 1458 Pu Dong*
*Nan Road*
*Shanghai, China 200122*
Tel. : +86 400 118 1895
shanghai@cordonbleu.edu

印度藍帶廚藝學院
**Le Cordon Bleu India**
*G D Goenka University*
*Sohna Gurgaon Road*
*Sohna*
*Haryana, India*
Tel. : +91 880 099 20 22 / 23 / 24
lcb@gdgoenka.ac.in

智利藍帶廚藝學院
**Le Cordon Bleu Chile**
*Universidad Finis Terrae*
*Avenida Pedro de Valdivia 1509*
*Providencia, Santiago de Chile*
Tel. : +56 24 20 72 23

里約熱內盧藍帶廚藝學院
**Le Cordon Bleu Rio de Janeiro**
*Rua da Passagem, 179*
*CEP : 22290-031*
*Botafogo, Rio de Janeiro, Brasil*

台灣藍帶廚藝學院
**Le Cordon Bleu Taiwan**
國際高雄餐飲大學 *NKUHT University*
明台卓越中心 *Ming-Tai Institute*
*4F, No. 200, Sec. 1, Keelung Road*
*Taipei 110, Taiwan*
Tel. : 886 2 7725-3600 / 886
975226418

法國藍帶廚藝學院股份有限公司
**Le Cordon Bleu, INC.**
*85 Broad Street – 18th floor*
*New York, NY 10004 U.S.A.*
Tel. : +1 212 641 0331

www.cordonbleu.edu
e-mail : info@cordonbleu.edu

澳洲藍帶廚藝學院
**Le Cordon Bleu Australia**
**Le Cordon Bleu Adelaide Campus**
**Le Cordon Bleu Sydney Campus**
**Le Cordon Bleu Melbourne Campus**
**Le Cordon Bleu Perth Campus**
*Days Road, Regency Park*
*South Australia 5010, Australia*
*Free call (Australia only) : 1 800 064 802*
Tel. : +61 8 8346 3000
australia@cordonbleu.edu

紐西蘭藍帶廚藝學院
**Le Cordon Bleu New Zealand**
*52 Cuba Street Te Aro*
*Wellington, 6011, New Zealand*
Tel. : +64 4 4729800
nz@cordonbleu.edu

# Gâteaux, Cakes & Entremets

蛋糕、水果蛋糕與多層次蛋糕

# MACARONNADE
## au confit de pétales de rose
### 糖漬玫瑰馬卡龍餅

10人份

---

準備時間：1小時15分鐘—烘焙時間：30分鐘—冷藏時間：50分鐘—保存時間：冷藏2日
難度：🥟🥟

### 馬卡龍餅 MACARONNADE
糖粉（sucre glace）240克
杏仁粉170克
蛋白4個（120克）
檸檬汁幾滴
細砂糖35克
紅色食用色素（rouge）1刀尖

### 玫瑰奶油醬 CRÈME À ROSE
吉力丁（gélatine）2片（4克）
卡士達奶油醬 Crème pâtissière
牛乳300毫升
蛋黃4個（80克）
細砂糖50克
玉米粉（fécule de maïs）25克

--------

室溫回軟奶油75克
覆蓋白巧克力（chocolat de couverture blanc）* 40克
櫻桃白蘭地（kirsch）1大匙

玫瑰香萃（arôme de rose）8滴
玫瑰水（eau de rose）1大匙
室溫回軟奶油75克
液狀鮮奶油（crème liquide）120毫升
馬斯卡邦乳酪（mascarpone）50克

### 糖霜玫瑰花瓣 PÉTADE ROSE CRISTALLISÉS
水20毫升
細砂糖30克
玫瑰花瓣幾片
細砂糖

### 配料 GARNITURE
荔枝20顆
糖霜玫瑰花瓣100克

### 裝飾 DÉCOR
糖粉
荔枝2顆

專用器具：擠花袋2個—12號擠花嘴1個—糕點刷1支—蛋糕紙托一張

*至少含32%可可脂（beurre de cacao）的巧克力稱爲覆蓋巧克力（chocolat de couverture）。

## La rose en pâtisserie
### 用於糕點中的玫瑰

玫瑰的味道非常獨特，而且可以多元的方式用在甜點上：
精油、香萃、糖漿，或甚至是糖漬玫瑰。玫瑰精油的味道極濃，主要用來爲奶
油醬、慕斯和冰淇淋增添芳香。糖漬玫瑰花瓣可用來作爲馬卡龍或多層蛋糕的
餡料。

### 製作馬卡龍餅

**1** - 將烤箱預熱至180℃（熱度6）。在2張烤盤紙上分別畫出2個直徑22公分的圓，然後將烤盤紙放在2個烤盤上。在碗中混合糖粉和杏仁粉。在一旁攪打蛋白和檸檬汁，直到形成硬性發泡，接著加入細砂糖以形成蛋白霜，並加入紅色食用色素。

**2** - 用木匙將乾料分2次混入蛋白霜中。從碗的中央開始朝邊緣輕輕攪拌。

**3** - 倒入裝有擠花嘴的擠花袋中，在烤盤紙上畫好的圓圈中擠出2個螺旋狀圓形。入烤箱烤25分鐘。

### 製作玫瑰奶油醬

**4** - 將吉力丁浸泡在1碗冷水中至軟化。製作卡士達奶油醬（見480頁）。

**5** - 加入奶油和白巧克力，用攪拌器（fouet）攪拌均勻。加入櫻桃白蘭地、玫瑰香萃和玫瑰水。將吉力丁片擰乾，混入奶油醬中至均勻。將這玫瑰奶油醬倒入碗中，接著冷藏30分鐘。

**6** - 將玫瑰奶油醬攪打至平滑。將奶油攪拌至形成濃稠的膏狀，並混入玫瑰奶油醬中。

**7** - 將液狀鮮奶油和馬斯卡邦乳酪一起打發。混入玫瑰奶油醬中，填入裝有擠花嘴的擠花袋內。

### 製作糖霜玫瑰花瓣

**8** - 將烤箱預熱至120℃（熱度4）。將水和細砂糖煮沸，形成糖漿。用糕點刷刷在玫瑰花瓣上。

**9** - 為花瓣撒上細砂糖，擺在鋪有烤盤紙的烤盤上。入烤箱烤5分鐘。

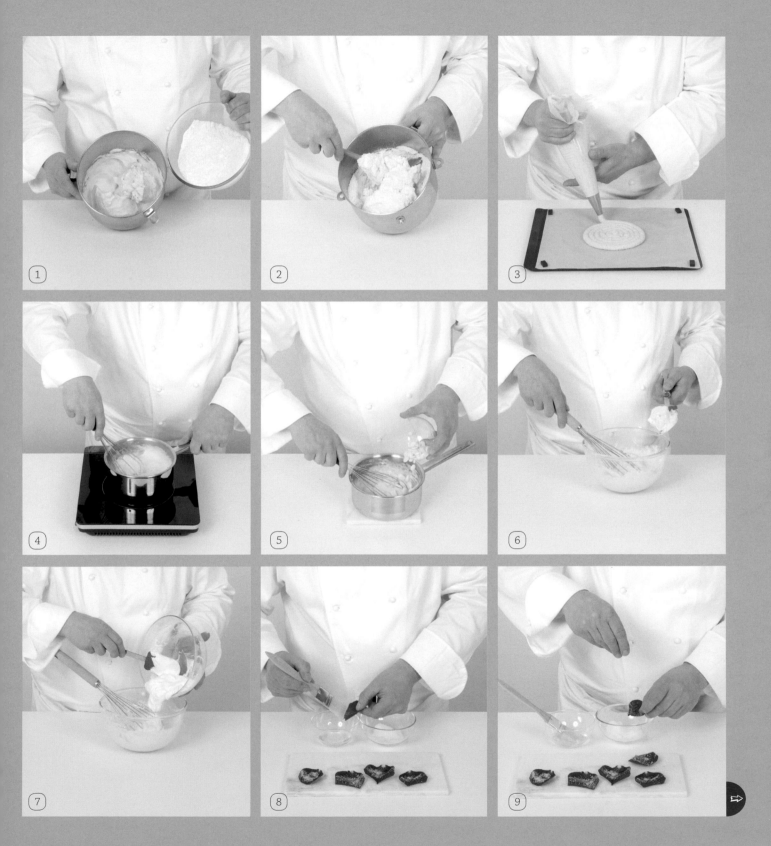

**進行組裝與裝飾**

**10** – 將馬卡龍餅的圓形餅皮倒扣在蛋糕紙托上，並將烤盤紙剝離。

**11** – 用擠花袋在馬卡龍餅邊緣擠出玫瑰奶油醬小球，小球之間保持一定間距。

**12** – 將荔枝剝殼並去籽，放在玫瑰奶油醬小球間。

**13** – 在中央擠出螺旋狀的玫瑰奶油醬，接著在上面再擠出第2層螺旋狀的玫瑰奶油醬。

**14** – 將剩餘的荔枝切半，擺在玫瑰奶油醬上。

**15** – 將一些糖霜玫瑰花瓣擺在整個表面上。

**16** – 將第2塊馬卡龍餅擺在上面。

**17** – 用擠花袋在馬卡龍餅上擠出3顆玫瑰奶油醬小球。在蛋糕表面篩上糖粉。

**18** – 在3顆奶油醬小球上擺上3片糖霜玫瑰花瓣。用2顆未去殼的荔枝進行裝飾。

冷藏20分鐘後品嚐。

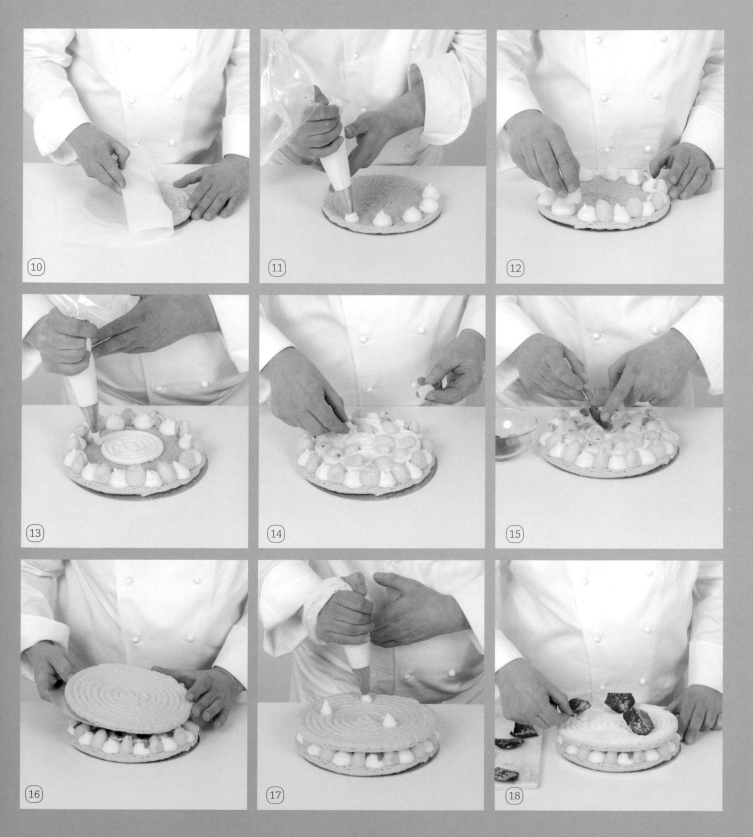

# WEEK-END
## au citron
### 檸檬周末蛋糕

周末蛋糕3小塊

───────────────

準備時間：30分鐘—烘焙時間：30分鐘—保存時間：以保鮮膜包覆4日
難度：🎩

**周末蛋糕麵糊** PATE A WEEK-END
蛋4顆（200克）
檸檬皮4顆
細砂糖170克
麵粉170克
泡打粉1撮
融化奶油160克

模型用室溫回軟奶油20克
模型用麵粉20克

杏桃果膠（nappage abricot）100克

**檸檬鏡面** GLAÇAGE CITRON
糖粉150克
檸檬汁2大匙

刮板（corne）用油

專用器具：14×6公分的長方形模型3個—刮板1個—糕點刷1支

## Les gâteaux de voyage
### 旅行用糕點

水果蛋糕、周末蛋糕、費南雪（financier）或磅蛋糕（quatre-quart）…這些旅行用糕點顧名思義，就是我們可以隨身攜帶，不必擔心它們不好保存。製作簡單，而且非常柔軟，這些蛋糕可以輕鬆打包帶走，就算不冷藏也可以保存至少3天，而且還能在旅行的意外中存活下來。你可以將它製成各種口味。若要製作檸檬口味的周末蛋糕，請使用新鮮的檸檬汁和檸檬皮，讓味道更加濃烈。

## 製作周末蛋糕麵糊

**1** - 將烤箱預熱至180℃（熱度6）。在平底深鍋中，將20克的回軟奶油加熱至融化。用糕點刷為模型刷上融化的奶油，接著撒上麵粉再倒扣出多餘的粉。

**2** - 將蛋打在大碗中。在碗中將檸檬皮刨碎。

**3** - 攪拌後加入細砂糖，持續攪拌。進行乳化，將混合料攪打至濃稠泛白。

**4** - 混合麵粉和泡打粉，並混入上述混合料中。

**5** - 加入160克融化的奶油，用攪拌器攪拌均勻。

**6** - 用湯勺將麵糊分裝至模型中，填至3/4滿。

**7** - 用刮板沾奶油，輕輕地靠在麵糊中央，直到形成一條奶油條紋。入烤箱烤30分鐘。將蛋糕脫模。放涼。將烤箱溫度維持在180℃。

**8** - 在平底深鍋中加熱杏桃果膠，用糕點刷刷在蛋糕表面。

## 製作檸檬鏡面

**9** - 在平底深鍋中加熱糖粉和檸檬汁，持續以攪拌器攪拌，直到形成略為黏稠的質地。用糕點刷將鏡面刷在周末蛋糕的表面和側邊。入烤箱烤1分鐘。放涼後享用。

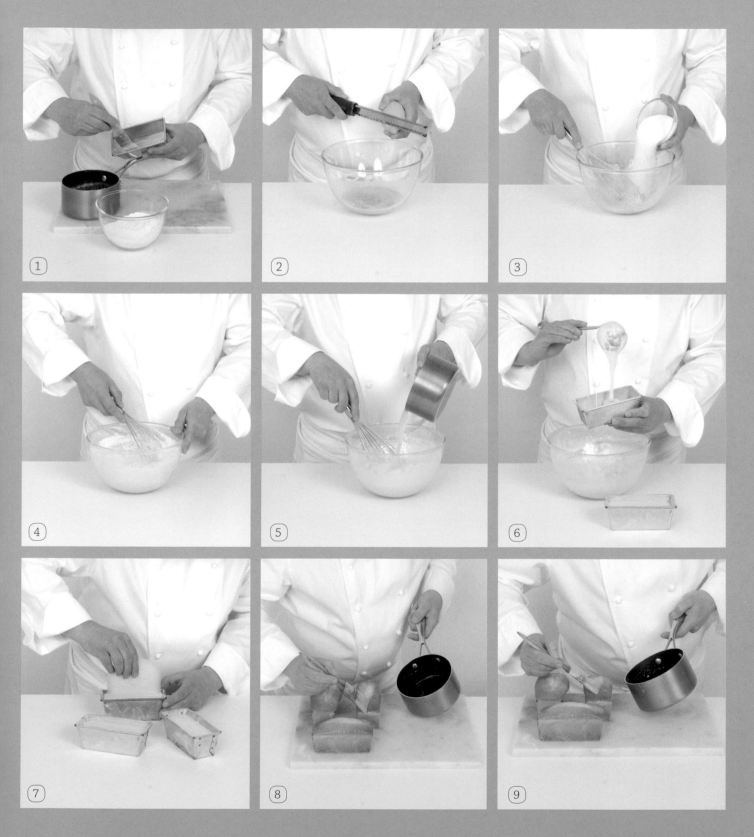

① ② ③

④ ⑤ ⑥

⑦ ⑧ ⑨

# DACQUOISE FIGUES,

## mangue et épices

無花果芒果香料達克瓦茲

10人份

準備時間：1小時15分鐘—烘焙時間：約25分鐘—冷藏時間：1小時
冷凍時間：1小時—保存時間：冷藏2日
難度：♧ ♧

香料無花果覆盆子果漬 COMPOTÉE
FIGUES-FRAMBOISES ÉPICÉE
吉力丁片2片（4克）
無花果200克
四香粉（quatre-épices）1撮
細砂糖50克
檸檬汁1小匙
整顆覆盆子60克

達克瓦茲 DACQUOISE
椰子絲（coco râpée）20克
糖粉140克

麵粉40克
杏仁粉140克
四香粉1撮
蛋白170克
細砂糖115克

芒果香料奶油醬
CRÈME MANGUE-ÉPICES
蛋黃3個（60克）
細砂糖60克
馬鈴薯澱粉
（fécule de pomme de terre）25克
芒果泥250克
奶油35克
四香粉1撮

八角茴香1顆
Cointreau® 君度橙酒1大匙
室溫回軟奶油100克
液狀鮮奶油140毫升

裝飾 DÉCOR
無花果1顆
覆盆子12顆
糖粉
八角茴香3顆

專用器具：直徑18公分的法式塔圈（cercle à tarte）1個—直徑20公分的慕斯圈（cercle à entremets）
擠花袋1個—12號擠花嘴1個—PF16擠花嘴1個

## Le quatre-épices
四香粉

這是一種由肉豆蔻（muscade）、丁香（girofle）、肉桂（cannelle）和胡椒（poivre）
所構成的綜合香料粉。請勿與亦稱為「多香果 quatre-épices」的牙買加胡椒漿果
相混淆。多香果亦帶有肉豆蔻、丁香、肉桂和胡椒的氣味。

**製作香料無花果覆盆子果漬**

**1** − 將吉力丁泡在1碗冷水中至軟化。將無花果切成小塊。

**2** − 將無花果和四香粉一起放入平底深鍋中，煮2分鐘，一邊用矽膠刮刀攪拌。

**3** − 加入細砂糖，接著是檸檬汁和覆盆子。再繼續煮2至3分鐘。

**4** − 按壓吉力丁片，將吉力丁片擰乾，混入離火的平底深鍋中拌均勻。

**5** − 在直徑18公分的法式塔圈表面鋪上保鮮膜。

**6** − 倒扣在工作檯上，倒入果漬。用矽膠刮刀攪拌至平滑，並讓果漬均勻地攤平。冷凍1小時。

**製作達克瓦茲**

**7** − 將烤箱預熱至150℃（熱度5），椰子絲放入烤5分鐘。將烤箱溫度增加至200℃（熱度6-7）。混合糖粉、麵粉、杏仁粉和四香粉。

**8** − 將蛋白打至硬性發泡，讓蛋白可以挺立在攪拌器末端，接著用攪拌器混入細砂糖，形成蛋白霜。

**9** − 混入乾料，接著填入裝有12號擠花嘴的擠花袋中。

● ● ●

**10** － 用直徑20公分的法式塔圈在2張烤盤紙上畫出2個圓，然後將烤盤紙擺在2個不同的烤盤上。用擠花袋在畫好的圓圈中擠出2個螺旋狀圓形。

**11** － 爲達克瓦茲麵糊撒上烤過的椰子絲。

**12** － 接著用網篩撒上一些糖粉。將每個烤盤分別入烤箱烤18分鐘。

### 製作芒果香料奶油醬

**13** － 在碗中將蛋黃和細砂糖攪打至形成濃稠泛白的混合料，接著加入馬鈴薯澱粉。

**14** － 在平底深鍋中將芒果泥和奶油煮沸。

**15** － 倒入先前的備料中，攪拌均勻。

**16** － 全部倒入平底深鍋中。加入四香粉和八角茴香，煮沸，一邊持續以攪拌器攪拌。移去八角茴香，倒入碗中，冷藏1小時。

**17** － 將芒果香料奶油醬攪拌至平滑，加入君度橙酒。將室溫回軟的奶油攪拌至形成濃稠膏狀。混入奶油醬中，一邊快速攪打。

**18** － 將液狀鮮奶油打發，讓鮮奶油可以挺立在攪拌器末端。

● ● ●

**ASTUCE DU CHEF 主廚訣竅**

爲了能夠適當地混入奶油醬，我們必須慢慢地加入，以稀釋欲加進的混合料。這樣質地會比較均勻，最終的奶油醬因而能夠保持清爽。

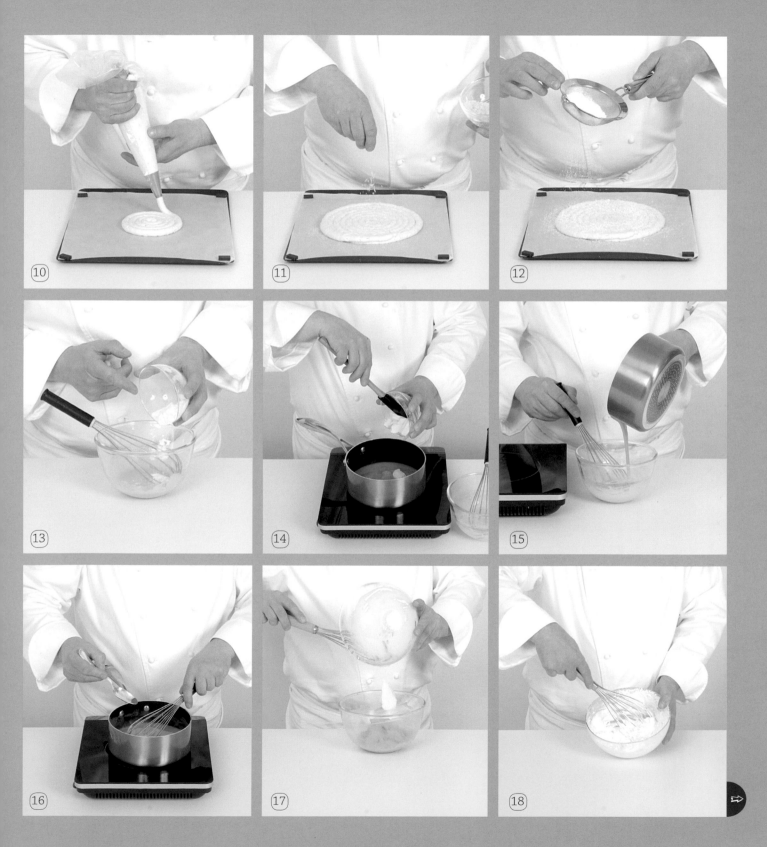

**進行組裝**

**19** － 將1/3打發的鮮奶油混入芒果香料奶油醬中，快速攪打，接著再混入剩餘的打發鮮奶油。填入裝有PF16擠花嘴的擠花袋中。

**20** － 將烤盤紙從達克瓦茲圓餅上剝離。

**21** － 將達克瓦茲圓餅擺在蛋糕紙托上。將保鮮膜剝離，並為香料無花果覆盆子果漬脫模。

**22** － 擺在達克瓦茲圓餅上。

**23** － 用擠花袋在達克瓦茲周圍擠出麻花狀的芒果香料奶油醬。

**24** － 在香料無花果覆盆子果漬中央，擠出螺旋狀的芒果香料奶油醬。

**25** － 擺上第2塊達克瓦茲圓餅。

**26** － 將無花果切成4塊。用網篩為達克瓦茲篩上糖粉。

**27** － 用無花果塊、覆盆子和八角茴香進行裝飾。

# FONDANT AUX POMMES
## façon tatin
### 軟芯翻轉蘋果塔

10人份

___

準備時間：30分鐘—烘焙時間：1小時5分鐘—冷卻時間：4小時—保存時間：冷藏2日

難度：♢

焦糖蘋果 POMMES CARAMÉLISÉES | 酥脆塔皮 PÂTE BRISÉE SUCRÉE
--- | ---
蘋果7顆 | 麵粉125克
奶油150克 | 奶油75克
細砂糖150克 | 鹽1撮
肉桂粉1撮 | 糖粉2小匙
 | 蛋1/2顆（30克）
模型用奶油100克 | 水1小匙
模型用細砂糖100克 | 

專用器具：薩瓦蘭慕斯圈（moule à savarin）1個

## La tarte cuite à l'envers
### 反烤塔

焦糖蘋果塔的獨特之處在於它是反過來烤的，據說是因塔汀（Tatin）姐妹而聞名。傳統上會在翻轉蘋果塔的專用模型底部鋪上蘋果，然後直接在模型中用奶油和細砂糖將蘋果外層裹上焦糖，接著再鋪上塔皮，並繼續以烤箱烘烤。如果你沒有翻轉蘋果塔的模型，可先用平底煎鍋將蘋果外層煎成焦糖化。

## 製作焦糖蘋果

**1** – 將蘋果削皮、切半,並挖去果核。

**2** – 在大型平底煎鍋中加熱奶油和細砂糖。加入肉桂,持續煎至形成焦糖。

**3** – 加入切半的蘋果,煎約10分鐘。

**4** – 將烤箱預熱至220℃(熱度7-8)。為模型刷上奶油,接著撒上細砂糖。

**5** – 將切半的蘋果緊密地擺在模型裡,撒上細砂糖。入烤箱烤45分鐘。

## 製作酥脆塔皮 (見490頁)

**6** – 將酥脆塔皮擀開,並裁成略大於模型直徑的圓。冷藏。

**7** – 將模型從烤箱中取出,稍微放涼後將酥脆塔皮的圓形麵皮擺在模型上。

**8** – 用擀麵棍按壓,去除模型周圍多餘的麵皮。將烤箱溫度調低為200℃(熱度6-7),再烤20分鐘。

**9** – 放涼至少4小時,接著將軟芯翻轉蘋果塔模型隔水加熱後脫模。

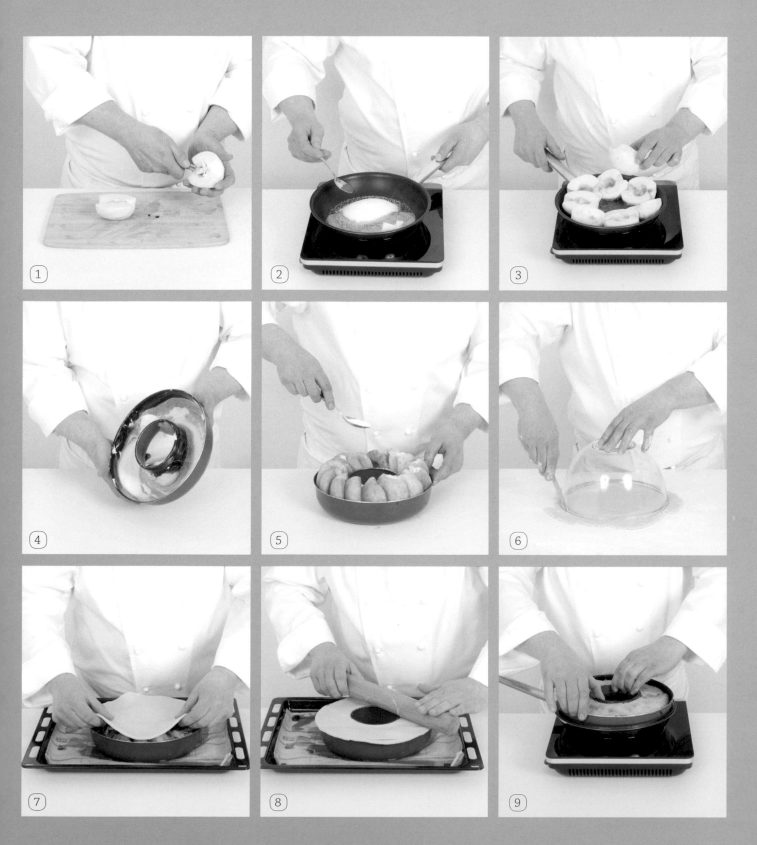

# SABLÉ BRETON
# chocolat-banane

## 香蕉巧克力布列塔尼酥餅

8人份

準備時間：1小時 + 30分鐘巧克力調溫—烘焙時間：20至25分鐘
冷藏時間：1小時30分鐘—保存時間：冷藏2日
難度：♢

### 香蕉巧克力布列塔尼酥餅 SABLÉ BRETON CHOCOLAT-BANANE
半鹽奶油（beurre demi-sel）100克
細砂糖50克
榛果粉20克
蛋黃1個（20克）
麵粉100克
泡打粉1/2小匙
可可粉2小匙
香蕉80克

### 煎香蕉 BANANES POÊLÉES
香蕉180克
奶油15克
紅糖30克
Malibu® 蘭姆酒30毫升

### 牛奶巧克力甘那許 GANACHE CHOCOLAT AU LAIT
牛奶巧克力180克
液狀鮮奶油250毫升

### 裝飾 DÉCOR
覆蓋牛奶巧克力（chocolat de couverture lacté）* 100克
糖粉

*至少含32% 可可脂（beurre de cacao）的巧克力稱爲覆蓋巧克力（chocolat de couverture）。

專用器具：直徑18公分的法式塔圈1個—10號擠花嘴1個—聖多諾黑擠花嘴（douille à saint-honoré）1個
直徑5公分的圓形壓模（emporte-pièce）1個—擠花袋2個

## Poches et douilles
### 擠花袋和擠花嘴

擠花袋和擠花嘴是製作糕點不可或缺的工具。在製作多層蛋糕時，擠花袋和擠花嘴能俐落且均勻地擠出奶油醬、慕斯和甘那許，或是用來爲泡芙塡餡，或是製作裝飾，不論是哪種混合材料（appareil）。我們可以找到塑膠製或不鏽鋼製的擠花嘴，而擠花袋則分爲可拋棄式或可重複使用型。

### 製作香蕉巧克力布列塔尼酥餅

**1** – 將烤箱預熱至170℃（熱度5-6）。在碗中將奶油攪打至形成濃稠的膏狀，接著加進細砂糖和榛果粉，攪拌均勻。加入蛋黃，攪拌後混入麵粉、泡打粉、可可粉和預先用叉子搗碎的香蕉。填入裝有10號擠花嘴的擠花袋中。

**2** – 為18公分的塔圈刷上奶油，擺在鋪有烤盤紙的烤盤上。用擠花袋在塔圈和烤盤紙交接處擠出小球，接著擠出螺旋狀圓形。入烤箱烤20至25分鐘。

### 製作煎香蕉

**3** – 將香蕉切成圓形薄片。加熱奶油和紅糖，煮成焦糖。加入香蕉片，以小火慢煎。離火後加入蘭姆酒，攪拌後放涼。

### 製作牛奶巧克力甘那許

**4** – 將巧克力隔水加熱至融化。淋上鮮奶油，拌勻，接著冷藏30分鐘。

**5** – 用攪拌器攪拌至乳化。填入裝有聖多諾黑擠花嘴的擠花袋。

### 進行組裝和裝飾

**6** – 將布列塔尼酥餅脫模並放涼。鋪上煎香蕉，香蕉片距離外緣2公分，鋪至酥餅上。

**7** – 擠上波浪狀的牛奶巧克力甘那許。冷藏1小時，接著用網篩在蛋糕邊緣篩上糖粉。

**8** – 為覆蓋牛奶巧克力調溫（見494-495頁），並鋪在冷的工作檯表面。在巧克力一開始凝固，但仍可塑形時，用壓模刮出大刨花。

**9** – 為巧克力刨花篩上糖粉，用來裝飾蛋糕。

# ENTREMETS
## façon cheesecake
### 乳酪蛋糕

10人份

準備時間：1小時—烘焙時間：20分鐘—冷藏時間：3小時50分鐘—保存時間：冷藏2日
難度：🍳🍳

### 酥餅基底 BASE SABLÉE
奶油酥餅（shortbread）類型的酥餅
240克
切塊奶油90克

### 覆盆子餡料
### GARNITURE FRAMBOISE
水20毫升
蜂蜜25克
細砂糖75克
覆盆子180克
胡椒粒（磨碎）2顆
巴薩米克醋2小匙
吉力丁2片（4克）

### 白乳酪慕斯
### MOUSSE AU FROMAGE BLANC
水20毫升
細砂糖60克
蛋黃2個
Philadelphia® 奶油乳酪160克
檸檬皮1/2顆
液狀鮮奶油50毫升
吉力丁3片（6克）
液狀鮮奶油250毫升

### 裝飾 DÉCOR
指形蛋糕體（biscuits à la cuillère）
100克
覆盆子50克
食用金粉（Poudre d'or）
藍莓（myrtille）20克
開心果1小匙
鏡面果膠（Nappage neutre）
糖粉

專用器具：直徑20公分、高4.5公分的慕斯圈1個—料理溫度計（thermomètre de cuisson）1個

## Le cheesecake
乳酪蛋糕

在美國極受歡迎的蛋糕，其中最著名的源自紐約。乳酪蛋糕可以有各種變化，可製成各種口味。乳酪蛋糕可以餅乾、酥餅，或甚至是比利時焦糖脆餅（spéculoos）作爲基底。接著再鋪上添加了蛋和細砂糖的奶油乳酪（cream cheese），即美國代表性的白乳酪。

### 製作酥餅基底

**1 －** 用擀麵棍搗碎碗中的酥餅，加入奶油，並再度搗碎。最後用叉子攪拌，以形成碎屑。

**2 －** 為烤盤鋪上烤盤紙，並擺上慕斯圈。將酥餅碎屑填入慕斯圈中，以湯匙的匙背壓緊，冷藏30分鐘。

### 製作覆盆子餡料

**3 －** 在平底深鍋中將水、蜂蜜和細砂糖加熱至料理溫度計上的溫度達120℃。

**4 －** 120℃時，加入覆盆子、磨碎的胡椒粒、巴薩米克醋，煮2分鐘，一邊以矽膠刮刀攪拌。將吉力丁片放入1碗冷水中泡軟還原。

**5 －** 按壓吉力丁，將吉力丁擰乾，加進平底深鍋中，用木匙拌勻。

**6 －** 冷卻後用湯匙將覆盆子餡料盛裝至慕斯圈內的酥餅基底上。

### 製作白乳酪慕斯

**7 －** 在小型平底深鍋中將水和細砂糖煮沸，以取得糖漿。在碗中攪打蛋黃，並將熱糖漿緩緩倒入。

**8 －** 用手持電動攪拌器快速攪打，讓混合料冷卻，並形成炸彈麵糊（pâte à bombe）。

**9 －** 在另一個碗中放入奶油乳酪。在碗上方將檸檬皮刨成屑。將吉力丁片放入1碗冷水中泡軟。

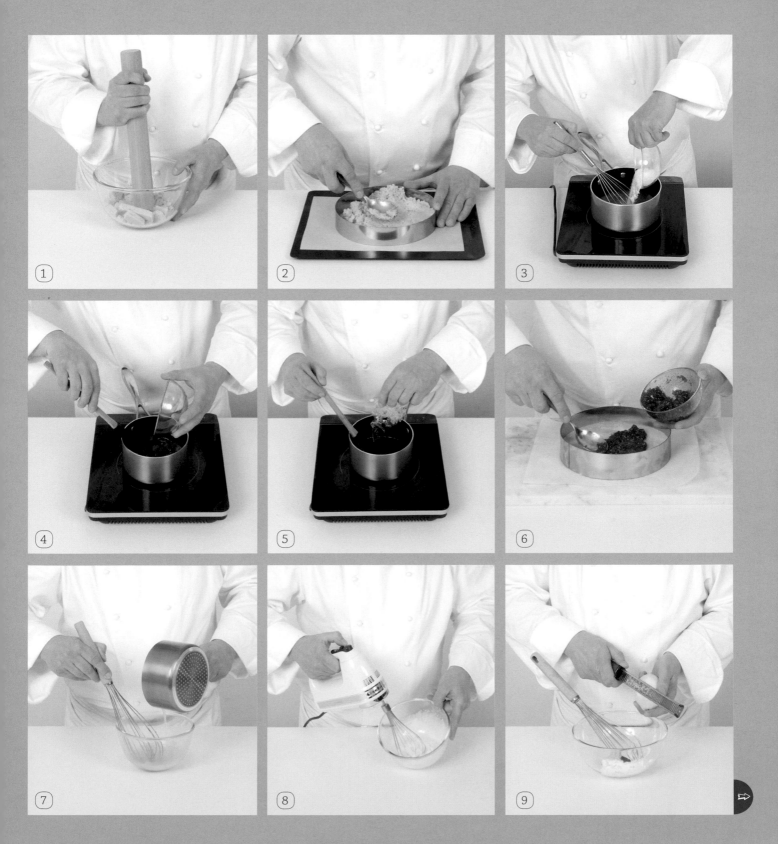

**10** － 按壓吉力丁，將吉力丁擰乾。在平底深鍋中加熱50毫升的鮮奶油，用攪拌器混入吉力丁，讓吉力丁溶解。

**11** － 淋在奶油乳酪等混合料上，用攪拌器攪拌。

**12** － 再用攪拌器混入炸彈麵糊。

**13** － 另外取一個碗將250毫升的鮮奶油攪打至打發。

**14** － 輕輕將打發的鮮奶油混入先前的混合料中。

**最後進行組裝與裝飾**

**15** － 用矽膠刮刀由外朝內地將這乳酪慕斯鋪在慕斯圈中的覆盆子餡料上。

**16** － 用抹刀將表面抹平，去除多餘的慕斯。將蛋糕冷藏20分鐘。

**17** － 將烤箱預熱至150℃（熱度5）。將指形蛋糕體壓碎，鋪在裝有烤盤紙的烤盤上，以烤箱烘乾20分鐘。鋪撒在蛋糕表層，冷藏3小時。

**18** － 小心地將蛋糕脫模，用沾了食用金粉的整顆覆盆子、藍莓和開心果進行裝飾。在小型平底深鍋中加熱鏡面果膠，倒入小的紙筒（cornet de papier）擠花袋中，在覆盆子上擠1滴果膠。並為蛋糕篩上糖粉。

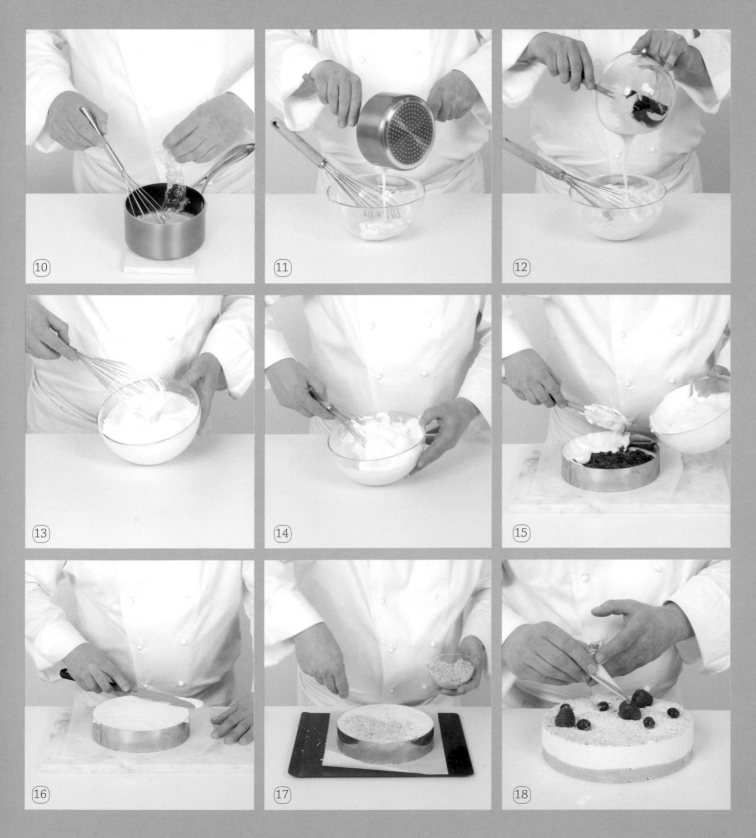

# CAKE POIRES TAPÉES,
## cerises et abricots moelleux
### 櫻桃杏桃與洋梨乾蛋糕

6人份

---

準備時間：30分鐘－浸漬時間：10分鐘－烘焙時間：35至40分鐘－保存時間：以保鮮膜包覆保存4日
難度：♧

水果蛋糕 CAKE
壓扁的洋梨乾（poires tapées）50克
阿瑪蕾娜櫻桃（cerises amarena）30克
軟的杏桃乾（abricots moelleux）50克
Grand Marnier® 柑曼怡橙酒2小匙
麵粉110克
室溫回軟奶油110克
糖粉85克
大型蛋1顆（60克）
蛋黃1個（20克）
泡打粉1/2小匙

模型用回軟奶油20克

糖漿 SIROP
水30毫升
柳橙汁30毫升
細砂糖30克
Grand Marnier® 柑曼怡橙酒2小匙

專用器具：18×6公分的長方形模型1個－糕點刷1支

## Les poires tapées
壓扁的洋梨乾

法國安德爾－羅亞爾省（Indre-et-Loire）的特產，壓扁的洋梨乾一直以來都是
依據祖傳的知識技術製作。先將水果去皮、用烤箱烘乾，接著用被稱為「壓平機」
（platissouerre）的錘子將水果壓扁，接著保存在竹筐裡。微酸的壓扁洋梨乾可直
接食用，搭配鹹食或用來製成甜點也是絕佳組合。

**製作水果蛋糕麵糊**

**1** － 將壓扁的洋梨乾、櫻桃和杏桃切成小塊。以柑曼怡橙酒浸漬10分鐘。

**2** － 將烤箱預熱至170℃（熱度5-6）。為模型刷上奶油。從預先秤重好的麵粉中舀出2大匙與水果乾拌勻。

**3** － 攪打室溫回軟的奶油和糖粉。

**4** － 加入蛋，接著是蛋黃，並用攪拌器拌勻。

**5** － 用矽膠刮刀混入麵粉和泡打粉。

**6** － 加入裹好麵粉的水果乾並輕輕攪拌。

**7** － 將水果蛋糕麵糊鋪在模型裡，接著入烤箱烤35至40分鐘。

**製作糖漿**

**8** － 在平底深鍋中將水、柳橙汁和細砂糖煮沸，離火後加入柑曼怡橙酒，放至微溫。

**9** － 用糕點刷為出爐的蛋糕刷上糖漿。

# BABA
## passion-coco
### 百香果椰子巴巴

---

10人份

---

準備時間：45分鐘─發酵：45分鐘─烘焙時間：40分鐘─保存時間：冷藏2日

難度：♡

---

巴巴麵糊 PÂTE À BABA

麵粉 200 克

細砂糖 20 克

鹽 1 小匙

新鮮酵母 15 克

溫水 1 大匙

蛋 2 顆（100克）

牛乳 110 毫升

Malibu® 蘭姆酒 1 大匙

奶油 70 克

模型用奶油 20 克

百香椰子糖漿 SIROP PASSION-COCO

水 600 毫升

細砂糖 37 克

椰漿（lait de coco）120 毫升

百香果泥 60 克

Malibu® 蘭姆酒 50 毫升

百香果鏡面 NAPPAGE PASSION

杏桃果膠或杏桃果醬 200 克

百香果 2 顆

蜂蜜打發鮮奶油 CRÈME FOUETTÉE AU MIEL

液狀鮮奶油 250 毫升

蜂蜜 40 克

---

專用器具：直徑 20 公分的咕咕洛夫模（moule à kouglof）1 個─直徑 6 公分的小型咕咕洛夫模 1 個

擠花袋 2 個─E7 擠花嘴 1 個─糕點刷 1 支

---

## La levure de boulanger
### 酵母

從微小活眞菌製成的酵母用來讓無數種麵包發酵。酵母受到麵粉中所含的葡萄糖所「滋養」，就是這樣的化學反應讓麵團膨脹。千萬不要直接將酵母和鹽混合，因爲這會殺死酵母中所含的微生物，麵團便無法發酵。

### 製作巴巴麵糊

**1** － 在碗中混合麵粉、細砂糖和鹽。將酵母粉摻入溫水中，接著倒入碗中。

**2** － 加入蛋，接著是牛乳。用攪拌器攪拌均勻。

**3** － 混入蘭姆酒，一邊輕輕攪拌。

**4** － 將奶油攪打至形成濃稠的膏狀，並混入麵糊中。持續以手持式電動攪拌器（batteur électrique）攪打麵糊。

**5** － 將麵糊攪拌至均勻、滑順，接著填入擠花袋中。

**6** － 爲2個咕咕洛夫模刷上奶油。

**7** － 用擠花袋爲大型的咕咕洛夫模填入巴巴麵糊至2/3滿，接著爲小的咕咕洛夫模同樣填入2/3滿的麵糊。在微溫處發酵45分鐘。將烤箱預熱至180℃（熱度6），接著入烤箱，小模型烤20分鐘，大模型烤40分鐘。立刻爲巴巴脫模。

### 製作百香椰子糖漿

**8** － 在平底深鍋中將水和細砂糖煮沸。離火後加入椰漿、百香果泥，接著是蘭姆酒。倒入大碗中。

**9** － 再將大的巴巴放回模型中，然後用大湯勺慢慢淋上糖漿，直到完全被糖漿所浸透。

•••

---

#### ASTUCE DU CHEF 主廚訣竅

你可無止盡地爲你的巴巴變換香氣和口味：鳳梨、葡萄柚、櫻桃、檸檬等。你也能用波本威士忌（bourbon）、威士忌、櫻桃白蘭地，或是 Grand Marnier® 柑曼怡橙酒來取代蘭姆酒。

**10** – 將小型的巴巴放入裝有糖漿的碗中。用湯勺為巴巴淋上數次糖漿，接著擺在置於容器中的網架上，讓糖漿流下。

**11** – 將另一個網架擺在大的缽盆上，接著將巴巴倒扣在網架上。

**12** – 用大湯勺淋上剩餘的糖漿，讓巴巴充分被糖漿所浸透，接著讓多餘的糖漿流下。

### 製作百香果鏡面

**13** – 在平底深鍋中，加熱杏桃果膠，並用一些糖漿稀釋。煮沸，一邊用糕點刷攪拌，直到刷子末端形成小氣泡。

**14** – 將百香果切半，取出裡面的果肉、果汁和籽的部分，接著倒入果膠中。

### 製作蜂蜜打發鮮奶油

**15** – 將鮮奶油打發至可以挺立在攪拌器末端，接著混入蜂蜜。填入裝有 E7 擠花嘴的擠花袋中。

### 進行組裝和裝飾

**16** – 將大的巴巴擺在潔淨的網架上，用糕點刷刷上百香果鏡面。

**17** – 用擠花袋在中央凹槽處擠滿蜂蜜打發鮮奶油。

**18** – 擺上小的巴巴，擠出玫瑰狀的蜂蜜打發鮮奶油作為裝飾，接著放上一些百香果籽。

# LA TROPÉZIENNE

## 聖特羅佩塔

### 8人份

準備時間：1小時—發酵：1小時 + 45分鐘—冷藏時間：5小時—烘焙時間：40分鐘

難度：♔♔

| 皮力歐許麵團 PÂTE À BRIOCHE | 香草希布斯特奶油醬 |
|---|---|
| 新鮮酵母粉1小匙 | CRÈME CHIBOUST À LA VANILLE |
| 牛乳20毫升 | 卡士達奶油醬 Crème pâtissière |
| 香草精（vanille liquide）1至2滴 | 牛乳370毫升 |
| 麵粉170克 | 蛋75克 |
| 鹽1小匙 | 細砂糖60克 |
| 蛋2顆（100克） | 玉米粉50克 |
| 細砂糖20克 | 香草莢1根 |
| 奶油85克 | 義式蛋白霜 Meringue italienne |
| | 蛋白100克 |
| 蛋黃漿用蛋黃1個（20克） | 水40毫升 |
| 珍珠糖（sucre casson）80克 | 細砂糖160克 |

專用器具：攪拌機（robot petrisseur）1台—直徑22公分的法式塔圈1個—糕點刷1支

## La tropézienne
### 聖特羅佩塔

法國聖特羅佩地區（Saint-Tropez）的代表糕點，而且在法國非常有名的聖特羅佩塔是由橫剖的皮力歐許所構成，傳統上會填入以橙花水調味的慕斯林奶油醬，接著再撒上粗糖粒。在這裡用極為滑順清爽的希布斯特奶油醬（卡士達奶油醬與義式蛋白霜的混合）來取代慕斯林奶油醬。

**製作皮力歐許麵團**

**1** - 用溫牛乳攪拌酵母粉和香草。

**2** - 在電動攪拌器的碗中混合麵粉和鹽。

**3** - 倒入摻有酵母粉的牛乳並加入蛋。用裝有揉麵勾的攪拌器揉麵7至8分鐘。

**4** - 加入細砂糖，繼續再揉麵幾分鐘。

**5** - 慢慢混入奶油，繼續揉5分鐘，揉至麵團脫離碗壁。

**6** - 麵團的質地應柔軟且平滑。放入大碗中。

**7** - 在碗的表面蓋上保鮮膜，讓麵團在微溫處發酵1小時。

**8** - 手上稍微蘸上一點麵粉，將麵團折起數次以排出氣體。以保鮮膜包覆，冷藏4小時。

**9** - 將麵團揉成球狀，接著擺在工作檯上，稍微壓扁。

● ● ●

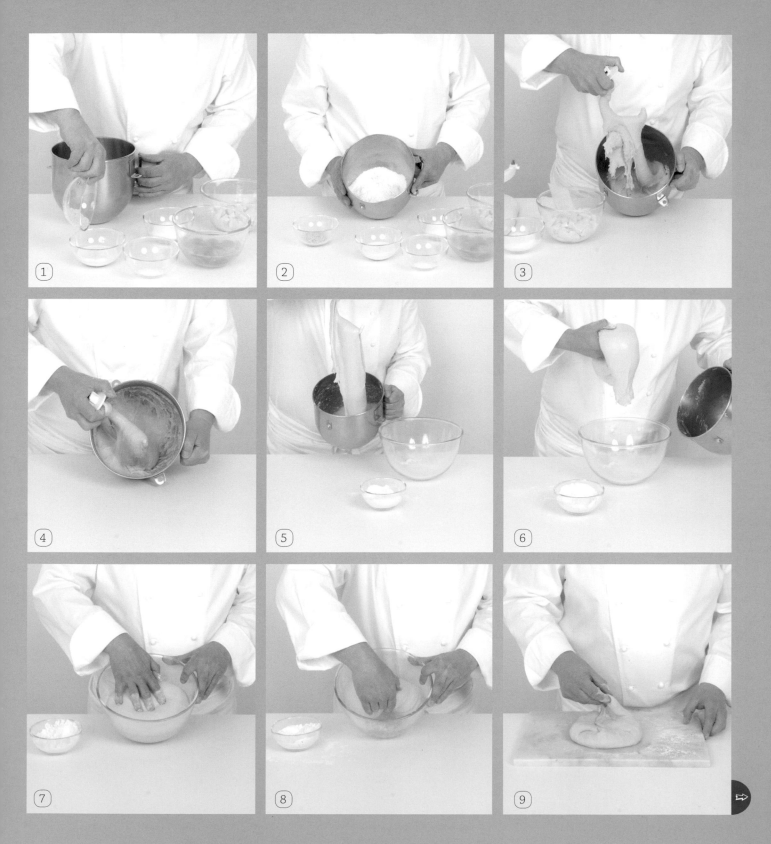

**10** － 將麵團轉移至烤盤上，用法式塔圈將麵團圍起，將麵團壓扁，讓麵團在慕斯圈中均勻攤平。蓋上保鮮膜或濕布，在微溫處靜置約45分鐘，讓麵團的體積膨脹為2倍。

**11** － 將烤箱預熱至180℃（熱度6）。用糕點刷為皮力歐許麵團刷上蛋黃漿。

**12** － 在表面撒上珍珠糖。入烤箱烤40分鐘。

**13** － 放涼，沿著塔圈將皮力歐許剖半，接著移除塔圈。

### 製作香草希布斯特奶油醬

**14** － 將香草莢剖半，用刀尖刮下內部的籽。將卡士達奶油醬（見480頁）攪打至平滑，接著加進香草籽。在卡士達奶油醬中混入一些義式蛋白霜（見487頁）並快速攪打，以稀釋奶油醬。

**15** － 分3次，用矽膠刮刀輕輕混入剩餘的義式蛋白霜。

### 進行組裝

**16** － 利用法式塔圈做為模型，將香草希布斯特奶油醬均勻地鋪在皮力歐許的基底上，接著用抹刀抹平，並將塔圈移除。

**17** － 將頂端那一片皮力歐許切成8等分。

**18** － 將切好的皮力歐許擺在香草希布斯特奶油醬上，以重組聖特羅佩塔，接著再沿著切好的部分切至底部。冷藏1小時後品嚐。

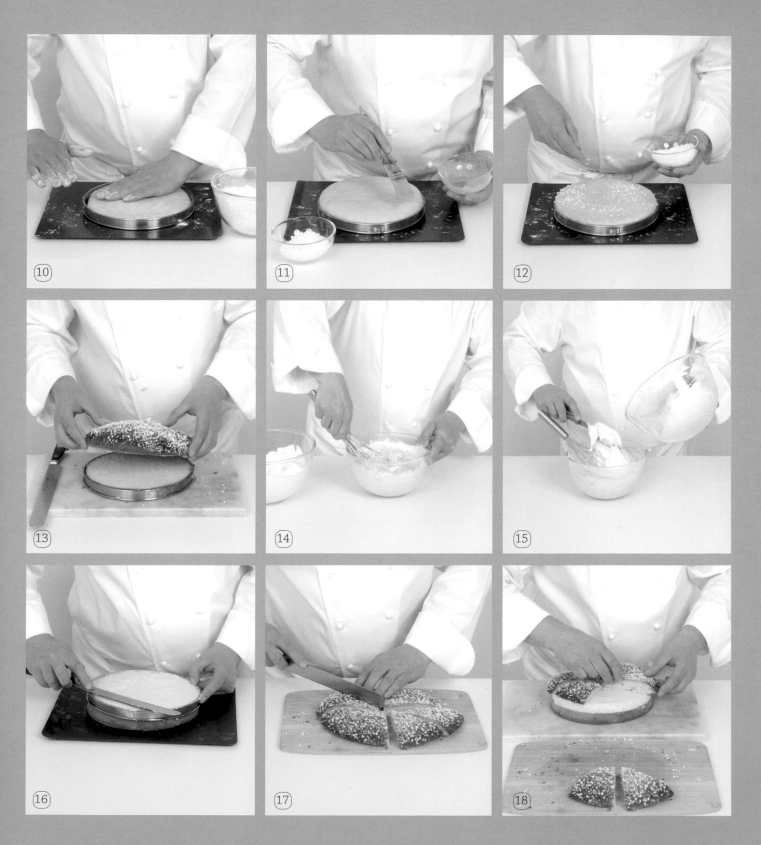

# CROUSTILLANT FRUITS ROUGES
## et chocolat blanc
### 白巧克力紅果酥

---
**10人份**
---

準備時間：1小時－烘焙時間：15分鐘－冷凍時間：2小時－保存時間：冷藏2日

難度：♡

### 薩瓦蛋糕 GÂTEAU DE SAVOIE
奶油70克

小型蛋2顆（80克）

細砂糖75克

麵粉65克

泡打粉1撮

覆盆子30克

藍莓20克

### 麥片酥 CROUSTILLANT AUX CÉRÉALES
白巧克力130克

紅果麥片（céréales aux fruits rouges）100克

米香（riz soufflé）30克

跳跳糖（sucre pétillant）2小匙

### 洋梨白巧克力慕斯
### MOUSSE CHOCOLAT BLANC-POIRE
吉力丁2片（4克）

洋梨泥100克

蜂蜜1大匙

液狀鮮奶油4大匙

白巧克力235克

液狀鮮奶油220毫升

### 浸潤蛋糕體 IMBIBAGE DU BISCUIT
覆盆子白蘭地（eau-de-vie de framboise）2小匙

### 裝飾 DÉCOR
糖粉

專用器具：直徑20公分的慕斯圈1個－直徑18公分的慕斯圈1個

糕點刷1支－紅色的巧克力噴霧1罐－噴槍（chalumeau）1支－蛋糕紙托1個

## Donnez du croustillant à vos pâtisseries
### 為你的糕點加進酥片

若要替你的蛋糕增加酥脆口感，這再簡單不過了：在融化的巧克力中混入麥片，放涼後形成可在組裝時加入的酥片。同樣地，你可使用薄酥餅（crêpe dentelle），或依你的方便變換口味。

### 製作薩瓦蛋糕

**1** － 將烤箱預熱至200℃（熱度6-7）。將奶油加熱至融化。取一個碗攪拌蛋和細砂糖至顏色轉淺，加入麵粉和泡打粉，拌勻，接著混入微溫的融化奶油。

**2** － 將麵糊倒入鋪有烤盤紙的烤盤中，但不要鋪平。

**3** － 將覆盆子和藍莓切半，擺入麵糊中。入烤箱烤15分鐘。

### 製作麥片酥

**4** － 將白巧克力隔水加熱至融化，接著和紅果麥片、米香和跳跳糖混合。

**5** － 將20公分的慕斯圈擺在鋪有烤盤紙的烤盤上，並將混合好的麥片放入慕斯圈中。用湯匙均勻地鋪平、壓平。

**6** － 在同一個烤盤上，將剩餘的麥片堆成幾小堆，之後作為裝飾。

### 製作洋梨白巧克力慕斯

**7** － 將吉力丁片泡在1碗冷水中軟化。在平底深鍋中將洋梨泥、蜂蜜和4大匙的液狀鮮奶油煮沸。按壓吉力丁片，將吉力丁片擰乾，然後加入離火的平底深鍋中溶化，全部倒入碗中。

**8** － 混入切碎的白巧克力。攪拌至巧克力融化並濃稠均勻。放涼。將220毫升的液狀鮮奶油攪打至滑順，融入先前的混合料中。

### 進行組裝與裝飾

**9** － 將薩瓦蛋糕倒扣在烤盤紙上，將上方的烤盤紙剝離。

● ● ●

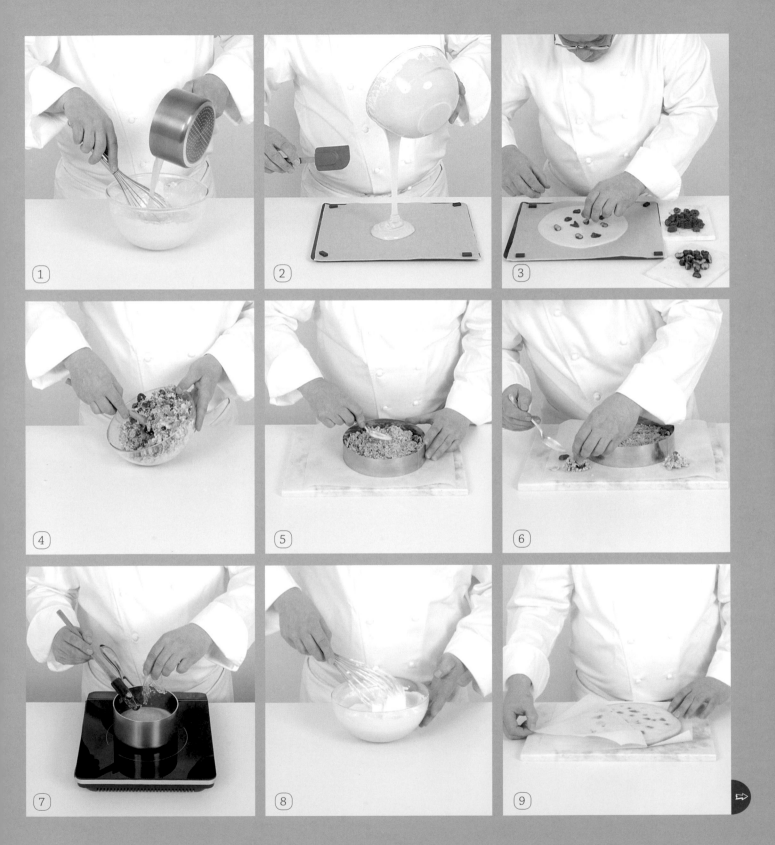

**10** – 將18公分的慕斯圈擺在蛋糕體上，用刀子裁切出圓餅狀的蛋糕體。

**11** – 用糕點刷爲蛋糕體表面刷上一些覆盆子白蘭地。

**12** – 將一些洋梨白巧克力慕斯倒入模型內的麥片酥上，並用矽膠刮刀鋪平。

**13** – 擺上薩瓦蛋糕。

**14** – 鋪上剩餘的慕斯，用抹刀將表面抹平，並去掉多餘的慕斯。將蛋糕冷凍2小時。

**15** – 爲工作檯鋪上保鮮膜，並擺上網架。將蛋糕移至網架上，但不要脫模。用紅色巧克力噴霧噴在蛋糕上，直到表面均匀地覆蓋上一層紅色巧克力。

**16** – 將蛋糕擺在倒扣的碗上，用噴槍稍微噴在慕斯圈外。向下移除慕斯圈，並將蛋糕移至蛋糕紙托上。

**17** – 爲蛋糕部分的表面篩上糖粉。

**18** – 擺上小的麥片酥球做爲裝飾。

# ENTREMETS
## poire et tonka

### 洋梨東加豆蛋糕

10人份

────────

準備時間：1小時30分鐘 + 15分鐘卡士達奶油醬—烘焙時間：約35分鐘

冷凍時間：1小時30分鐘—保存時間：冷藏2日

難度：✿

---

**洋梨乾 POIRES SÉCHÉES**

洋梨4顆

鏡面果膠（Nappage neutre）

**東加豆煎洋梨**
**POIRES POÊLÉES**
**À LA FÈVE TONKA**

奶油30克

細砂糖40克

洋梨丁

東加豆（fève tonka）1/3顆

**核桃蛋糕體 BISCUIT AUX NOIX**

蛋黃4個（75克）

---

細砂糖55克

蛋白2又1/2個（70克）

細砂糖20克

麵粉20克

馬鈴薯澱粉25克

融化奶油40克

切碎的核桃30克

**東加豆奶油醬**
**CRÈME À LA FÈVE TONKA**

卡士達奶油醬 Crème pâtissière

牛乳170毫升

東加豆1/3顆

蛋黃4個（80克）

---

細砂糖40克

玉米粉1大匙

-------

凝固劑（gelée dessert）35克

液狀鮮奶油200毫升

**焦糖鏡面 GLAÇAGE CARAMEL**

鏡面果膠150克

焦糖液（caramel liquide）1小匙

紅色食用色素1刀尖

---

專用器具：矽膠墊（feuille de silicone）一張—直徑22公分的慕斯圈1個—蛋糕紙托一張

## La fève tonka
### 東加豆

原產自南美的東加豆來自柚樹的果實。它具有介於杏仁和焦糖之間的濃烈味道，由於太過大量會有毒性，我們只以少量用在備料和奶油醬的調味中。經過刨碎或浸泡的東加豆和洋梨是完美搭配，獨特的香氣會讓你的味蕾大為驚豔。

### 製作洋梨乾

**1** - 將烤箱預熱至180℃（熱度6）。在爲洋梨去皮之前，先從洋梨中央縱切出2片，最好保留梗。接著將剩餘的切丁，預留作爲東加豆煎洋梨使用。

**2** - 將縱切帶梗的2片洋梨煎5分鐘。倒在矽膠墊上，以烤箱烘乾15分鐘。

### 製作東加豆煎洋梨

**3** - 將奶油和細砂糖加熱至開始形成焦糖，放入洋梨丁，煎至洋梨丁軟化。在上方將東加豆刨碎，攪拌均勻後倒入碗中。冷藏。

### 製作核桃蛋糕體

**4** - 將烤箱溫度維持在180℃。將蛋黃和細砂糖攪打至混合料泛白且濃稠。

**5** - 在大碗中將蛋白攪打至硬性發泡，讓蛋白可以挺立於攪拌器末端，接著混入細砂糖，以形成蛋白霜。

**6** - 混入蛋黃和細砂糖的混合料中。

**7** - 加入麵粉、馬鈴薯澱粉和融化奶油，接著輕輕拌和均勻。

**8** - 混入切碎的核桃。

**9** - 將慕斯圈擺在鋪有烤盤紙的烤盤上，倒入核桃蛋糕體麵糊。入烤箱烤22分鐘。

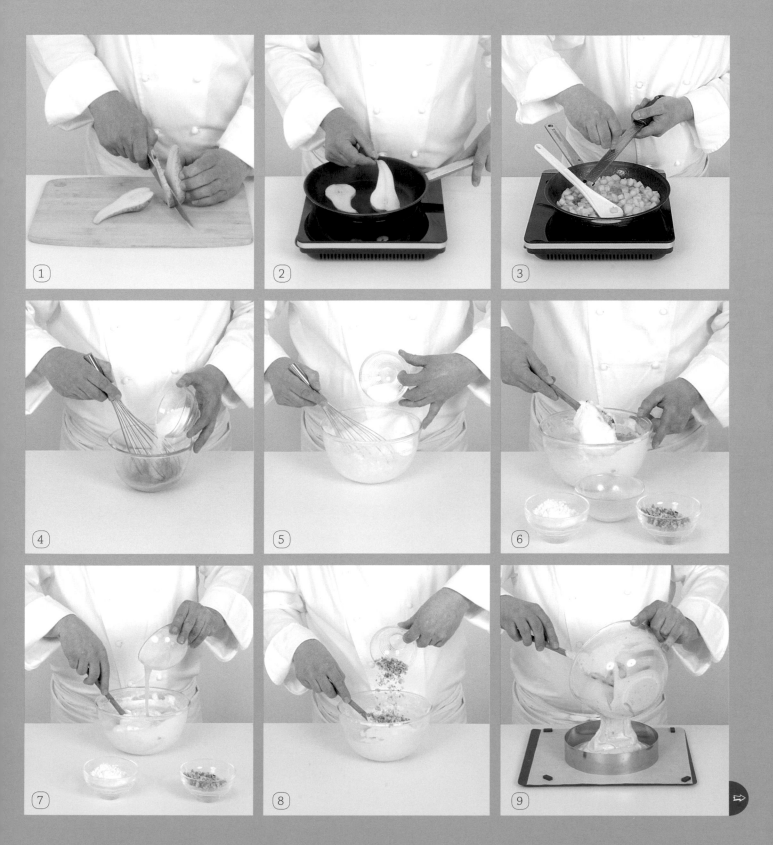

**製作東加豆奶油醬**

**10** － 將東加豆刨碎。製作卡士達奶油醬（見480頁），將牛乳和碎東加豆加熱。趁熱將凝固劑混入卡士達奶油醬中，接著冷藏30分鐘。將液狀鮮奶油打發，讓鮮奶油可以挺立在攪拌器末端。將打發鮮奶油分次混入東加豆卡士達奶油醬中，攪打至奶油醬變得滑順。

**進行組裝**

**11** － 將東加豆煎洋梨混入東加豆奶油醬中。

**12** － 在烤盤紙上爲蛋糕體脫模，並橫剖成厚1.5公分的圓餅。

**13** － 將慕斯圈擺在蛋糕紙托上，接著將蛋糕體擺在慕斯圈底部。

**14** － 將東加豆奶油醬鋪至與邊緣齊平，並用抹刀將表面抹平，以去除多餘的奶油醬。冷藏1小時。

**製作焦糖鏡面**

**15** － 混合鏡面果膠、焦糖液和少量的紅色食用色素。

**16** － 將鏡面淋在蛋糕表面。

**17** － 用抹刀將鏡面抹平，以去除多餘的鏡面。

**18** － 將刷上鏡面果膠的洋梨乾擺上作爲裝飾。

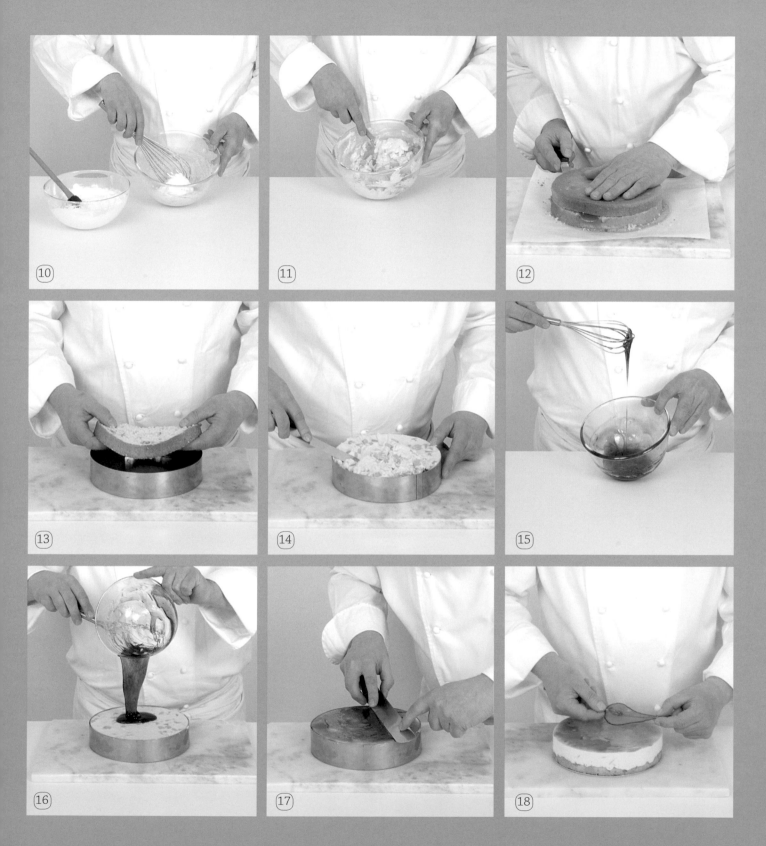

# FORÊT-NOIRE

## 黑森林蛋糕

### 10人份

準備時間：1小時15分鐘—烘焙時間：30分鐘—冷藏時間：1小時—保存時間：冷藏2日

難度：♙ ♙

**巧克力海綿蛋糕 GÉNOISE CHOCOLAT**
蛋4顆（200克）
蛋黃1個（20克）
細砂糖120克
麵粉50克
馬鈴薯澱粉50克
可可粉20克

**巧克力刨花 COPEAUX DE CHOCOLAT**
牛奶巧克力200克

**鮮奶油香醍 CRÈME CHANTILLY**
液狀鮮奶油500毫升
糖粉50克
香草粉1刀尖

**浸泡糖漿 SIROP D'IMBIBAGE**
水150毫升
細砂糖200克
櫻桃白蘭地（kirsch）30毫升

**櫻桃**
糖漬櫻桃

專用器具：直徑20公分且高6公分的慕斯圈1個—蛋糕紙托1張

## La Forêt-Noire
黑森林蛋糕

德國特色糕點：黑森林蛋糕是由以櫻桃白蘭地糖漿浸潤的幾層巧克力海綿蛋糕，再搭配鮮奶油香醍和櫻桃所構成的多層次蛋糕。蛋糕整體鋪上了大量的鮮奶油香醍，接著在表面以櫻桃和巧克力刨花裝飾。黑森林蛋糕在法國的阿爾薩斯（Alsace）地區也同樣著名。

### 製作巧克力海綿蛋糕

**1** － 將烤箱預熱至170℃（熱度5-6）。用手持電動攪拌器攪打蛋、蛋黃和細砂糖，接著隔水加熱，並繼續攪打至混合料濃稠泛白。

**2** － 從隔水加熱鍋中取出，繼續攪打至完全冷卻，而且混合料形成如緞帶般的濃稠感：必須從攪拌器上順暢流下而不會斷裂，如同緞帶的垂下狀態。

**3** － 將麵粉、馬鈴薯澱粉和可可粉一起過篩，並用橡膠刮刀混入蛋糊中。

**4** － 將慕斯圈擺在鋪有烤盤紙的烤盤上，倒入巧克力海綿蛋糕麵糊。入烤箱烤30分鐘，接著放涼。

### 製作浸泡糖漿

**5** － 在平底深鍋中將水和細砂糖煮沸。放涼再加入櫻桃白蘭地。

### 製作牛奶巧克力刨花

**6** － 將牛奶巧克力隔水加熱至融化。淋在工作檯上，用2把抹刀反覆鋪開至完全冷卻。

**7** － 刮刀微彎出曲度，將巧克力刮成刨花狀。

### 製作鮮奶油香醍

**8** － 將鮮奶油打發，讓鮮奶油能夠挺立在攪拌器的末端。加入糖粉和香草粉，輕輕攪拌。

### 進行組裝和裝飾

**9** － 為巧克力海綿蛋糕脫模，並橫切成3等分。

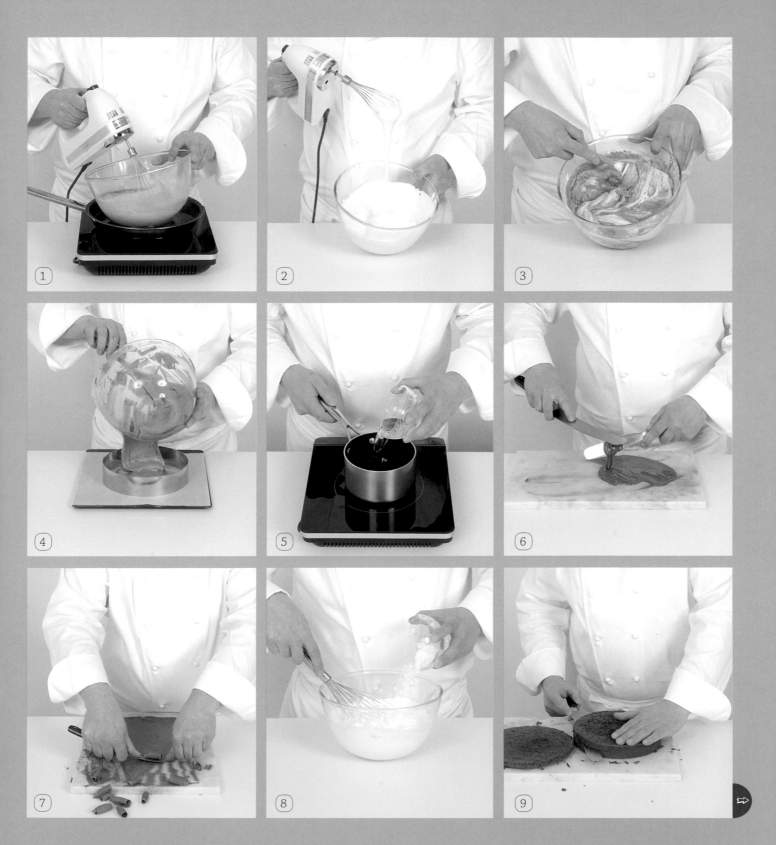

**10** － 將1塊巧克力海綿蛋糕圓餅擺在蛋糕紙托上,並用糕點刷刷上糖漿。鋪上一層鮮奶油香醍,並用抹刀抹平。

**11** － 擺上櫻桃。

**12** － 爲第2塊巧克力海綿蛋糕刷上糖漿,擺在鮮奶油香醍上。

**13** － 鋪上一層鮮奶油香醍。再度用抹刀抹平,擺上其餘的櫻桃。

**14** － 將第3塊巧克力海綿蛋糕圓餅稍微以糖漿浸潤,接著擺在蛋糕上。

**15** － 用抹刀爲蛋糕周圍抹上鮮奶油香醍。

**16** － 在蛋糕表面鋪上鮮奶油香醍,並用抹刀抹平整個蛋糕。

**17** － 在蛋糕上留適當厚度的鮮奶油香醍,用湯匙輕拍,以形成尖角。

**18** － 用櫻桃和巧克力刨花爲蛋糕的表面和周圍進行裝飾。冷藏1小時後享用。

---

### ASTUCE DU CHEF 主廚訣竅

若要更快速地製作巧克力刨花,請使用巧克力磚,並用水果刀刮下。但這樣做出的刨花外觀會較不一致。

# MARBRÉS
## au chocolat
### 巧克力大理石蛋糕

大理石蛋糕3小塊

———————

準備時間：30分鐘－烘焙時間：約35分鐘－保存時間：以保鮮膜包覆4至5日

難度：♧

| 蛋糕麵糊 PÂTE À GÂTEAU | 可可麵糊 PÂTE DE CACAO |
|---|---|
| 奶油180克 | 可可粉20克 |
| 糖粉180克 | 牛乳100毫升 |
| 蛋3又1/2顆（180克） | |
| 香草莢1根 | 模型用回軟奶油50克 |
| 麵粉240克 | 模型用麵粉 |
| 泡打粉1小匙 | |

專用器具：14×6公分的長方形模型3個

## Les origines du chocolat
### 巧克力的起源

最早種植可可樹的是馬雅人。馬雅人將可可豆烘焙、搗碎並加熱後，所形成的糊狀物和水混合，產生一種苦澀的飲料。阿茲提克人（Aztèques）則加入細砂糖、香草、肉桂和蜂蜜，因而產生「xocolatl 巧克力」。直到十六世紀可可才輸出至西班牙，再過了一個世紀，才傳播至歐洲其他地區。

**製作蛋糕麵糊**

**1** – 將烤箱預熱至170℃（熱度5-6）。為模型刷上奶油、撒上麵粉，接著倒扣，輕拍以去除多餘的麵粉。在碗中攪打室溫回軟的奶油，直到形成濃稠的膏狀。

**2** – 加入糖粉並拌均勻。

**3** – 用攪拌器混入蛋。

**4** – 用刀尖刮下香草莢內部的籽，混入混合料中。

**5** – 將麵粉和泡打粉一起過篩至碗中，接著分數次混入先前的混合料中，以形成麵糊。

**6** – 將1/3的香草麵糊倒入另一個碗中。

**製作可可麵糊**

**7** – 在小碗中混合可可粉和牛乳，直到形成糊狀。倒入裝有1/3蛋糕麵糊的碗中，用攪拌器攪拌均勻。

**製作大理石花紋**

**8** – 將香草麵糊分裝至慕斯圈中。接著交錯鋪上可可麵糊。

**9** – 用叉子將模型內的兩種麵糊輕輕劃出條紋，以形成大理石般的外觀。在工作檯上輕敲模型趕出空氣。入烤箱烤約35分鐘，或是烤至用刀插入蛋糕，刀身抽出時不會沾黏麵糊為止。

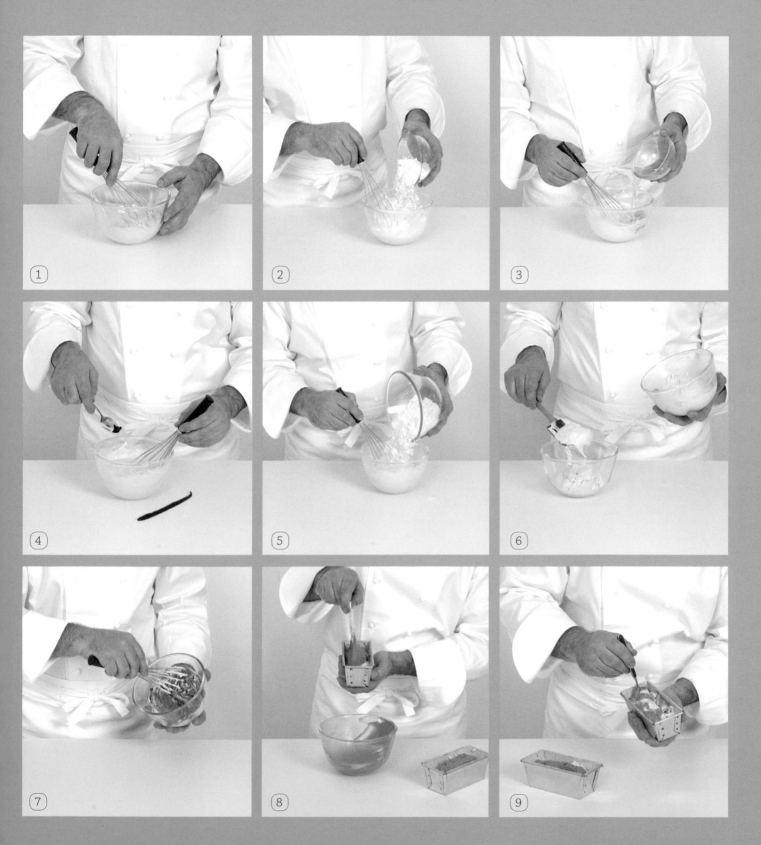

# FRAISIER

## 草莓蛋糕

### 8人份

---

準備時間：1小時 ＋ 30分鐘海綿蛋糕 ＋ 15分鐘卡士達奶油醬—烘焙時間：約30分鐘

冷藏時間：1小時 ＋ 30分鐘卡士達奶油醬—保存時間：冷藏2日

難度：♧♧♡

---

**海綿蛋糕 GÉNOISE**
蛋3顆（150克）
細砂糖110克
杏仁粉30克
麵粉115克
奶油20克

**浸泡糖漿 SIROP D'IMBIBAGE**
細砂糖120克
水150毫升
櫻桃白蘭地（kirsch）20毫升

**慕斯林奶油醬 CRÈME MOUSSELINE**
**卡士達奶油醬 Crème pâtissière**
牛乳370毫升
奶油25克
蛋黃3個（60克）
細砂糖80克
麵粉20克
玉米粉25克
---------
奶油200克

**配料**
草莓400克
紅醋栗（groseilles）1串
覆盆子3顆

---

專用器具：直徑16公分的慕斯圈1個—直徑14公分的慕斯圈1個
擠花袋1個—10號擠花嘴1個—蛋糕紙托一張

## Un grand classique de la pâtisserie française
### 經典的法式糕點

草莓蛋糕是以糖漿浸潤的海綿蛋糕、法式奶油霜（crème au beurre）所構成，以草莓妝點的多層次蛋糕。現代常以慕斯林奶油醬，即添加奶油的卡士達奶油醬來取代法式奶油霜，因為比前者更為清爽滑順。

### 製作海綿蛋糕

**1** – 將烤箱預熱至170℃（熱度5-6）。將直徑16公分的慕斯圈擺在鋪有烤盤紙的烤盤上，倒入海綿蛋糕麵糊（見484頁）。入烤箱烤30至35分鐘，接著放涼。將海綿蛋糕橫剖成兩等份。

**2** – 用直徑14公分的慕斯圈裁切海綿蛋糕，預留多餘的部分作爲裝飾。

### 製作浸泡糖漿

**3** – 在平底深鍋中加熱水和細砂糖。冷卻後加入櫻桃白蘭地拌勻備用。

### 製作慕斯林奶油醬

**4** – 將卡士達奶油醬（見480頁）倒入碗中。攪打至平滑。

**5** – 將奶油攪拌至形成濃稠膏狀。加入卡士達奶油醬並再度攪打。將慕斯林奶油醬填入裝有10號擠花嘴的擠花袋中。

### 進行組裝與裝飾

**6** – 將直徑16公分的慕斯圈擺在蛋糕紙托上，用擠花袋在紙托底部、慕斯圈邊緣擠出1個圓環狀塡滿空隙。

**7** – 用糕點刷爲第1塊海綿蛋糕圓餅刷上糖漿，接著擺在下墊紙托的慕斯圈中，擺在慕斯林奶油醬圓環內。

**8** – 接著用擠花袋先在海綿蛋糕周圍擠出1個圓環，接著在中央擠出螺旋狀圓形。

**9** – 將草莓切半，切面向外地繞著一圈擺在慕斯圈中。

• • •

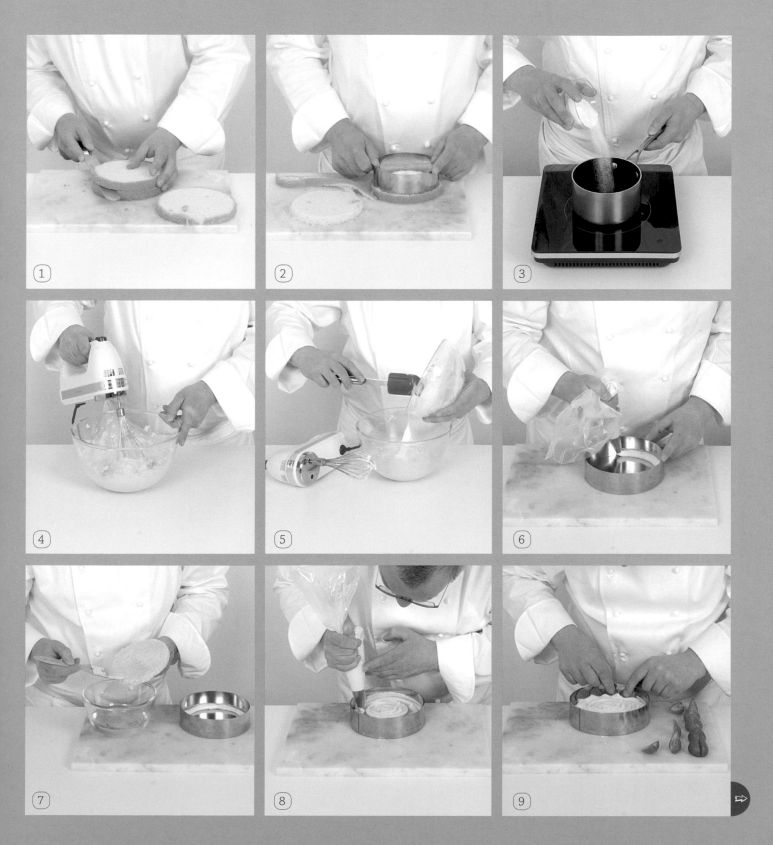

**10** - 將慕斯林奶油醬擠在草莓上，將草莓覆蓋。

**11** - 用抹刀將奶油醬鋪平。

**12** - 接著在海綿蛋糕的圓餅內擺上草莓，沿著隱藏草莓的邊緣排放。

**13** - 擠上一層慕斯林奶油醬，將草莓完全覆蓋，用抹刀抹平。

**14** - 蓋上第二塊海綿蛋糕圓餅，用糕點刷刷上糖漿。

**15** - 在海綿蛋糕上擠出另一個螺旋狀圓形。用抹刀抹平。

**16** - 將剩下多餘的海綿蛋糕以篩網弄碎，撒在慕斯林奶油醬上。冷藏1小時。

**17** - 爲草莓蛋糕篩上糖粉，接著小心地將慕斯圈移除。

**18** - 依你的喜好，用覆盆子、草莓和紅醋栗進行裝飾。

---

### ASTUCE DU CHEF 主廚訣竅

若要製作更傳統的草莓蛋糕，你可以用些許紅果裝飾的玫瑰杏仁膏（pâte d'amande rose）來取代海綿蛋糕碎屑和糖粉。你也能用義式蛋白霜（見487頁）來進行最後裝飾，這可爲你的草莓蛋糕營造出非常專業的外觀。

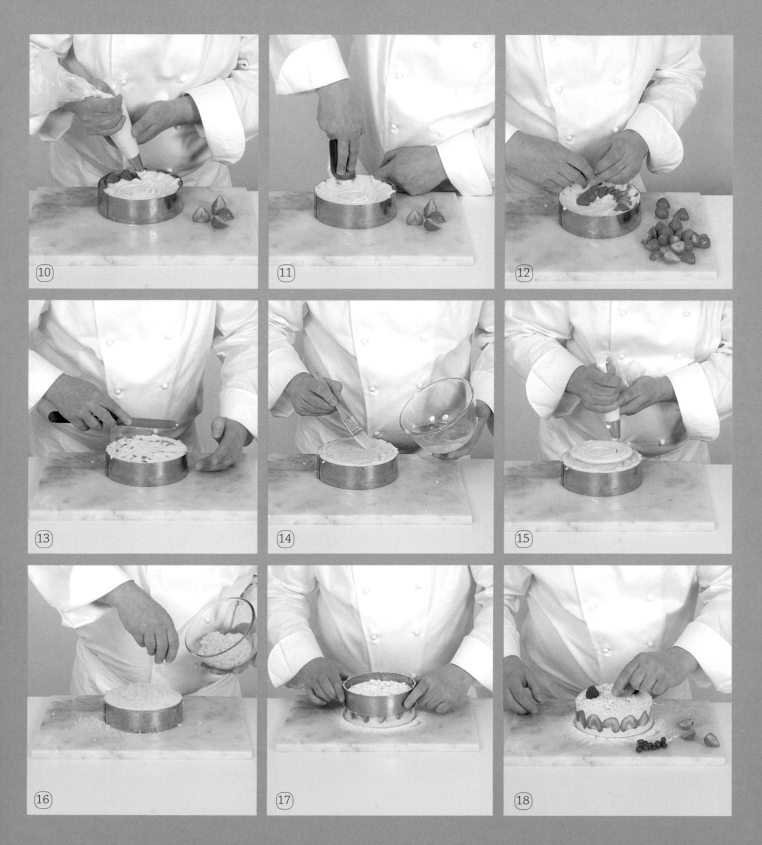

# PAVÉ SUISSE

瑞士杏仁蛋糕

## 8人份

───────────

準備時間：45分鐘 + 15分鐘甜酥麵團—烘焙時間：40分鐘
冷藏時間：10分鐘 + 30分鐘甜酥麵團—保存時間：密封盒3日
難度：♤

### 蘋果丁 DÉS DE POMME
蘋果1顆
細砂糖30克
水30毫升

### 甜酥麵團 PÂTE SUCRÉE
麵粉105克
奶油50克
糖粉50克
杏仁粉15克
蛋1/2顆（25克）

慕斯圈用奶油和麵粉

### 杏仁餡 APPAREIL AUX AMANDES
室溫回軟奶油140克
細砂糖120克
杏仁粉30克
蛋1又1/2顆（75克）
蛋黃1個（20克）
香草粉1撮
麵粉30克
蛋白1個（30克）
細砂糖20克

### 裝飾 DÉCOR
糖粉

專用器具：直徑16公分且高4.5公分的慕斯圈

## Le beurre pommade
膏狀奶油

在烹飪的術語中，膏狀奶油是一種攪打至形成濃稠膏狀的奶油。我們使用這種奶油的目的，是讓它更容易混入備料中。它可以讓混合材料充分乳化，而且讓麵糊變得柔軟。膏狀奶油不能變成液狀，因此請勿過度攪打。

### 製作蘋果丁

**1** － 將蘋果削皮，挖去果核，切成1公分的小丁。放入平底深鍋中，加入細砂糖和水，煮至蘋果丁軟化。

### 製作塔底

**2** － 在工作檯上撒上麵粉，將甜酥麵團（見488頁）擀成2公分的厚度。用慕斯圈切割麵皮，移至鋪有烤盤紙的烤盤上。為慕斯圈刷上奶油，擺在麵皮周圍。

**3** － 將切割下來的麵皮揉成長條狀。用擀麵棍擀平，擀成厚2公釐的長方形。

**4** － 以慕斯圈的高作為標記點，用刀裁成長16公分、寬4.5公分的整齊帶狀。

**5** － 為帶狀麵皮稍微撒上麵粉，以擀麵棍捲起，移動至慕斯圈內壁，將麵皮鬆開輕輕按壓鋪好。用刀切下超出模型的多餘部分。冷藏10分鐘。

### 製作杏仁餡

**6** － 將室溫回軟的奶油攪打至形成濃稠膏狀，加入細砂糖，均勻混合。混入杏仁粉攪拌均勻。混合蛋和蛋黃，分2次加入先前的混合料中，每次加入時都均勻混合。用攪拌器混入香草粉，接著是麵粉。

**7** － 將蛋白攪打至硬性發泡，讓蛋白挺立於攪拌器末端，加入細砂糖，以形成蛋白霜。用軟刮刀混入杏仁餡中。

### 進行組裝與裝飾

**8** － 將烤箱預熱至170℃（熱度5-6）。將蘋果丁擺在塔底。

**9** － 倒入杏仁餡，用刮刀抹平。入烤箱烤40分鐘。放涼後脫模。表面篩上一些糖粉。

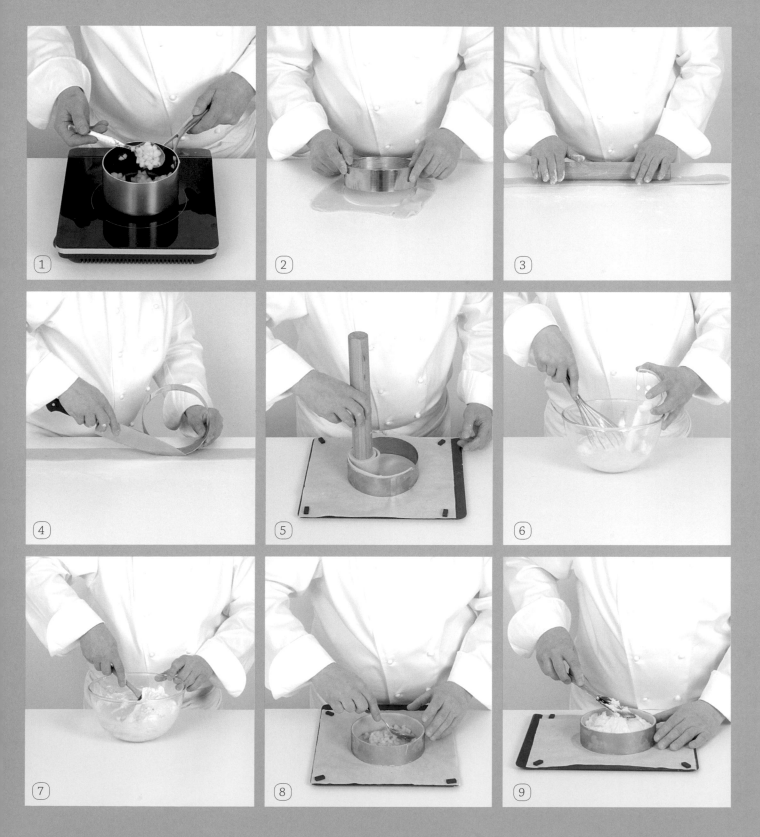

# PÂTISSERIES INDIVIDUELLES & DESSERTS À L'ASSIETTE

個人糕點與迷你甜點

# ÉCLAIRS
## chocolat-framboise
### 巧克力覆盆子閃電泡芙

15個閃電泡芙

準備時間：1小時 + 15分鐘（泡芙麵糊）—烘焙時間：35分鐘—保存時間：冷藏2日

難度：♢

### 泡芙麵糊 PÂTE À CHOUX
牛乳170毫升

奶油70克

細砂糖1又1/2小匙

精鹽1/2小匙

麵粉100克

蛋3顆（140克）

### 巧克力覆盆子慕斯
### MOUSSE CHOCOLAT-FRAMBOISE
牛奶巧克力90克

覆盆子泥100克

凝固劑（gelée dessert）1小匙

細砂糖1小匙

液狀鮮奶油200毫升

### 裝飾 DÉCOR
紅色翻糖（pâte à sucre）200克

鏡面果膠150克

紅色食用色素1刀尖

食用金粉1刀尖

覆盆子125克

專用器具：擠花袋2個—PF16擠花嘴1個—10號擠花嘴1個—6號擠花嘴1個

## Les origines de l'éclair
### 閃電泡芙的起源

閃電泡芙於十九世紀末出現在法國里昂(Lyon)。甜點大師安東尼‧卡漢姆(Antonin Carême)改良了當時的公爵夫人糕點(pain à la duchesse)，即一種以杏仁泡芙麵糊爲基底的條狀點心，他在裡面塡入了卡士達奶油醬。今日的閃電泡芙有各種口味變化，作爲如巧克力、香草或咖啡等傳統口味的替代選擇。

### 製作與烘烤泡芙麵糊

**1** － 將烤箱預熱至180℃（熱度6）。將泡芙麵糊（見483頁）填入裝有 PF16 擠花嘴的擠花袋中。

**2** － 為烤盤鋪上烤盤紙，用擠花袋在上面擠出長10公分的泡芙麵糊條，交錯排列，以免黏在一起。入烤箱烤35分鐘，之後每2分鐘將烤箱門微微打開，讓蒸氣散去。

### 製作巧克力覆盆子慕斯

**3** － 將巧克力切碎並放入碗中。在平底深鍋中加熱覆盆子泥，接著加入凝固劑和細砂糖。拌勻後離火。

**4** － 立刻倒入巧克力中，攪拌並放至微溫。

**5** － 將鮮奶油攪打至稍微打發，接著混入巧克力和覆盆子的混合料中。填入裝有10號擠花嘴的擠花袋中。

### 進行組裝與裝飾

**6** － 用6號擠花嘴在每條閃電泡芙底部戳出3個洞，戳的時候稍微轉動擠花嘴，用擠花袋從洞裡為閃電泡芙擠入巧克力覆盆子慕斯。用小湯匙去掉多餘的慕斯。

**7** － 將紅色翻糖擀平，裁成10 × 2公分的長方形。用糕點刷為閃電泡芙的表面刷上少量的鏡面果膠，疊上長方形的紅色翻糖。

**8** － 混合鏡面果膠、紅色食用色素和金粉，接著將閃電泡芙表面的紅色翻糖浸入鏡面，接著用手指抹去周圍多餘的部分。

**9** － 為閃電泡芙放上蘸有食用金粉的覆盆子裝飾。

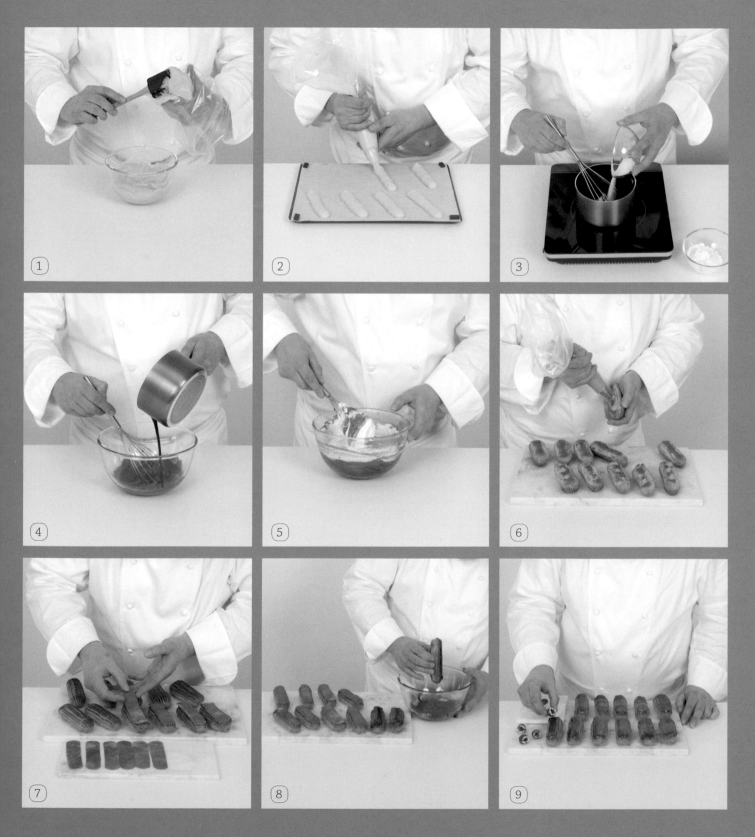

# CHOUX CROUSTILLANTS
## au chocolat
### 脆皮巧克力泡芙

15 顆泡芙

準備時間：1小時30分鐘─烘焙時間：35分鐘─冷藏時間：1小時15分鐘─保存時間：冷藏2日

難度：🍥

### 巧克力脆皮 CRAQUELIN AU CHOCOLAT

室溫回軟的奶油75克

麵粉75克

紅糖80克

無糖可可粉12克

### 泡芙麵糊 PÂTE À CHOUX

牛乳170毫升

奶油70克

細砂糖1又1/2小匙

精鹽1/2小匙

麵粉100克

蛋3顆（140克）

### 巧克力醬 CRÈME AU CHOCOLAT
#### 卡士達奶油醬 Crème pâtissière

牛乳370毫升

奶油25克

蛋黃3個（70克）

細砂糖80克

麵粉20克

玉米粉25克

----------

可可成分72%的黑巧克力100克

液狀鮮奶油70毫升

### 巧克力鏡面 GLAÇAGE CHOCOLAT

可可成分72%的黑巧克力160克

無糖可可粉2小匙

水30毫升

液狀鮮奶油130毫升

葡萄糖80克

鏡面果膠20克

專用器具：擠花袋2個─10號擠花嘴1個─6號擠花嘴1個

直徑5公分的圓形壓模1個─食用金粉噴霧（隨意）

## L'étape clé de la pâte à choux
### 泡芙麵糊的關鍵階段

泡芙麵糊軟塌是所有美食家的夢魘。為了解決這樣的難題，有個階段非常重要：乾燥。泡芙麵糊含有大量的水分，應該先在平底深鍋中將水分煮乾，然後再進行烘烤，以免徹底失敗。這讓泡芙得以在烘烤過程中適當地膨脹，形成特有的乾燥外皮。

### 製作巧克力脆皮

**1** － 將室溫回軟的奶油、麵粉、紅糖和可可放入碗中。用指尖混合，以形成麵團，接著壓扁至形成均勻的質地。冷藏15分鐘。

**2** － 在一張烤盤紙上撒上麵粉，擺上脆皮麵團，用擀麵棍擀至極薄。

### 製作與烘烤泡芙麵糊

**3** － 將泡芙麵糊（見483頁）填入裝有10號擠花嘴的擠花袋中。將烤箱預熱至180℃（熱度6）。為烤盤鋪上烤盤紙，用擠花袋在上面間隔地擠出直徑約5公分的小球。

**4** － 用壓模切下脆皮，在每顆泡芙小球上擺上1片脆皮。入烤箱烤35分鐘，之後每2分鐘將烤箱門微微打開，讓蒸氣散去。

### 製作巧克力奶油醬

**5** － 製作卡士達奶油醬（見480頁）。在碗中將巧克力切碎，將熱的卡士達奶油醬倒入，拌勻。冷藏1小時。

**6** － 將鮮奶油打發，讓鮮奶油可以挺立於攪拌器末端。攪打卡士達奶油醬，混入一些打發鮮奶油，一邊攪拌。輕輕混入剩餘的打發鮮奶油。填入裝有10號擠花嘴的擠花袋中。

### 製作巧克力鏡面

**7** － 將巧克力切碎，和可可粉一起放入碗中。在平底深鍋中加熱水、鮮奶油和葡萄糖。趁熱淋在巧克力上，接著混入鏡面果膠。在碗中用漏斗型網篩（chinois）過濾。蓋上保鮮膜並放至微溫。

### 進行組裝與裝飾

**8** － 用6號擠花嘴在每個泡芙底部戳1個洞，用擠花袋從洞裡為泡芙擠入奶油醬，接著用小湯匙去掉多餘的奶油醬。

**9** － 將泡芙的表面浸入微溫的鏡面中，接著用手指抹去多餘的部分。以食用金粉噴霧裝飾表面（可省略）。

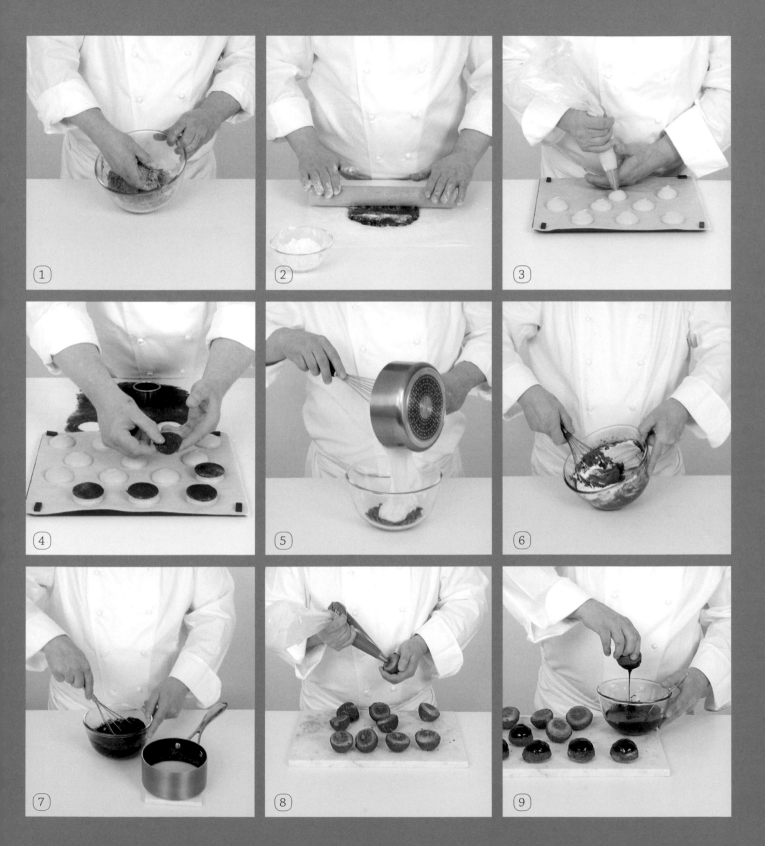

# SABLÉS BRETONS MERINGUÉS
## au citron de Menton
### 蒙頓檸檬蛋白霜布列塔尼酥餅

10個酥餅

準備時間：1小時15分鐘 ＋ 10分鐘蛋白霜—烘焙時間：1小時30分鐘—冷藏時間：2小時
保存時間：冷藏2日
難度：⏶⏶

### 蛋白霜 MERINGUES
蛋白2個（50克）
細砂糖100克
糖粉60克
檸檬皮1顆
切碎的開心果1小匙

### 檸檬布列塔尼酥餅麵糊
PÂTE À SABLÉS BRETONS AU CITRON
杏仁粉25克
室溫回軟的含鹽奶油150克
細砂糖60克
檸檬皮1顆
蛋黃1個（25克）
麵粉130克
泡打粉1/2小匙

### 蒙頓檸檬奶油醬 CRÈME AU CITRON DE METON
吉力丁片2又1/2片（5克）
蛋3或4顆（180克）
細砂糖210克
玉米粉10克
蒙頓檸檬汁140毫升
蒙頓檸檬皮2顆
塊狀奶油265克

### 糖漬蒙頓檸檬皮
ZESTE DE CITRON DE MENTON CONFIT
蒙頓檸檬皮1顆
水100毫升
細砂糖100克

法式塔圈用奶油

專用器具：直徑8公分的法式塔圈10個—擠花袋3個—8號擠花嘴1個

## Le citron de Menton
### 蒙頓檸檬

蒙頓檸檬因其獨特的味道和極其細緻的香氣而深受喜愛，種植於蒙頓的山區。傳統以人工採收，一旦摘下後便無法承受任何的化學加工。為了向這柑橘類水果致敬，蒙頓鎮每年都會舉辦檸檬節。

### 製作蛋白霜

**1** – 將烤箱預熱至120℃（熱度4）。將法式蛋白霜（見486頁）填入裝有平口擠花嘴的擠花袋中。在鋪有烤盤紙的烤盤上，用擠花袋將一半的蛋白霜間隔擠出小的圓錐形。

**2** – 接著在同一個烤盤上鋪上剩餘的蛋白霜，撒上切碎的開心果。入烤箱烤1個小時，在出爐後放涼。將開心果蛋白霜剁成小塊。

### 製作檸檬布列塔尼酥餅麵糊

**3** – 將烤箱溫度調高至180℃（熱度6）。攪拌杏仁粉、室溫回軟的奶油、細砂糖和檸檬皮。

**4** – 混入蛋黃攪拌，接著加入麵粉和泡打粉，用軟刮刀混合。

**5** – 用刮刀將麵糊填入裝有平口擠花嘴的擠花袋中。

**6** – 為10個法式塔圈刷上奶油，擺在鋪有烤盤紙的烤盤上。

**7** – 用擠花袋在塔圈裡擠出螺旋狀的布列塔尼酥餅麵糊。入烤箱烤約20分鐘，烤至酥餅呈現金黃色。出爐時，用小刀劃過塔圈內部周圍，為酥餅脫模。放涼。

### 製作蒙頓檸檬奶油醬

**8** – 將吉力丁片泡入1碗冷水中軟化。在另一個碗中，將蛋和細砂糖打至濃稠泛白。

**9** – 加入玉米粉。

●●●

**10** – 在平底深鍋中將檸檬汁和檸檬皮煮沸，倒入先前的混合料中，一邊快速攪打。

**11** – 再全部倒入平底深鍋中，以文火煮，一邊用攪拌器不停攪拌，直到第一次煮沸，接著立即將鍋子離火。

**12** – 將奶油醬倒入大碗中。按壓吉力丁片，將吉力丁擰乾，接著混入奶油醬中拌至溶化且均勻。放涼幾分鐘後加入奶油。

**13** – 用手持式電動均質機攪打至濃稠平滑，接著冷藏2小時。

### 製作糖漬蒙頓檸檬皮

**14** – 將檸檬皮切成細條狀。

**15** – 在平底深鍋中將水煮沸，燙煮檸檬皮。換水重複同樣的程序。接著將水和細砂糖煮沸。加入檸檬皮，以文火煮10分鐘。將檸檬皮從糖漿中取出，在吸水紙上瀝乾。

### 進行組裝

**16** – 輕輕將蒙頓檸檬奶油醬攪拌至平滑。填入裝有平口擠花嘴的擠花袋中，接著在每塊布列塔尼酥餅上擠出圓錐形的奶油醬。

**17** – 疊上3塊小蛋白霜和2塊開心果蛋白霜。

**18** – 用糖漬檸檬皮進行裝飾。

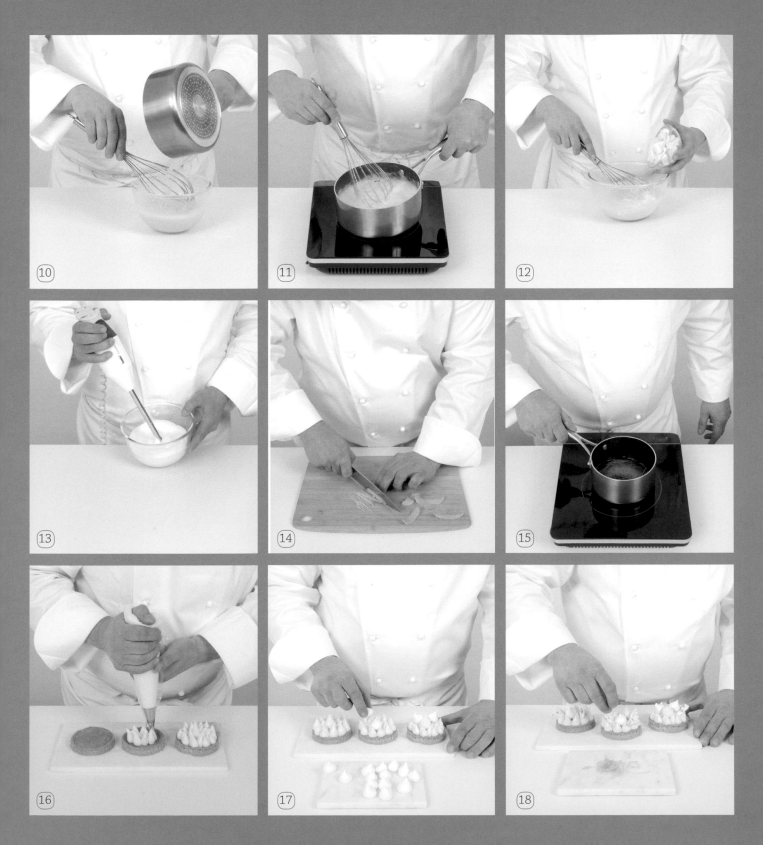

# RELIGIEUSES
## coco-gingembre

### 椰薑修女泡芙

12個修女泡芙
―――――――――

準備時間：45分鐘 ＋ 15分鐘泡芙麵糊＋ 15分鐘卡士達奶油醬―烘焙時間：35分鐘

冷藏時間：30分鐘―保存時間：冷藏2日

難度：♧

| 泡芙麵糊 PÂTE À CHOUX | 椰薑奶油醬 CRÈME COCO-GINGEMBRE |
|---|---|
| 牛乳170毫升 | 卡士達奶油醬 Crème pâtissière |
| 奶油70克 | 牛乳200毫升 |
| 細砂糖1又1/2小匙 | 椰漿200毫升 |
| 精鹽1/2小匙 | 蛋黃3個（70克） |
| 麵粉100克 | 細砂糖80克 |
| 蛋3顆（140克） | 麵粉20克 |
| | 玉米粉25克 |
| 製作蛋黃漿用的蛋液1顆 | ------ |
| | 新鮮生薑5克 |
| | 液狀鮮奶油140毫升 |
| | |
| | 裝飾 DÉCOR |
| | 鏡面果膠100克 |
| | 椰子絲100克 |

專用器具：擠花袋2個―10號擠花嘴1個―D7星形擠花嘴（douille cannelée D7）1個―6號擠花嘴1個

## Gingembre
### 薑

薑為原產於印度和馬來西亞的塊莖，在許多亞洲國家都有種植。不論是磨成粉、新鮮生薑，還是經過醃漬，各種形式的薑都受到喜愛，用於各種料理製作中，可製成甜點或鹹食。薑和椰子永遠是完美的搭配，不要猶豫，立刻來試試這樣的組合。

製作並烘烤泡芙麵糊

**1** － 將烤箱預熱至170℃（熱度5-6）。將泡芙麵糊（見483頁）填入裝有10號擠花嘴的擠花袋中。在烤盤上間隔擠出12個5公分的小球、12個2.5公分的小球。

**2** － 用糕點刷刷上蛋黃漿，接著用叉子稍微將尖起處撫平。入烤箱烤35分鐘，之後每2分鐘將烤箱門微微打開，讓蒸氣散去。

製作椰薑奶油醬

**3** － 製作卡士達奶油醬，混合牛乳和椰漿（見480頁）。將薑削皮，在熱的椰子卡士達奶油醬上方刨碎。立刻倒入碗中。蓋上保鮮膜，冷藏30分鐘。

**4** － 將椰薑卡士達奶油醬攪打至平滑。

**5** － 將液狀鮮奶油打發，讓鮮奶油挺立於攪拌器末端。將1/3的打發鮮奶油混入椰薑卡士達奶油醬中，拌勻稀釋，接著混入剩餘的打發鮮奶油，一邊輕輕攪拌。將這椰薑奶油醬填入裝有 D7 擠花嘴的擠花袋中。

進行組裝與裝飾

**6** － 用6號擠花嘴在所有泡芙底部戳1個洞，戳的時候稍微轉動擠花嘴。

**7** － 用擠花袋爲每個泡芙擠入椰薑奶油醬，接著用小湯匙去掉多餘的奶油醬。

**8** － 準備1碗的鏡面果膠，1碗的椰子絲。將每個泡芙表面浸入鏡面果膠，用手指去除多餘的果膠，接著沾裹椰子絲。

**9** － 在大泡芙上擠出玫瑰花狀的椰薑奶油醬，接著在每個大泡芙上疊上1個小泡芙。

---

### ASTUCE DU CHEF
### 主廚訣竅

若要讓椰薑奶油醬有更濃烈的薑味，可先在平底深鍋上方將薑刨碎，然後再加熱牛乳和椰漿。

# ÉCLAIRS
## à la violette
### 紫羅蘭閃電泡芙

15個閃電泡芙

準備時間：1小時 + 15分鐘泡芙麵糊 + 15分鐘卡士達奶油醬—烘焙時間：35分鐘

冷藏時間：1小時15分鐘—保存時間：冷藏2日

難度：🍥

### 脆皮 CRAQUELIN
室溫回軟的奶油65克

麵粉85克

紅糖80克

### 泡芙麵糊 PÂTE À CHOUX
牛乳170毫升

奶油70克

細砂糖1又1/2小匙

精鹽1/2小匙

麵粉100克

蛋3顆（140克）

### 紫羅蘭卡士達奶油醬 CRÈME PÂTISSIÈRE À LA VIOLETTE
牛乳550毫升

奶油40克

蛋黃5個（105克）

細砂糖120克

麵粉30克

玉米粉35克

----------

食用紫羅蘭香萃（essence de violette）

7滴

### 裝飾 DÉCOR
紫羅蘭色翻糖200克

覆盆子果醬75克

鏡面果膠300克

紫羅蘭食用色素1刀尖

銀色食用亮粉（poudre scintillante argentée）1刀尖

銀色裝飾糖球（Billes de sucre argentées）

專用器具：擠花袋2個—PF16擠花嘴1個—10號擠花嘴1個—6號擠花嘴1個

## Les pâtisseries à la violette
### 紫羅蘭糕點

芳香且細緻的紫羅蘭屬於最古老的食用花之一，與土魯斯（Toulouse）這座城市相結合，我們在這裡特別容易找到做成糖霜花的紫羅蘭，以花的形式用在糕點上，但也能以香萃的形式為各種美食增添芳香。不要猶豫，立刻用紫羅蘭的顏色來搭配其風味，以食用色素為你的奶油醬、馬卡龍或鏡面染色。

### 製作脆皮

**1** - 將室溫回軟的奶油、麵粉和細砂糖放入碗中。用指尖拌和以形成麵團,接著壓扁,直到形成均勻的質地。冷藏15分鐘。

**2** - 在一張烤盤紙上撒上麵粉,在上面用擀麵棍將脆皮麵團擀至極薄。

### 製作並烘烤泡芙麵糊

**3** - 將泡芙麵糊(見483頁)填入裝有PF16擠花嘴的擠花袋中。為烤盤鋪上烤盤紙,用擠花袋擠出長10公分的泡芙麵糊條,間隔排列,以免黏在一起。

**4** - 將烤箱預熱至180℃(熱度6)。將脆皮麵團裁成10 × 2公分的帶狀,擺在泡芙麵糊上。入烤箱烤35分鐘,之後每2分鐘將烤箱門微微打開,讓蒸氣散去。

### 製作紫羅蘭卡士達奶油醬

**5** - 將熱的卡士達奶油醬(見480頁)倒入碗中,混入紫羅蘭香萃。冷藏1小時,接著將奶油醬攪打至平滑,填入裝有10號擠花嘴的擠花袋中。

### 進行組裝與裝飾

**6** - 用6號擠花嘴在每條閃電泡芙底部戳出3個洞,戳的時候稍微轉動擠花嘴,用擠花袋從洞裡為閃電泡芙擠入紫羅蘭卡士達奶油醬。用小湯匙去掉多餘的奶油醬。

**7** - 將紫羅蘭色翻糖擀平,裁成10 × 2公分的長方形。

**8** - 用小湯匙為每條閃電泡芙鋪上一些果醬,疊上長方形的紫羅蘭色翻糖。

**9** - 混合鏡面果膠、紫羅蘭食用色素和銀粉,接著將閃電泡芙的表面浸入鏡面果膠,用手指抹去周圍多餘的部分,再用銀色糖球裝飾。

# MONT-BLANC
## au kumquat
### 金桔蒙布朗

10個蒙布朗

---

準備時間：50分鐘 + 10分鐘蛋白霜 + 30分鐘調溫—烘焙時間：約1小時30分鐘

冷藏時間：40分鐘—保存時間：冷藏2日

難度：♙♙

### 巧克力蛋白霜餅殼
### COQUES MERINGUÉES AU CHOCOLAT
蛋白3個

細砂糖100克

糖粉100克

牛奶覆蓋巧克力

（chocolat de couverture lacté）* 50克

烤盤用奶油和麵粉

### 糖漬金桔 LES KUMQUATS CONFITS
金桔150克

水150毫升

細砂糖150克

### 鮮奶油香醍 CRÈME CHANTILLY
液狀鮮奶油100克

糖粉1大匙

### 栗子奶油醬 CRÈME DE MARRON
栗子泥（pâte de marron）400克

蘭姆酒40毫升

室溫回軟的奶油200克

### 裝飾 DÉCOR
塊狀的糖漬栗子100克

糖粉

專用器具：擠花袋2個—直徑6公分的圓形壓模1個—20號擠花嘴1個

糕點刷1支—10號擠花嘴1個

＊至少含32%可可脂（beurre de cacao）的巧克力稱爲覆蓋巧克力（chocolat de couverture）。

## Le kumquat
### 金桔

金桔是最小的柑橘類水果：圓形或橢圓形的長度絕不超過5公分。它的果皮甜而柔軟，果肉微酸。原產於中國，可連皮直接吃，或是糖漬，因此而成爲某些糕點的食材，也能用來製作果醬。

**製作巧克力蛋白霜餅殼**

**1** – 將烤箱預熱至100℃（熱度3–4）。將法式蛋白霜（見486頁）填入裝有20號擠花嘴的擠花袋中。

**2** – 在烤盤上塗上奶油並撒上麵粉，用壓模（emporte-pièce）在烤盤上劃出10個圓。用擠花袋在上面擠出10個直徑約6公分的圓頂蛋白霜。入烤箱烤25分鐘。

**3** – 將烤好的蛋白餅從烤箱中取出，用水果刀將內部挖空，以取得蛋白餅殼，接著再放回烤箱烤40分鐘。

**4** – 餅殼放涼，用刨刀（râpe）將鼓起面整平。

**5** – 爲牛奶覆蓋巧克力調溫（見494-495頁）。

**6** – 用糕點刷爲蛋白餅殼內部刷上調溫巧克力。冷藏10分鐘。

**製作糖漬金桔**

**7** – 在一鍋冷水中放入整顆未去皮的金桔，燙煮一會兒。換水後重複同樣的程序，接著將金桔瀝乾。

**8** – 在另一個平底深鍋中加熱水和細砂糖，直到形成糖漿，接著泡入金桔。以文火慢燉約30分鐘。

**9** – 瀝乾並保存糖漿。將糖漬金桔切成小塊。

• • •

**ASTUCE DU CHEF 主廚訣竅**

你可用糖漬橙皮來取代糖漬金桔。

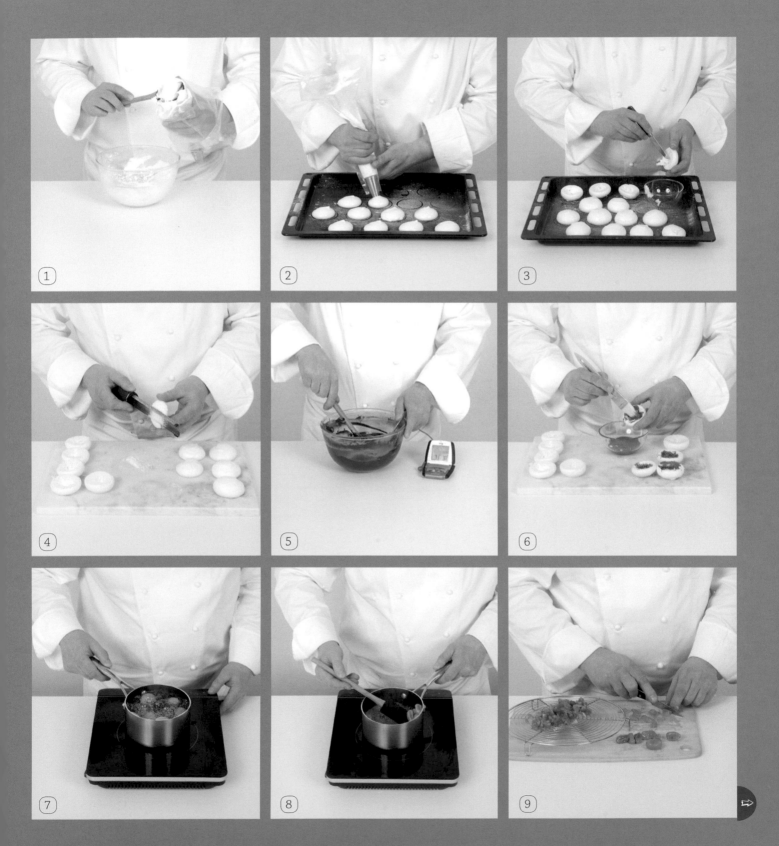

**製作鮮奶油香醍**

**10** － 將鮮奶油打發，讓鮮奶油可以挺立在攪拌器末端，接著混入糖粉。

**11** － 用大湯匙為巧克力蛋白霜餅殼內鋪上鮮奶油香醍。

**製作栗子奶油醬**

**12** － 在碗中用刮刀攪拌栗子泥，慢慢加進蘭姆酒稀釋。

**13** － 輕輕混入室溫回軟的奶油，攪拌混合料以稀釋栗子泥。將這栗子奶油醬填入裝有10號擠花嘴的擠花袋中。

**進行組裝與裝飾**

**14** － 用擠花袋在餅殼中央擠出窄而尖的栗子奶油醬。

**15** － 輕輕擺上栗子塊和糖漬金桔。

**16** － 用擠花袋在尖尖的栗子奶油醬周圍擠出螺旋狀的栗子奶油醬。

**17** － 用網篩篩上糖粉。

**18** － 用栗子塊和糖漬金桔裝飾這螺旋狀的奶油醬，接著冷藏至少30分鐘。之後將蒙布朗從冰箱取出15至20分鐘後再品嚐。

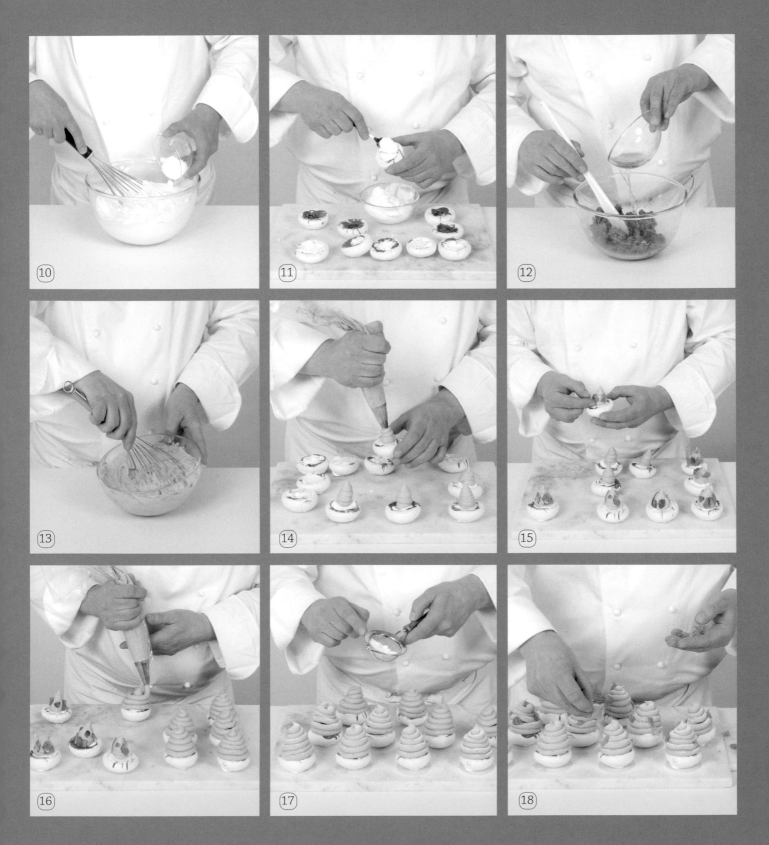

# CHOUX YUZU
## et chocolat blond
### 金黃巧克力柚子泡芙

**15個泡芙**

---

準備時間：1小時 + 15分鐘泡芙麵糊 + 15分鐘卡士達奶油醬—烘焙時間：35分鐘

冷藏時間：1小時25分鐘—保存時間：冷藏2日

難度：♙

### 菠蘿脆皮 CRAQUELIN
室溫回軟的奶油65克

麵粉85克

紅糖80克

### 泡芙麵糊 PÂTE À CHOUX
牛乳170毫升

奶油70克

細砂糖1又1/2小匙

精鹽1/2小匙

麵粉100克

蛋3顆（140克）

### 柚子卡士達奶油醬
### CRÈME PÂTISSIÈRE AU YUZU
牛乳370毫升

奶油25克

蛋黃3個（70克）

細砂糖80克

麵粉20克

玉米粉25克

---------

柚子皮1顆

柚子汁40毫升

### 巧克力焦糖慕斯
### MOUSSE CHOCOLAT-
### CARAMEL
液狀鮮奶油200毫升

白巧克力35克

牛奶巧克力65克

焦糖液1小匙

糖粉2小匙

### 裝飾 DÉCOR
糖粉

専用器具：擠花袋3個—10號擠花嘴1個—PF16星形擠花嘴1個—直徑5公分的圓形壓模1個

## Le yuzu
### 柚子

柚子是原產於亞洲的柑橘類水果，在糕點製作上深受好評。顏色為檸檬黃，大小同柳橙，味道相當獨特，介於葡萄柚和橘子（mandarine）之間。我們會使用它的果汁和果皮來為奶油醬或冰淇淋甜點增添芳香，果皮通常會經過糖漬。你可在市面上找到以柚子為基底製作的產品。

### 製作菠蘿脆皮

**1** - 將室溫回軟的奶油、麵粉和紅糖放入碗中。

**2** - 用指尖拌和以形成麵團，接著壓折，直到形成均勻的質地。冷藏15分鐘。

**3** - 在一張烤盤紙上撒上麵粉，在上面用擀麵棍將脆皮麵團擀至極薄。

### 製作並烘烤泡芙麵糊

**4** - 將泡芙麵糊（見483頁）填入裝有10號擠花嘴的擠花袋中。

**5** - 為烤盤鋪上烤盤紙，用擠花袋擠出直徑約5公分的泡芙麵球，交錯排列，以免黏在一起。

**6** - 將烤箱預熱至180℃（熱度6）。用壓模裁切脆皮麵團，接著擺在每顆泡芙麵球上。入烤箱烤35分鐘，之後每2分鐘將烤箱門微微打開，讓蒸氣散去。

### 製作柚子卡士達奶油醬

**7** - 將熱的卡士達奶油醬（見480頁）倒入碗中，在上方將柚子皮刨碎。拌勻。

**8** - 混入柚子汁，將卡士達奶油醬冷藏1小時。

### 製作巧克力焦糖慕斯

**9** - 將鮮奶油打發至滑順，接著分成2份。

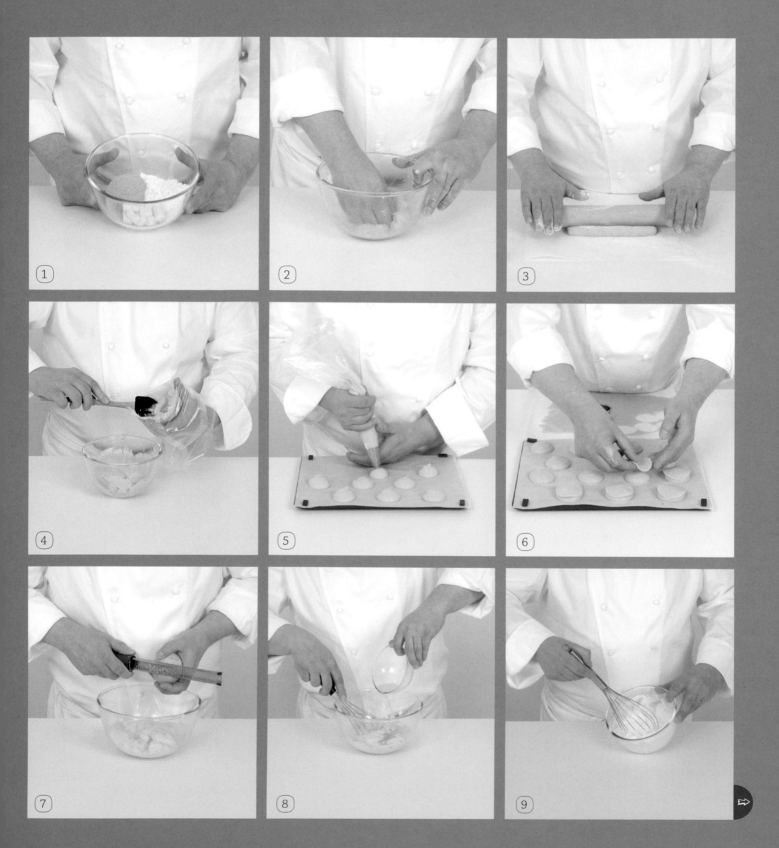

**10** – 在一旁將白巧克力和牛奶巧克力隔水加熱至融化，加入焦糖並攪拌均勻。

**11** – 輕輕混入一半的打發鮮奶油。

**12** – 在另一半的打發鮮奶油中加入糖粉。

**13** – 加入先前的混合料，請勿過度攪拌，以保有大理石花紋的效果。將這慕斯填入裝有 PF16 號擠花嘴的擠花袋中。冷藏 10 分鐘。

### 進行組裝與裝飾

**14** – 將泡芙頂端切下，形成蓋子。

**15** – 用網篩為蓋子篩上糖粉。

**16** – 將柚子卡士達奶油醬攪打至平滑，填入裝有 10 號擠花嘴的擠花袋中，擠入泡芙至與邊緣齊平。

**17** – 用擠花袋在泡芙裡的柚子卡士達奶油醬上擠出玫瑰花狀的巧克力焦糖慕斯。

**18** – 為每顆泡芙疊上撒了糖粉的蓋子。

### ASTUCE DU CHEF 主廚訣竅

若脆皮麵團黏在烤盤紙上，請在麵團表面撒上麵粉，在上面擺上另一張烤盤紙，將麵團翻過來，接著移除最初墊在下方的烤盤紙。

我們在煮完卡士達奶油醬後再加入柚子，以免柑橘類水果因加熱而味道變質。

# MILLE-FEUILLES
## chantilly vanillée et fruits frais
### 香草香醍鮮果千層派

千層派4個
————————

準備時間：45分鐘 ＋ 1小時30分鐘折疊派皮—烘焙時間：30分鐘—保存時間：冷藏2日
難度：🎩🎩

---

折疊派皮 PÀTE FEUILLETÉE
水 55 毫升
鹽 1/2 小匙
奶油 25 克
麵粉 100 克
無水奶油 (beurre sec) 85 克

新鮮水果 FRUITS FRAIS
無花果 (figue) 1 顆
覆盆子 4 顆
克門提小橘子 (clémentine) 1 顆
草莓 2 顆
紅醋栗 1 枝

糖粉

香草鮮奶油香醍 CRÈME CHANTILLY VANILLÉE
液狀鮮奶油 300 毫升
香草莢 1 根
糖粉 25 克

帶籽覆盆子 60 克

裝飾 DÉCOR
翻糖 (Pâte à sucre)
帶籽覆盆子果醬

專用器具：擠花袋 2 個—8 號擠花嘴 1 個—花型壓模 (emporte-pièce fleur) 1 個

## La vanille
### 香草

最早的香草莢收成於墨西哥的野生蘭花上，在十六世紀由哥倫布 (Christophe Colomb) 引進歐洲。沒有人能夠在它原本生長環境以外的地方成功種植，直到人們透過某種墨西哥特定的蜜蜂進行授粉。於是從法國的留尼旺島 (l'ile de La Reunion) 開始進行人工授粉，接著是同等於印尼，爲香草重要生產地的馬達加斯加。

### 製作長方形折疊派皮

**1** － 將烤箱預熱至200℃（熱度6-7）。將折疊派皮（見491頁）擀成2公釐的厚度。

**2** － 裁成1個30×24公分的長方形，用叉子在麵皮上均勻戳洞。

**3** － 將長方形麵皮擺在鋪有烤盤紙的烤盤上，入烤箱烤10分鐘。當麵皮開始膨脹時，疊上烤盤紙和網架。

**4** － 將烤箱溫度調低為180℃（熱度6），繼續再烘烤折疊派皮20分鐘。將折疊派皮從烤箱中取出，將溫度增加為200℃（熱度6-7），篩上糖粉，再度放入烤箱烤至折疊派皮表面形成焦糖。

**5** － 從長方形派皮最長的部分裁出4條寬4公分的帶狀麵皮。

**6** － 接著將長方形派皮每10公分切下，形成12條10×4公分的派皮。

### 製作鮮奶油香醍

**7** － 將鮮奶油攪打至滑順。將香草莢內部的籽刮下，混入鮮奶油中。保留剖開的香草莢作為裝飾用。

**8** － 加入糖粉，繼續攪打至鮮奶油打發。填入裝有擠花嘴的擠花袋中。

### 進行組裝與裝飾

**9** － 用擠花袋在8片帶狀的折疊派皮上接連擠出香草鮮奶油香醍小球。

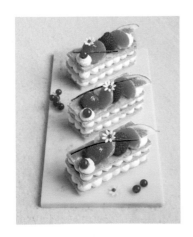

**10** - 將帶籽的覆盆子果醬裝入擠花袋中,輕輕地在4片鋪有鮮奶油香醍的折疊派皮上擠出1條果醬(擠出的果醬必須短於鮮奶油香醍的長度)。

**11** - 將翻糖擀至2公釐的厚度。用壓模裁出小花,在每朵小花中央擠出1滴帶籽的覆盆子果醬做爲花蕊。

**12** - 爲克門提小橘子去皮,取下果瓣,切半。將草莓切半,將無花果切成薄片。

**13** - 用擠花袋在最後4片長方形派皮上擠出3球鮮奶油香醍。

**14** - 擺上2片克門提小橘子、1片無花果、1顆覆盆子、1顆紅醋栗和1個切半草莓。

**15** - 將剖開的香草莢切成細條。

**16** - 用條狀的香草莢和翻糖花爲千層派進行裝飾。

**17** - 在鋪有鮮奶油香醍和帶籽覆盆子果醬的4片折疊派皮上各擺上1片只擠上鮮奶油香醍的長方形折疊派皮。

**18** - 爲每塊千層酥擺上1片鋪有水果的長方形折疊派皮。

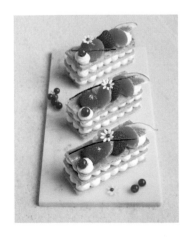

### ASTUCE DU CHEF 主廚訣竅

雖然自製折疊派皮是這道配方的主要元素,但如果你沒有時間自行製作,亦可使用現成的折疊派皮。

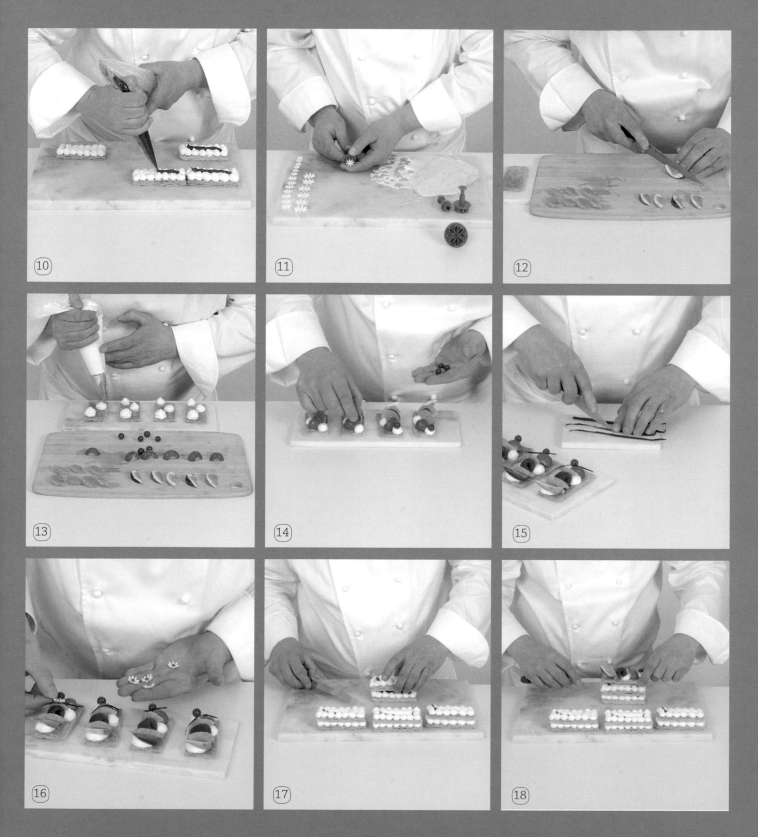

# ÉCLAIRS
# ananas victoria
## 維多利亞鳳梨閃電泡芙

### 15個閃電泡芙
***

準備時間:1小時15分鐘 + 15分鐘泡芙麵糊+ 15分鐘卡士達奶油醬
烘焙時間:35分鐘—冷藏時間:1小時—保存時間:冷藏2日
難度: 🎩

**泡芙麵糊 PÂTE À CHOUX**
牛乳170毫升
奶油70克
細砂糖1又1/2小匙
精鹽1/2小匙
麵粉100克
蛋3顆(140克)

**煎鳳梨 ANANAS POÊLÉ**
維多利亞品種鳳梨約200克
奶油20克
紅糖35克
Malibu® 蘭姆酒2小匙

**香草奶油醬**
**CRÈME À LA VANILLE**
卡士達奶油醬 Crème pâtissière
牛乳370毫升
奶油25克
蛋黃3個(70克)
細砂糖80克
麵粉20克
玉米粉25克
--------
香草莢1根
液狀鮮奶油140毫升

**鏡面 GLAÇAGE**
翻糖500克
黃色食用色素1刀尖
葡萄糖50克
香草粉1刀尖

**裝飾 DÉCOR**
杏仁條 (amandes bâtons) 50克
食用金粉1刀尖

專用器具:擠花袋2個—PF16擠花嘴1個—12號擠花嘴1個—6號擠花嘴1個

## L'ananas victoria
### 維多利亞鳳梨

許多人認為維多利亞鳳梨是世上最優良的鳳梨品種,體型較其他鳳梨小,其名稱
來自非常愛吃這種鳳梨的維多利亞女王。原產自非洲的模里西斯或法屬留尼旺
島,維多利亞鳳梨的特色在於鮮黃色的果肉,格外柔軟香甜,其細緻的香氣令人
聯想到熱帶的風味。

**製作並烘烤泡芙麵糊**

**1** - 將泡芙麵糊（見483頁）填入裝有 PF16號擠花嘴的擠花袋中。將烤箱預熱至180℃（熱度6）。爲烤盤鋪上烤盤紙，用擠花袋擠出約長10公分的泡芙麵糊條，交錯排列，以免黏在一起。入烤箱烤35分鐘，之後每2分鐘將烤箱門微微打開，讓蒸氣散去。

**製作煎鳳梨**

**2** - 將鳳梨去皮，切成薄片，接著切成小丁。

**3** - 在平底煎鍋中將奶油和紅糖煮成焦糖，接著加入鳳梨丁，煎3分鐘。加入蘭姆酒，繼續再煎1分鐘。將鳳梨丁瀝乾。

**製作香草奶油醬**

**4** - 將卡士達奶油醬（見480頁）倒入碗中，混入從香草莢中刮下的香草籽。冷藏至少1小時。

**5** - 將鮮奶油打發，讓鮮奶油挺立於攪拌器末端。將部分打發鮮奶油輕輕混入卡士達奶油醬中拌勻，之後再混入剩下的打發鮮奶油至均勻。

**進行組裝**

**6** - 混合鳳梨丁和香草奶油醬，接著將奶油醬填入裝有12號擠花嘴的擠花袋中。

**7** - 將閃電泡芙沿著長邊切開但不切斷，用擠花袋填入奶油醬。

**製作鏡面和裝飾**

**8** - 在平底深鍋中加熱翻糖、香草和食用色素，直到料理溫度計顯示30℃。若翻糖過於濃稠，就加入葡萄糖和一些水稀釋。離火，放至微溫，接著將閃電泡芙的表面浸入翻糖中，用手指抹平多餘的部分。

**9** - 混合杏仁條和食用金粉，用來裝飾閃電泡芙。

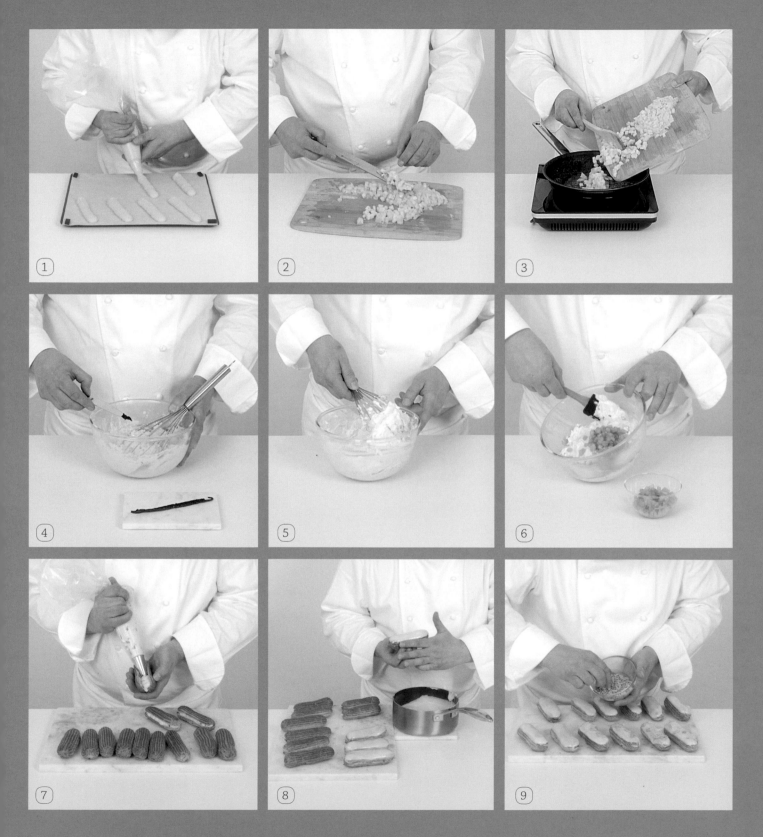

# PARIS-BREST REVISITÉ
## et son cœur exotique
### 異國風巴黎布列斯特泡芙

15 個巴黎布列斯特泡芙

準備時間：1 小時 15 分鐘 ＋ 15 分鐘泡芙麵糊＋ 15 分鐘卡士達奶油醬
烘焙時間：35 分鐘—冷藏時間：1 小時 45 分鐘—保存時間：冷藏 2 日
難度：🔔 🔔

### 脆皮 CRAQUELIN
室溫回軟奶油 65 克
麵粉 85 克
紅糖（sucre roux）80 克

### 泡芙麵糊 PÂTE À CHOUX
牛乳 170 毫升
奶油 70 克
細砂糖 1 小匙
精鹽 1/2 小匙
麵粉 100 克
蛋 3 顆（140 克）

### 異國庫利 COULIS EXOTIQUE
芒果泥 125 克
百香果泥 50 克
青檸檬皮 1/4 顆
細砂糖 40 克
果膠（pectine）1/2 小匙
葡萄糖（glucose）25 克

### 脆榛果 NOISETTES CROQUANTS
烤榛果 70 克
水 20 毫升
細砂糖 30 克

### 帕林內奶油醬 CRÈME AU PRALINÉ
卡士達奶油醬 Crème pâtissière
牛乳 370 毫升
奶油 25 克
蛋黃 3 個（70 克）
細砂糖 80 克
麵粉 20 克
玉米粉 25 克

帕林內果仁糖醬（pâte de praliné）
200 克
奶油 310 克
液狀鮮奶油 140 毫升

### 裝飾 DÉCOR
糖粉

專用器具：10 號擠花嘴 1 個—直徑 3 公分的圓形壓模（emporte-piece）1 個—擠花袋 3 個—PF16 擠花嘴 1 個

## Les origines du paris-brest
### 巴黎布列斯特泡芙的起源

巴黎布列斯特泡芙是一種以製成圓環狀的傳統泡芙麵糊爲基底，再擠入帕林內慕斯林奶油醬，撒上杏仁片的糕點。十九世紀著名的甜點師路易・杜洪（Louis Durand）從巴黎和布列斯特之間的自行車賽獲得靈感，發明了這道糕點並以此命名。今日，巴黎布列斯特泡芙已經普及，並產生許多新的變化。

**製作脆皮**

**1** － 在碗中放入室溫回軟的奶油、麵粉和細砂糖。用指尖混合至形成麵團，推壓至形成均勻的質地。冷藏15分鐘。

**2** － 爲烤盤紙撒上麵粉，擺上脆皮麵團。用擀麵棍擀至極薄。

**製作並烘烤泡芙麵糊**

**3** － 將泡芙麵糊（見483頁）塡入裝有10號擠花嘴的擠花袋中。

**4** － 爲烤盤鋪上烤盤紙，用擠花袋擠出直徑3公分的泡芙麵球，每3個相連在一起。

**5** － 將烤箱預熱至180℃（熱度6）。用壓模將脆皮裁切成直徑3公分的圓餅，接著擺在每顆泡芙麵球上。入烤箱烤35分鐘，之後每2分鐘將烤箱門微微打開，讓蒸氣散去。

**製作異國庫利**

**6** － 在平底深鍋中加熱芒果泥和百香果泥。將青檸皮刨碎並放入鍋中。

**7** － 混合細砂糖和果膠，一次全倒入平底深鍋中。加入葡萄糖，將混合料煮沸，一邊持續攪拌。全部倒入碗中，冷藏30分鐘。

**製作脆榛果**

**8** － 在平底深鍋中將榛果壓碎，形成碎片。

**9** － 在平底深鍋中將水和細砂糖煮沸2分鐘，一邊用木匙攪拌，接著加入榛果碎片。繼續煮並持續攪拌至形成焦糖。立刻倒入鋪有烤盤紙的烤盤放涼。

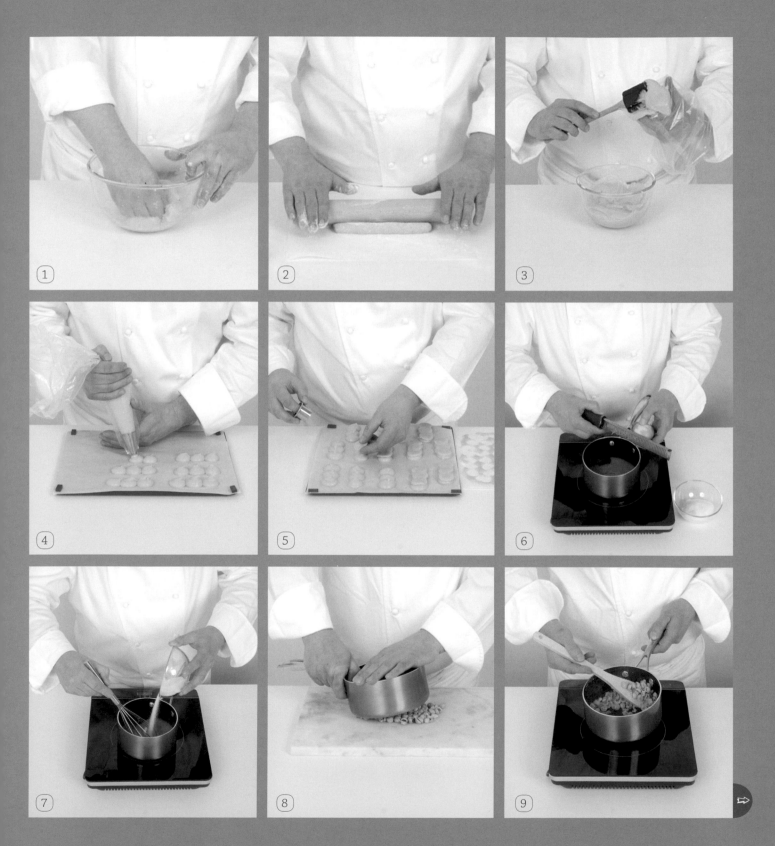

**製作帕林內奶油醬**

**10** － 製作卡士達奶油醬（見480頁），趁熱混入帕林內果仁糖醬。冷藏1小時。

**11** － 將帕林內卡士達奶油醬攪打至平滑。將室溫回軟的奶油攪打至形成濃稠膏狀，混入卡士達奶油醬中。仔細攪打至乳化且奶油醬顏色變淡。

**12** － 將鮮奶油打發，讓鮮奶油可以挺立在攪拌器末端，接著輕輕混入帕林內奶油醬。將這帕林內奶油醬填入裝有 PF16 號擠花嘴的擠花袋中。

**進行組裝和裝飾**

**13** － 將泡芙餅皮的頂端切下，用擠花袋擠入帕林內奶油醬至3/4。

**14** － 將異國庫利攪拌至平滑，接著裝入擠花袋中，將尖端剪下。將一些庫利擠在帕林內奶油醬上。

**15** － 再全部擠上玫瑰花狀的帕林內奶油醬。

**16** － 擺上一些脆榛果碎片。

**17** － 用壓模將泡芙餅蓋裁成直徑3公分的圓餅。

**18** － 為蓋子篩上糖粉，在每顆泡芙上擺上一個蓋子。

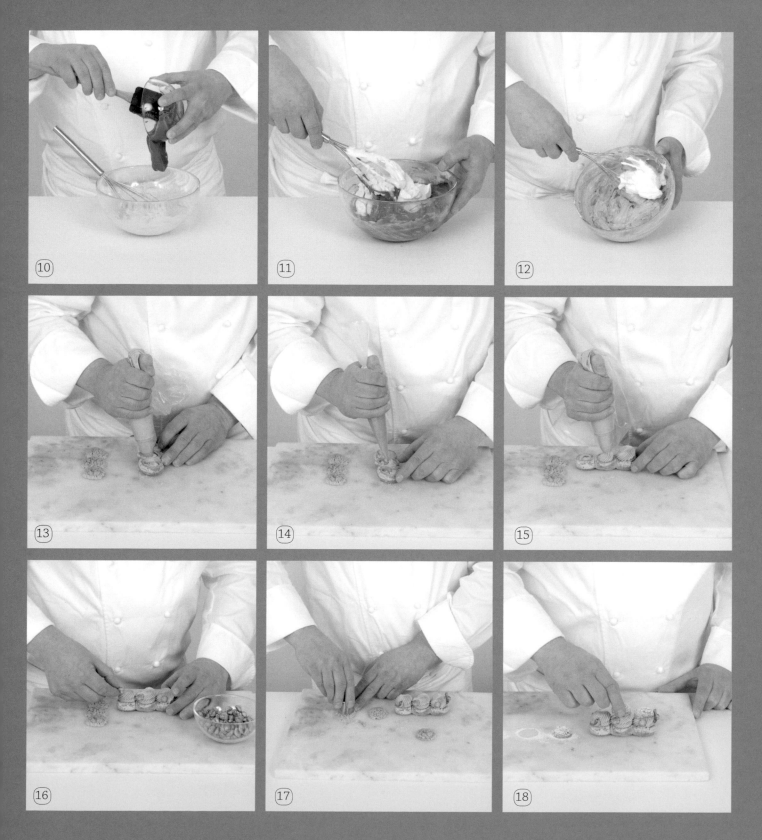

# PETITS CHEESECAKES
## aux myrtilles
### 藍莓乳酪小蛋糕

6個乳酪蛋糕

準備時間：45分鐘—烘焙時間：1小時—冷藏時間：12小時—保存時間：冷藏2日
難度：♡

基底 BASE
砂布列麵團 Pâte sablée
麵粉100克
奶油60克
杏仁粉10克
糖粉30克
鹽1撮
小型蛋1/2顆（20克）
-------
融化奶油25克

慕斯圈用油

混合餡 APPAREIL
香草莢1根
室溫的 Philadelphia® 奶油乳酪490克
細砂糖140克
蛋3顆（150克）
液狀鮮奶油140毫升

藍莓果漬 COMPOTÉE DE MYRTILLES
藍莓250克
細砂糖30克
水2大匙
玉米粉1/4小匙

裝飾 DÉCOR
藍莓125克

專用器具：直徑6公分且高6公分的慕斯圈6個—矽膠烤墊1張

## La fiition du cheesecake
乳酪蛋糕的最後加工

當你在製作原味或略帶香草味的乳酪蛋糕時，不要猶豫，請盡管用新鮮水果
來進行裝飾。爲了讓蛋糕的呈現更加出色，你可製作快速且簡單的自製果漬
（compoté），這可增添額外的口感。將乳酪蛋糕變化成迷你小蛋糕版本會讓你
的甜點更顯獨特。

### 製作砂布列麵團

**1** – 將烤箱預熱至170℃（熱度5-6）。將麵粉、奶油、糖粉、鹽和杏仁粉放入碗中。用你的雙手搓揉，用指尖拌和麵屑。混入半顆蛋，以木匙混合。

**2** – 全部倒在工作檯上，將麵團反覆壓扁（揉），直到形成均勻的質地。

**3** – 在工作檯上撒上一些麵粉，將砂布列麵團擀成4公釐的厚度，移至鋪有矽膠烤墊的烤盤上。入烤箱烤12至15分鐘，直到酥餅變為金黃色。放涼。

### 製作基底

**4** – 為慕斯圈刷上油，擺在鋪有烤盤紙的烤盤上。在碗中將酥餅搗碎。

**5** – 加入融化的奶油，接著拌勻。

**6** – 鋪在慕斯圈底部，仔細壓平。冷藏。

### 製作混合餡

**7** – 將香草莢剖開成兩半，用刀尖刮取內部的籽。

**8** – 將烤箱預熱至90℃（熱度3）。混合奶油乳酪和細砂糖。混入蛋，一次1顆，請勿過度攪拌。

**9** – 將香草籽加入先前的混合料中。

• • •

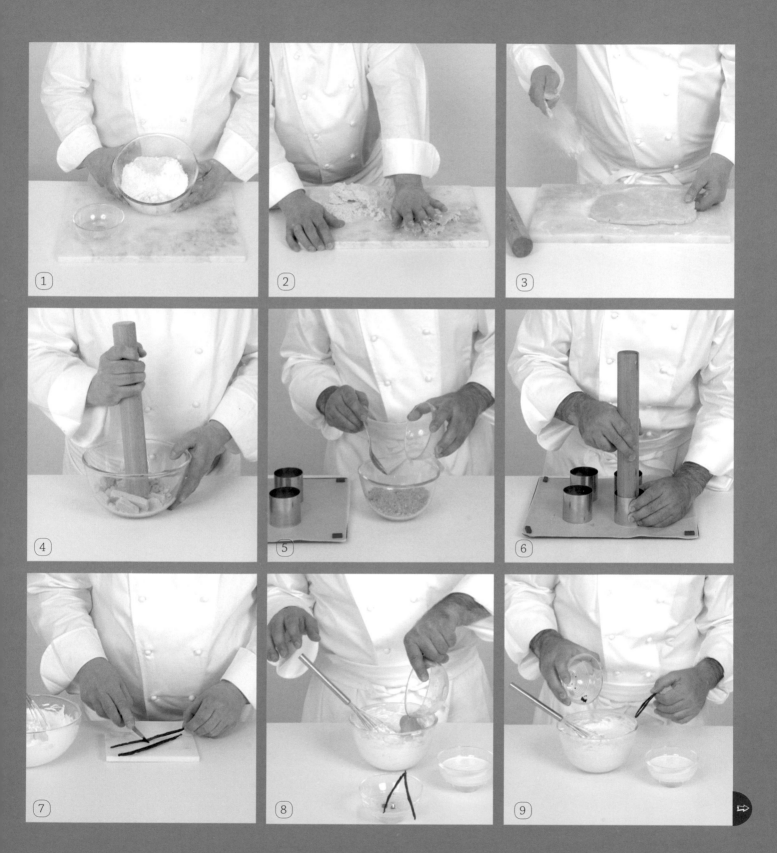

**10** – 最後混入液狀鮮奶油。請勿過度攪拌。

**11** – 分裝至模型中，填至距離邊緣1公分處。入烤箱烤約1小時，或是烤至用刀子插入乳酪蛋糕，抽出時刀尖不沾黏麵糊為止。放涼，接著冷藏12小時。

**製作藍莓果漬**

**12** – 在平底深鍋中煮藍莓、細砂糖和水，直到形成果漬。

**13** – 用木匙在碗中拌和玉米粉和1大匙的冷水。

**14** – 加入果漬，一邊攪拌。煮至小滾3分鐘，離火。冷藏12小時。

**進行裝飾**

**15** – 用小湯匙將藍莓果漬鋪在乳酪蛋糕上，直到觸及模型邊緣。用軟刮刀將表面抹平。

**16** – 用手將模型外搓至稍微回溫。

**17** – 從上方小心地將模型移除。

**18** – 用新鮮藍莓為每個迷你乳酪蛋糕裝飾，趁新鮮時立即享用。

### ASTUCE DU CHEF 主廚訣竅

為了讓藍莓果漬更能保持漂亮的形狀，我們可加入預先泡過冷水還原並擠掉水分的吉力丁片，讓藍莓果漬稍微產生凝結。

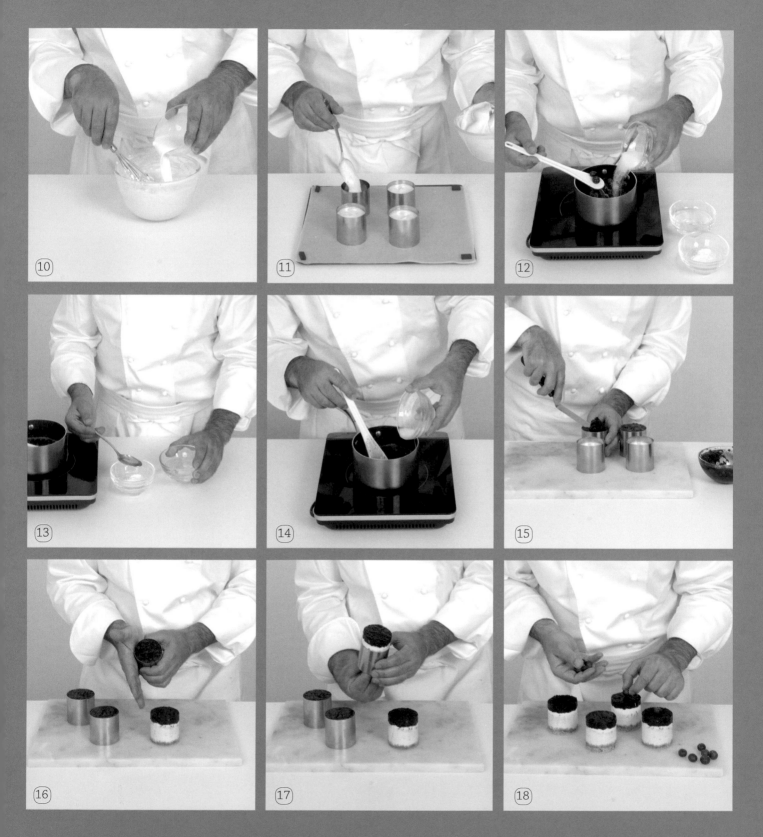

# SOUFFLÉS CHAUDS
## vanille

### 香草熱舒芙蕾

舒芙蕾6個

---

準備時間：15分鐘（＋ 15分鐘卡士達奶油醬）
冷藏時間：30分鐘卡士達奶油醬—烘焙時間：15分鐘
難度：🍥

香草奶油醬 CRÈME À VANILLE
卡士達奶油醬 Crème pâtissière
牛乳180毫升
蛋1顆（45克）
細砂糖45克
卡士達粉（poudre à crème）2小匙
玉米粉2小匙
-----
香草莢2根
蛋白5個（230克）
細砂糖110克

裝飾 DÉCOR
糖粉

模型用回軟奶油和細砂糖

專用器具：直徑10公分 × 高5公分的舒芙蕾模（moule à soufflé）6個—擠花袋1個

## Bien préparer les moules à souffls
### 為舒芙蕾模做好充分準備

不論大小，舒芙蕾的成功與否始終是項挑戰：舒芙蕾必須膨脹，而且質地膨鬆。
應在出爐時立即享用。關鍵階段在於模型的準備，模型在一開始必須徹底潔淨乾
燥。另一個成功的祕訣：舒芙蕾模內壁刷上大量的奶油並撒上細砂糖，讓混合材
料可以順利地沿著內壁膨脹升起。但需注意舒芙蕾模的上緣要抹乾淨。

# SOUFFLÉS CHAUDS vanille en pas à pas

**準備舒芙蕾模**

**1** － 將奶油攪打至形成濃稠膏狀，接著為舒芙蕾模刷上膏狀奶油。

**2** － 將細砂糖倒入模型中，接著倒扣，讓多餘的細砂糖落下，只有內壁仍然鋪有細砂糖。

**製作香草奶油醬**

**3** － 將烤箱預熱至180℃（熱度6）。將卡士達奶油醬（見480頁）攪打至平滑。將香草莢剖成兩半，用刀尖將香草籽刮下，加進奶油醬中（你也能先將香草籽加進牛乳，再煮成香草卡士達奶油醬）。

**4** － 將蛋白攪打至滑順。混入細砂糖，繼續打至光亮平滑，即約攪打30秒左右。

**5** － 將1/4的蛋白霜加入香草卡士達奶油醬中，用攪拌器用力攪拌。

**6** － 用攪拌器輕輕混入另外3/4的蛋白霜，用軟刮刀混合，不要過度攪拌。

**7** － 將這混合材料填入擠花袋中，將尖端剪下，形成約2公分的開口。將香草奶油醬鋪在舒芙蕾模中直到填至模型邊緣。

**8** － 用抹刀將表面抹平。

**9** － 用拇指抹過舒芙蕾模內壁上緣，為香草奶油醬和舒芙蕾模邊緣清出5公釐的空間；這將讓舒芙蕾能夠更容易膨脹升起。入烤箱烤15分鐘（烘烤期間不要將烤箱門打開）。出爐時，為舒芙蕾篩上糖粉，立即享用。

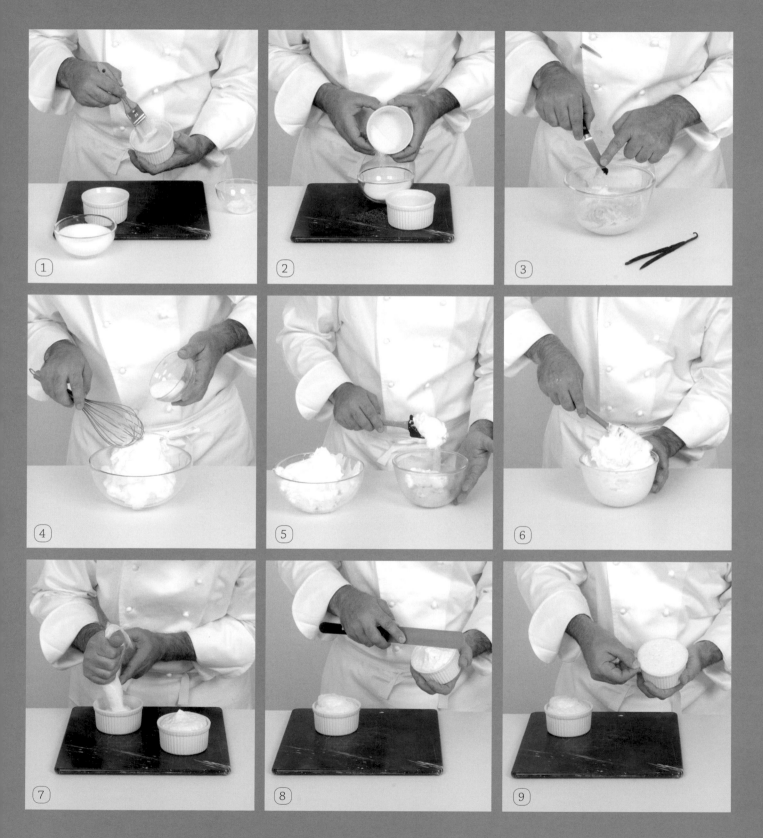

# ÉCLAIRS CROQUANTS
## au caramel au beurre salé
### 鹹奶油焦糖脆皮閃電泡芙

15個閃電泡芙

準備時間：1小時15分鐘 + 15分鐘泡芙麵糊 + 15分鐘卡士達奶油醬—烘焙時間：1小時

冷藏時間：1小時30分鐘—保存時間：冷藏2日

難度：🍥 🍥

### 泡芙麵糊 PÂTE À CHOUX
牛乳170毫升
奶油70克
細砂糖1小匙（7克）
精鹽1/2小匙（2克）
麵粉100克
蛋3顆（140克）

### 酥頂 CRUMBLE
粗紅糖（sucre cassonade）2小匙
珍珠糖2小匙
烤過的榛果粉20克
麵粉20克
精鹽1刀尖

奶油20克
食用金粉

### 鹹奶油焦糖
### CARAMEL AU BEURRE SALÉ
葡萄糖50克
翻糖50克
半鹽奶油（beurre demi-sel）40克
液狀鮮奶油60毫升
細砂糖50克
香草粉1刀尖

### 焦糖卡士達奶油醬
### CRÈME PÂTISSIÈRE
### AU CARAMEL
卡士達奶油醬 Crème pâtissière

牛乳370毫升
奶油25克
蛋黃3個（70克）
細砂糖80克
麵粉20克
玉米粉25克
鹹奶油焦糖100克

### 焦糖翻糖 FONDANT CARAMEL
翻糖500克
鹹奶油焦糖150克
葡萄糖50克

### 裝飾 DÉCOR
鹽之花

專用器具：擠花袋2個—PF16星形擠花嘴1個—6號擠花嘴1個—10號擠花嘴1個

## Le caramel au beurre salé
### 鹹奶油焦糖

鹹奶油焦糖中糖與鹽的美味結合擁有一段相當有趣的歷史。原產自法國布列塔尼（Bretagne），該地區的鹹奶油是為了避開十四世紀時所課徵的鹽稅而製造出來。鹹奶油因此成為布列塔尼的特產，後來和焦糖結合，打造出今日如此受人喜愛的美味組合。

## 製作與烘烤泡芙麵糊

**1** - 將泡芙麵糊（見483頁）填入裝有 PF16 號擠花嘴的擠花袋中。

**2** - 將烤箱預熱至180℃（熱度6）。為烤盤鋪上烤盤紙，用擠花袋擠出約長10公分的泡芙麵糊條，交錯排列，以免黏在一起。入烤箱烤35分鐘，之後每2分鐘將烤箱門微微打開，讓蒸氣散去。

## 製作酥頂

**3** - 為烤盤鋪上烤盤紙，將烤箱預熱至170℃（熱度5-6）。將酥頂的所有材料聚集在碗中。

**4** - 用手指混合（拌成砂狀），接著將麵團反覆壓扁（揉），直到形成均勻的麵團。

**5** - 擺在鋪有烤盤紙的工作檯上，用掌心壓扁至約1公分厚。

**6** - 用刀切成條狀。

**7** - 再切成小塊後入烤箱烤25分鐘。

## 製作鹹奶油焦糖

**8** - 在平底深鍋中加熱葡萄糖和翻糖，直到小滾，接著加入半鹽奶油。

**9** - 將液狀鮮奶油、細砂糖和香草粉一起倒入平底深鍋中，以文火加熱。再倒入碗中，冷藏30分鐘。

● ● ●

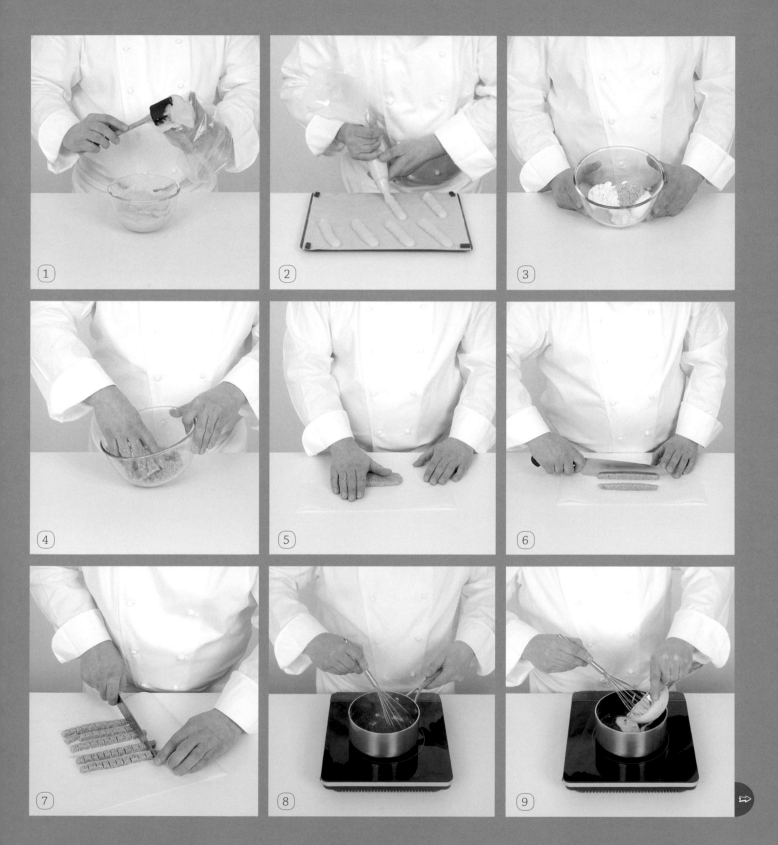

**製作鹹奶油卡士達醬**

**10** － 將卡士達奶油醬（見480頁的食譜）倒入碗中，混入放涼的鹹奶油焦糖。冷藏1小時。

**進行組裝**

**11** － 用6號擠花嘴在每個閃電泡芙下方戳3個洞，稍微轉動擠花嘴。

**12** － 鹹奶油卡士達醬攪打至平滑，填入裝有10號擠花嘴的擠花袋中。從洞口將奶油醬擠入泡芙中，接著以咖啡匙去除多餘的奶油醬。

**製作焦糖翻糖**

**13** － 在平底深鍋中加熱翻糖和鹹奶油焦糖，一邊用木匙攪拌均勻。

**14** － 加入葡萄糖，一邊加熱，一邊攪拌均勻。

**進行裝飾**

**15** － 將每條閃電泡芙的表面浸入翻糖中。

**16** － 用手指將周圍多出來的翻糖抹平。

**17** － 將酥頂小丁和食用金粉一起放入碗中，混合至酥頂完全裹上金粉。

**18** － 在每條閃電泡芙上擺上3顆金色的酥頂小丁，用一些鹽之花裝飾。

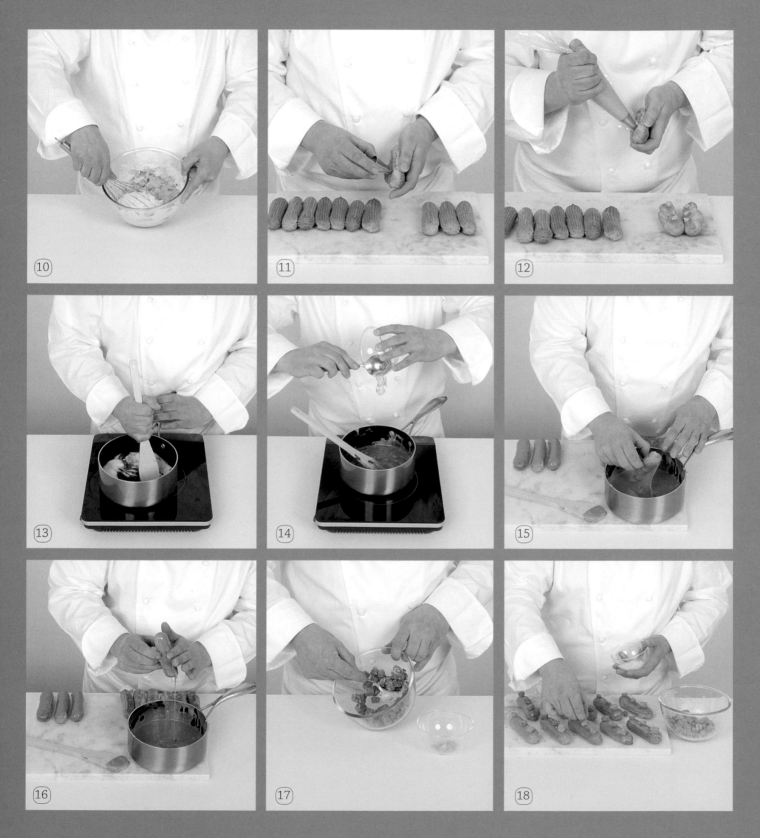

# MI-CUITS
## cœur coulant au chocolat
### 軟芯半熟巧克力蛋糕

軟芯蛋糕10個

---

準備時間：20分鐘—烘焙時間：6-7分鐘—保存時間：冷凍2星期

難度：🎀

半熟巧克力蛋糕麵糊
PÂTE À MI-CUIT CHOCOLAT
蛋8顆（400克）
細砂糖270克
黑巧克力300克
室溫回軟的奶油270克
麵粉80克
馬鈴薯澱粉45克

熔岩內餡 CŒUR COULANT
黑巧克力20塊

紙模（caissettes）用奶油和麵粉

專用器具：直徑7.5公分且高4公分的瑪芬蛋糕紙模（caissettes à muffins）10個

## Une recette 100% chocolat
100 % chocolat 的食譜

這道製作起來簡單又快速的配方，非常適合以巧克力風味為一餐劃下句點，或是在點心時刻品嚐。這道甜點流動的軟芯餡料，必須在剛出爐時趁熱享用，而且可以搭配一球香草冰淇淋或英式奶油醬（crème anglaise）。

## 製作半熟巧克力蛋糕麵糊

**1** – 爲紙模刷上奶油並撒上麵粉。倒扣以去除多餘的麵粉。

**2** – 將蛋和細砂糖放入隔水加熱鍋中，加熱時一邊以手持式電動攪拌器攪拌，攪拌至混合料用手指摸起來微溫。

**3** – 將隔水加熱鍋離火，繼續以手持式電動攪拌器用最高速攪拌至混合料冷卻並形成濃稠的帶狀：從攪拌器上流下時不會斷裂，形成緞帶狀。

**4** – 將巧克力切碎，隔水加熱至融化。加入室溫回軟的奶油，攪拌至濃稠平滑。

**5** – 輕輕將麵粉和馬鈴薯澱粉混入蛋和細砂糖的混合料中。

**6** – 用木匙混入融化的巧克力糊。

## 入模

**7** – 將烤箱預熱至190℃（熱度6-7）。將半熟巧克力蛋糕麵糊塡入紙模中至一半的高度。

**8** – 在每個紙模中央放入2塊黑巧克力。

**9** – 最後爲紙模塡滿半熟巧克力蛋糕麵糊。入烤箱烤6至7分鐘。出爐待5分鐘後再脫模，接著立即享用。

### ASTUCE DU CHEF 主廚訣竅

你可輕易打造出這道甜點的變化版本：用水果泥，例如覆盆子或芒果來取代黑巧克力塊，或是使用榛果或焦糖抹醬，形成各種口味和顏色的軟芯流動內餡。

# TARTES & TARTELETTES

塔與迷你塔

# TARTE FAÇON SABLÉ BRETON
## aux fruits frais et ananas poêlé
### 鳳梨鮮果布列塔尼酥塔

8人份

———

準備時間：45分鐘 + 15分鐘卡士達奶油醬—烘焙時間：25分鐘—保存時間：冷藏2日
難度：🍥🍥

| 布列塔尼酥餅麵糊<br>PÂTE À SABLÉ BRETON | 卡士達奶油醬<br>CRÈME PÂTISSIÈRE | 鮮果 FRUITS FRAIS |
|---|---|---|
| 室溫回軟的奶油150克 | 牛乳200毫升 | 柳橙2顆 |
| 糖粉120克 | 奶油15克 | 葡萄柚1顆 |
| 香草粉1刀尖 | 蛋黃2個（40克） | 芒果1顆 |
| 鹽1撮 | 細砂糖45克 | 草莓200克 |
| 蛋1顆（50克） | 麵粉2小匙（10克） | 覆盆子125克 |
| 液狀鮮奶油50毫升 | 玉米粉2小匙（10克） | 藍莓100克 |
| 麵粉155克 | 液狀鮮奶油75毫升 | 紅醋栗2串 |
| 泡打粉1小匙（4克） | | |
| | 煎鳳梨 ANANAS POÊLÉ | 裝飾 DÉCOR |
| 法式塔圈用奶油20克 | 維多利亞品種鳳梨1顆 | 糖粉 |
| | 奶油30克 | 鏡面果膠 |
| | 粗紅糖30克 | |

專用器具：直徑22公分的法式塔圈—擠花袋2個—12號擠花嘴1個—挖球器1個

## Le sablé breton
### 布列塔尼酥餅

布列塔尼酥餅（音譯：布列塔尼砂布列）是一種酥脆的餅乾，由麵粉、奶油、細砂糖所構成，有時還包括蛋黃，將這些材料混合至形成砂狀質地。酥餅今日普遍存於各種甜點食譜中，尤其是用來製作塔底或個人的迷你糕點。我們可以用巧克力、檸檬等為酥餅調味。

**製作布列塔尼酥餅麵糊**

**1** – 攪打奶油、糖粉、香草和鹽，直到形成膏狀。

**2** – 加入蛋，接著是液狀鮮奶油，攪拌均勻。

**3** – 混入麵粉，接著是泡打粉，填入裝有擠花嘴的擠花袋中。

**4** – 將烤箱預熱至170℃（熱度6）。爲法式塔圈刷上奶油，擺在鋪有烤盤紙的烤盤上。將1條略高於塔圈的烤盤紙貼在刷有奶油的塔圈內緣。

**5** – 用擠花袋在塔圈內擠出螺旋狀的布列塔尼酥餅麵糊。

**6** – 在周圍疊上1圈麵糊，以增加厚度。入烤箱烤25分鐘。

**製作煎鳳梨**

**7** – 將鳳梨切丁。

**8** – 以文火，用奶油和細砂糖煎鳳梨約5分鐘。

**製作鮮果**

**9** – 取出柳橙和葡萄柚的果肉：將每顆柑橘水果的兩端切下一片薄片。將水果直立於砧板上，順著水果的曲線，用小刀去掉果皮和所有白色的部分，只保留果肉。

•••

**10** – 將柳橙和葡萄柚的膜切開，取出果肉並去籽。

**11** – 將芒果剝皮，用挖球器挖出球狀果肉。

**進行組裝**

**12** – 將卡士達奶油醬（見480頁）倒入碗中，攪打至平滑。混入煎鳳梨丁。

**13** – 在布列塔尼酥餅底部鋪上鳳梨卡士達奶油醬。

**14** – 在塔的周圍篩上糖粉。

**15** – 將草莓切半，擺在塔上。

**16** – 接著擺上柑橘水果的果瓣和芒果球。

**17** – 用糕點刷刷上鏡面果膠。

**18** – 為一些覆盆子篩上糖粉，擺在塔上。加入藍莓和紅醋栗裝飾。

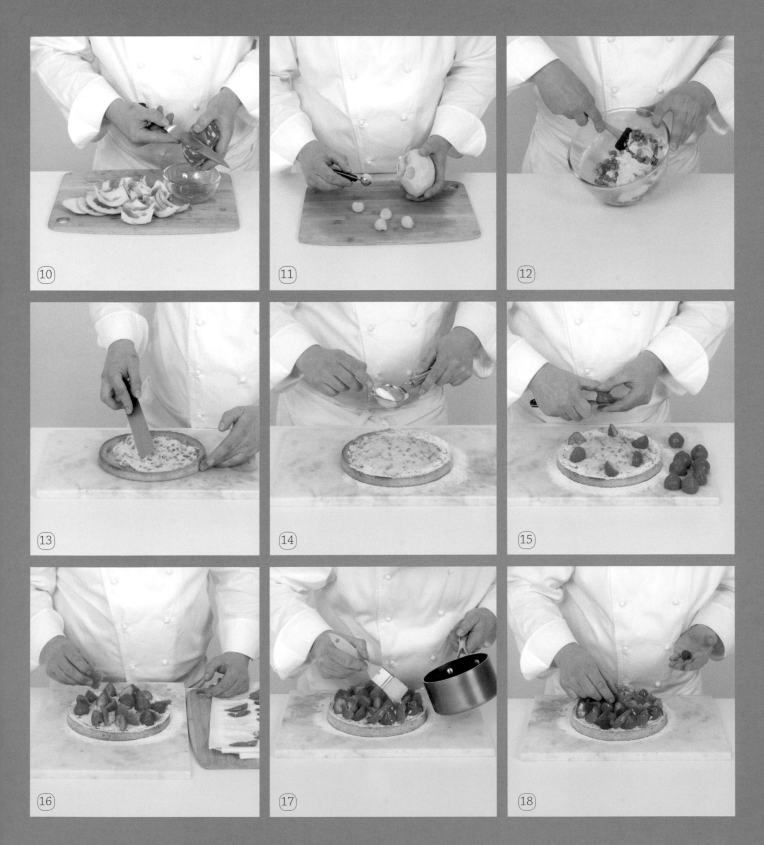

# LE PASSION
## caramel
### 焦糖百香果蛋糕

8人份

---

準備時間：45分鐘 + 15分鐘甜酥麵團—冷藏時間：30分鐘甜酥麵團—烘焙時間：30分鐘

難度：🍳

| 甜酥麵團 PÂTE SUCRÉE | 蛋白1又1/2個（50克） |
|---|---|
| 室溫回軟的奶油50克 | 細砂糖20克 |
| 糖粉50克 | |
| 蛋1/2顆（20克） | 百香果焦糖 CARAMEL PASSION |
| 麵粉100克 | 百香果泥30克 |
| 杏仁粉20克 | 煉乳（lait concentré sucré）30克 |
| | 液狀鮮奶油50毫升 |
| 模型用奶油 | 葡萄糖30克 |
| | 細砂糖60克 |
| 杏仁百香果糊 APPAREIL AMANDE-PASSION | 半鹽奶油75克 |
| 室溫回軟的奶油50克 | |
| 百香果泥80克 | 裝飾 DÉCOR |
| 杏仁粉100克 | 鏡面果膠20克 |
| 鹽1撮 | 杏仁條50克 |
| 細砂糖50克 | 食用金粉1撮 |
| 蛋2顆（100克） | 百香果1顆 |

專用器具：直徑16公分且高4.5公分的慕斯圈1個—擠花袋1個—8號擠花嘴1個

## La cuisson du caramel
### 焦糖的烹煮

焦糖是以料理溫度計量測超過150℃的熟糖，而其顏色會依烹煮的程度而有所不同。在製作時，焦糖會喪失甜度。焦糖大多用於染色。注意，煮過頭的焦糖會因為過於濃稠和焦味，而變得無法使用。

### 製作塔底

**1 —** 為烤盤鋪上烤盤紙。在工作檯上撒上一些麵粉,將甜酥麵團(見488和489頁)擀成約3公釐的厚度。用慕斯圈將麵皮切割成圓形。去掉多餘的麵皮,將圓形麵皮擺在鋪有烤盤紙的烤盤上。

### 製作杏仁百香果糊

**2 —** 將烤箱預熱至170℃(熱度5-6)。將室溫回軟的奶油放入碗中。將百香果泥煮至濃縮一半,接著立刻倒入奶油中。用攪拌器攪拌均勻。混合杏仁粉、鹽和細砂糖。加進先前的混合料中,接著混入蛋。

**3 —** 將蛋白打至硬性發泡,加入細砂糖,形成蛋白霜。將一些蛋白霜加入先前的混合料中,快速攪打,接著輕輕混入剩餘的蛋白霜至均勻。

**4 —** 為模型刷上奶油,鋪上一條略高於模型的烤盤紙。擺在烤盤上,放入塔底。倒入杏仁百香果糊,用軟刮刀抹平。入烤箱烤30分鐘。

### 製作百香果焦糖

**5 —** 將百香果泥濃縮至剩下一半。加入煉乳和鮮奶油,用木匙攪拌。在一旁以另一個鍋加熱葡萄糖,緩緩加入細砂糖。混合並煮至形成金棕色的焦糖。

**6 —** 加入百香果泥、煉乳和鮮奶油並煮沸。混入奶油。放涼,接著將百香果焦糖填入裝有擠花嘴的擠花袋中。

### 進行裝飾

**7 —** 在蛋糕紙托上為塔脫模。用擠花袋在上面擠出螺旋狀的百香果焦糖。

**8 —** 用糕點刷在塔的周圍刷上鏡面果膠。

**9 —** 將烤箱預熱至160℃(熱度5-6)。烘烤杏仁條,接著和食用金粉混合。將杏仁條黏在塔的周圍。取出百香果的籽,用來裝飾表面。(照片中多加了金箔裝飾)

# TARTE CHOCOLAT-PRALINé
## aux fruits secs caramélisés
### 巧克力帕林內焦糖堅果塔

---

8人份

---

準備時間：1小時 + 15分鐘甜酥麵團—烘焙時間：20分鐘—冷藏時間：15分鐘 + 30分鐘甜酥麵團
+ 10分鐘（入模後）—保存時間：冷藏2日

難度：♧

---

### 甜酥麵團 PÂTE SUCRÉE
麵粉200克
奶油120克
小型蛋1顆（40克）
糖粉65克
杏仁粉25克

法式塔圈用奶油

### 巧克力帕林內奶油醬
CRÈME CHOCOLAT-PLRALINÉ
液狀鮮奶油200毫升
香草粉1撮
可可成分54%的黑巧克力200克
帕林內果仁糖醬（pâte de praliné）35克
奶油55克

### 焦糖堅果 FRUITS SECS CARAMÉLISÉS
水50毫升
細砂糖100克
去皮杏仁50克
去皮榛果60克

### 巧克力鏡面 GLAÇAGE CHOCOLAT
覆蓋黑巧克力
（chocolat de couverture noir）* 130克
水60毫升
葡萄糖60克

＊至少含32%可可脂（beurre de cacao）的巧克
力稱為覆蓋巧克力（chocolat de couverture）。

---

專用器具：直徑22公分的法式塔圈1個

## Les fruits secs caramélisés
### 焦糖堅果

將杏仁、榛果和開心果等堅果加上焦糖，可為它們帶來甜味、酥脆的口感，以及
金黃色的外觀，這對於塔或其他糕點來說是理想的修飾。由於製作起來簡單又快
速，我們甚至可以將它們作為儲備的小零嘴來品嚐。只要用細砂糖和水為基底製
作糖漿，讓堅果裹上糖漿後繼續煮至形成焦糖即可。

**製作塔底**

**1** – 在撒上一些麵粉的工作檯上，將甜酥麵團（見488頁）擀成約3公釐的厚度。裁出
1塊圓形麵皮，直徑大於塔圈5公分，約27公分，將塔圈擺在麵皮上作為標記。

**2** – 將烤箱預熱至170℃（熱度5-6）。為塔圈刷上奶油並套上甜酥麵皮（見493頁）。
擺在鋪有烤盤紙的烤盤上，冷藏10分鐘。將塔皮入烤箱盲烤(cuire à blanc)（見494頁）
10分鐘。取出豆子，接著再額外烤10分鐘，直到塔皮呈現金黃色。放涼，接著脫模。

**製作巧克力帕林內奶油醬**

**3** – 讓鮮奶油在室溫下回溫。將香草粉加入鮮奶油中。將巧克力隔水加熱至融化，接著
混入香草鮮奶油。加入帕林內果仁糖醬，接著是奶油攪拌均勻。放至微溫。

**4** – 倒入塔底，冷藏15分鐘。

**製作焦糖堅果**

**5** – 在平底深鍋中將水和細砂糖煮沸4分鐘。加入杏仁和榛果，加熱時一邊攪拌，直到
形成焦糖。

**6** – 倒入鋪有烤盤紙的烤盤，用刀將堅果分開，放涼。

**製作巧克力鏡面**

**7** – 在碗中將巧克力切碎。在平底深鍋中將水和葡萄糖煮沸，淋在巧克力上。拌勻。

**8** – 將鏡面淋在巧克力帕林內奶油醬上，接著用你的雙手端著塔，略略傾斜，讓鏡面均
勻散開。

**9** – 用焦糖堅果裝飾。

# TARTELETTES
## chocolat-guimauve
### 巧克力棉花糖迷你塔

10 個迷你塔

準備時間：1小時 ＋ 15分鐘甜酥麵團—烘焙時間：約20分鐘
冷藏時間：30分鐘 ＋ 30分鐘甜酥麵團 ＋ 10分鐘（入模後）—保存時間：冷藏2日
難度：🍪🍪

棉花糖 GUIMAUVE
吉力丁2又3/4片（5.5克）
水20毫升
細砂糖45克
葡萄糖20克
Trimoline® 轉化糖25克
Trimoline® 轉化糖25克
紫羅蘭食用色素1刀尖
紫羅蘭香萃3滴
--------
馬鈴薯澱粉35克
糖粉35克

烤盤用油
模型用奶油

甜酥麵團 PÂTE SUCRÉE
麵粉200克
奶油90克
糖粉90克
杏仁粉30克
蛋1顆（50克）

巧克力軟心內餡
MOELLEUX AU CHOCOLAT
奶油30克
可可成分70% 的黑巧克力50克
蛋白2個（45克）
細砂糖40克
麵粉1大匙
杏仁粉30克

巧克力鏡面甘那許
GANACHE GLAÇAGE
CHOCOLAT
可可成分70% 的覆蓋巧克力100克
奶油40克
水40毫升
液狀鮮奶油60毫升
細砂糖45克

裝飾 DÉCOR
糖粉

專用器具：擠花袋2個—8號擠花嘴1個—直徑8公分的迷你塔圈10個

## Préparez les fonds de tartelettes
### 烘焙專用塔圈

長久以來只保留給專業人士使用的烘焙專用塔圈，現在市面上也可以輕易找到。
有不同的形狀和大小，用來取代一般的模型，可烘烤出更均勻的塔或迷你塔，輕
鬆脫模，讓業餘的愛好者們烘焙出的糕點具備專業的外觀。

### 製作棉花糖

**1** – 將吉力丁片浸泡在冷水中。在小型平底深鍋中,將水、細砂糖、葡萄糖和第一份25克的 Trimoline® 轉化糖煮沸。按壓吉力丁片,盡可能擠出所有的水分,和另外25克的轉化糖一起放入碗中拌勻。倒入熱糖漿中混合。

**2** – 加入紫羅蘭食用色素。

**3** – 加入紫羅蘭香萃,攪拌至糊狀物變得均勻微溫。倒入裝有擠花嘴的擠花袋中。

**4** – 烤盤翻面刷上油。用擠花袋在上面擠出略為隔開的長條狀棉花糖。

**5** – 在碗中混合馬鈴薯澱粉和糖粉。用小網篩 (tamis) 將混合料撒在長條狀棉花糖上,以免黏在一起。將棉花糖晾乾2小時,倒扣,再度撒上馬鈴薯澱粉和糖粉的混合粉。

**6** – 將長條狀棉花糖打一個結,將多餘的兩端切去。

### 製作迷你塔底

**7** – 為迷你塔模抹上奶油。

**8** – 在撒上一些麵粉的工作檯上,將甜酥麵團 (見488頁) 擀成約3公釐的厚度。

**9** – 以塔圈作為參考,裁出直徑大於塔圈5公分,即約13公分的圓形麵皮。

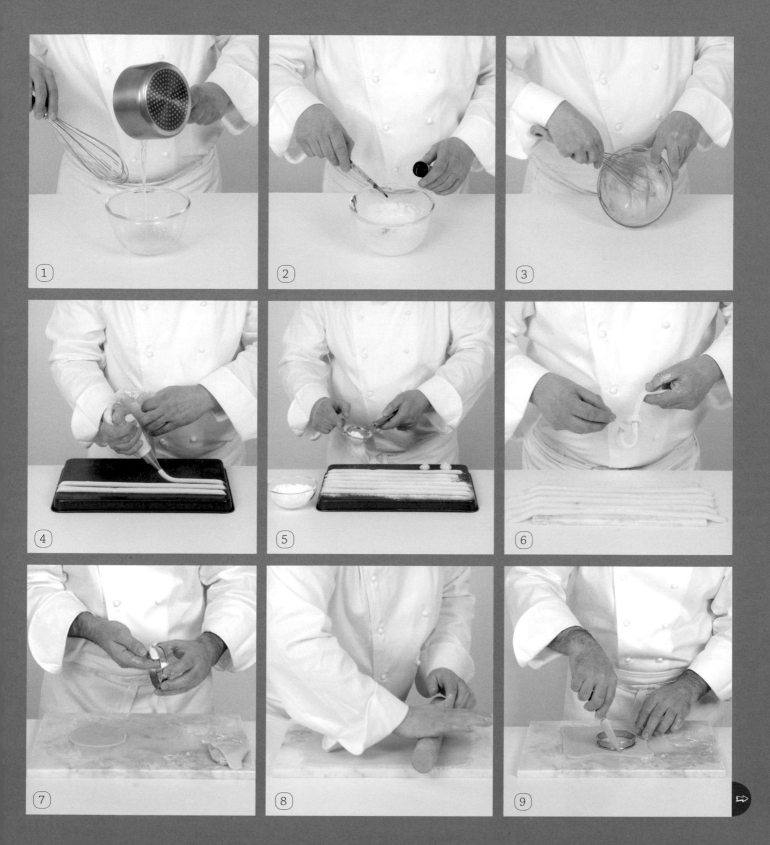

10 – 將麵皮套入迷你塔圈中（見493頁），冷藏10分鐘。將烤箱預熱至170℃（熱度5-6），接著盲烤（見494頁）迷你塔底15分鐘。

## 製作巧克力軟芯內餡

11 – 將烤箱預熱至200℃（熱度6-7）。將奶油放入碗中。將巧克力隔水加熱至融化，立刻淋在奶油上，拌勻。

12 – 將蛋白攪打至硬性發泡，加入細砂糖，形成蛋白霜。

13 – 輕輕混入巧克力和奶油的混合料中。

14 – 用軟刮刀完成攪拌。加入麵粉、杏仁粉，用軟刮刀拌勻。

15 – 將混合料填入裝有擠花嘴的擠花袋中，在迷你塔底部擠出螺旋狀圓形。入烤箱烤4分鐘。

## 製作巧克力鏡面甘那許

16 – 將巧克力切碎，和奶油一起放入碗中。在平底深鍋中將水、鮮奶油和細砂糖煮沸。將混合料倒入巧克力和奶油中，用攪拌器輕輕攪拌。

## 最後進行組裝與裝飾

17 – 用湯匙將鏡面甘那許鋪在迷你塔底的巧克力軟芯內餡上，冷藏20分鐘。

18 – 在迷你塔周圍篩上糖粉。擺上棉花糖結。

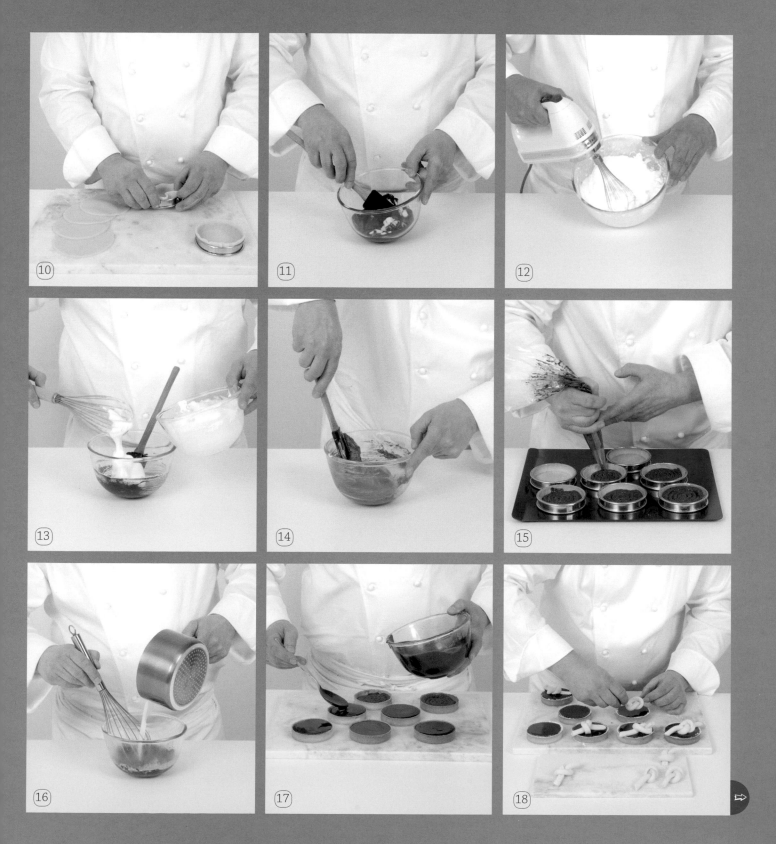

# TARTE ABRICOTS,
## noisettes et cannelle
### 榛果肉桂杏桃塔

8至10人份

---

準備時間：45分鐘 + 15分鐘甜酥麵團—冷藏時間：30分鐘甜酥麵團
烘焙時間：1小時—保存時間：冷藏2日
難度：🍥 🍥

| 酥脆塔皮 LA PÂTE BRISÉE SUCRÉE | 榛果奶油醬 CRÈME DE NOISETTE | 杏桃 ABRICOTS |
|---|---|---|
| 麵粉160克 | 奶油60克 | 糖漬杏桃（abricots au sirop）800克 |
| 奶油90克 | 細砂糖60克 | |
| 鹽1/2小匙 | 榛果粉60克 | 肉桂糊 APPAREIL À LA CANNELLE |
| 糖粉2大匙 | 大型蛋1顆（60克） | 奶油25克 |
| 水1小匙 | 麵粉1小匙 | 蛋1顆（50克） |
| 蛋1顆（50克） | 榛果粉20克 | 細砂糖50克 |
| 香草粉1撮 | | 肉桂粉1撮 |
| | | |
| 模型用奶油 | | 裝飾 DÉCOR |
| | | 糖粉 |

專用器具：直徑24公分的花紋法式塔圈1個

## Les abricots en pâtisserie
### 糕點用杏桃

橙黃色的杏桃，是象徵夏天的小型水果，果皮帶有絨毛，果肉甜美多汁。新鮮的杏桃相當脆弱，經常以糖漬杏桃的罐頭形式，切成一瓣瓣地用於糕點中。

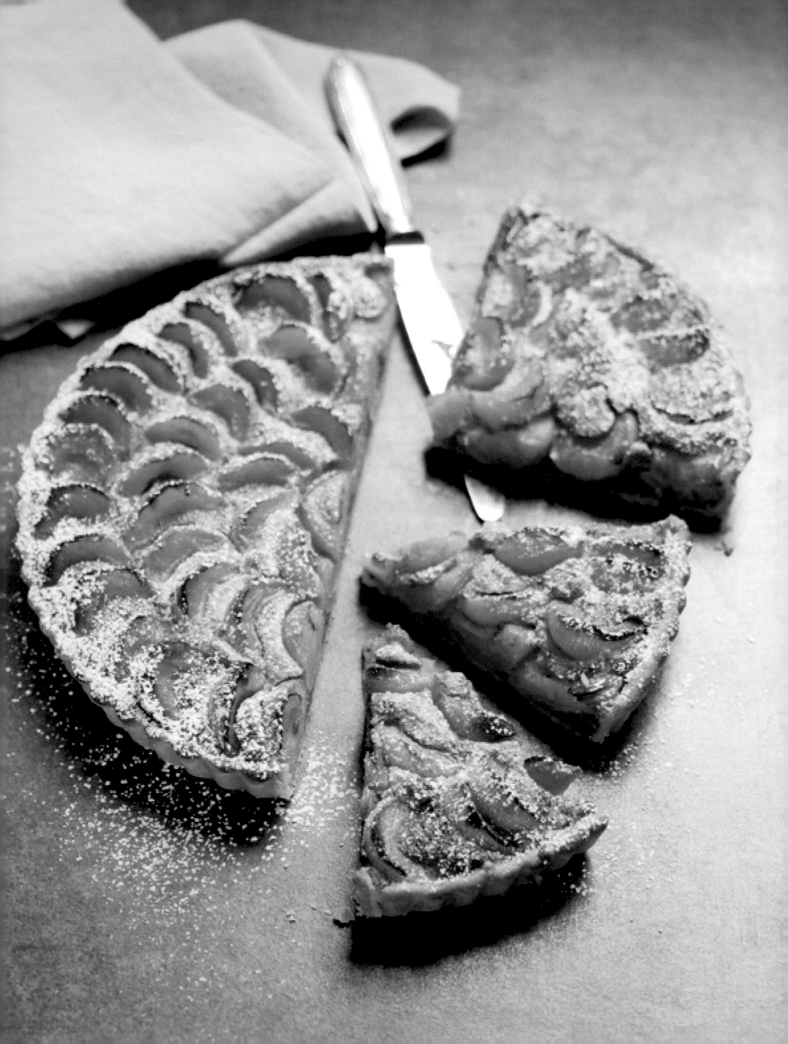

### 製作塔底

**1** － 為塔模塗上奶油。在稍微撒上麵粉的工作檯上將酥脆塔皮麵團（見490頁）擀成約3公釐的厚度。裁成直徑大於塔模5公分的麵皮，約直徑30公分，將塔模擺在麵皮上作為標記。

**2** － 為塔模刷上奶油並套上麵皮（見493頁），用叉子在麵皮上戳洞。

### 製作榛果奶油醬

**3** － 將奶油攪打至形成濃稠膏狀，接著混入細砂糖、60克的榛果粉和鹽。

**4** － 加入蛋，快速攪打，接著混入麵粉。

### 進行組裝

**5** － 將榛果奶油醬倒入塔底，用湯匙的匙背抹平。

**6** － 撒上20克的榛果粉。

**7** － 將杏桃果肉的糖漿瀝乾，由外向內的繞圈排列，擺在榛果奶油醬上。

### 製作肉桂糊

**8** － 將烤箱預熱至220℃（熱度7-8）。在平底深鍋中將奶油煮至榛果色。在碗中攪打蛋、細砂糖和肉桂，倒入榛果奶油，接著快速攪打。

**9** － 用湯匙將肉桂糊鋪在杏桃果肉上。入烤箱烤15分鐘，直到塔開始變為金黃色，接著將烤箱溫度調低為190℃（熱度6-7），繼續再烘烤45分鐘。出爐後在塔變得微溫時，小心地為塔脫模，用網篩撒上一些糖粉。

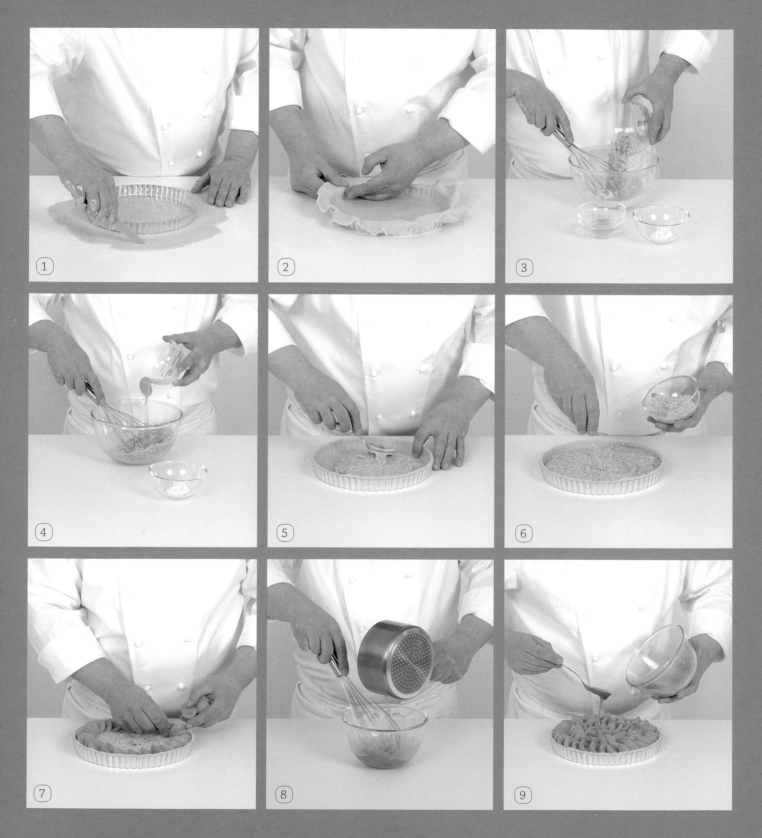

# TARTE
## aux myrtilles
### 藍莓塔

8至10人份

———————

準備時間：1小時 ＋ 15分鐘甜酥麵團—烘焙時間：約35分鐘—冷藏時間：30分鐘甜酥麵團 ＋
入模（fonçage）後10分鐘—保存時間：冷藏2日

難度： ♙

甜酥麵團 PÂTE SUCRÉE
麵粉 200克
奶油 120克
糖粉 70克
鹽 1/2小匙
杏仁粉 30克
小型蛋1顆（40克）

模型用回軟奶油 50克
模型用麵粉

杏仁奶油醬 CRÈME D'AMANDE
奶油 60克
細砂糖 60克
杏仁粉 60克
香草莢 1根
蛋1顆（50克）

裝飾 DÉCOR
杏桃果膠 50克
藍莓 250克
糖粉 20克

專用器具：直徑24公分的花紋法式塔圈1個—糕點刷1支

## Bien choisir les myrtilles
### 好好挑選藍莓

藍莓為紫藍色的漿果，是蔓越莓的遠親，我們可以在6月至10月中在法國阿爾薩
斯、洛林（Lorraine）和法蘭琪－康堤大區（Franche-Comté）的森林裡採集到野
生的果實。注意，野生藍莓必須經過仔細的清洗才能食用，以排除寄生蟲的風
險。請選擇飽滿、大小一致、具有這種水果特有的齒形洞的藍莓，避開起皺的
果粒。

### 製作塔底

**1** － 將烤箱預熱至170℃（熱度5-6）。爲塔圈刷上奶油。將甜酥麵團（見488和489頁）擀成約3公釐的厚度。將塔圈擺在麵皮上作爲參考，裁出直徑大於塔圈5公分，即約30公分的圓形麵皮。爲模型刷上奶油並套上麵皮（見493頁）。

### 製作杏仁奶油醬

**2** － 將奶油攪打至形成濃稠的膏狀，加入細砂糖，拌勻。

**3** － 混入杏仁粉。

**4** － 將香草莢剖開成兩半，用刀尖刮下內部的籽，將籽加入碗中，接著拌勻。

**5** － 混入蛋至均勻混合。

### 進行組裝與裝飾

**6** － 將杏仁奶油醬倒入塔底，用軟刮刀均勻抹平。入烤箱烤約35分鐘。放至微溫。

**7** － 爲塔脫模。用糕點刷在杏仁奶油醬上刷上杏桃果膠。

**8** － 將藍莓擺在塔上。

**9** － 用網篩篩上糖粉。

### ASTUCE DU CHEF 主廚訣竅

不管模型或塔圈的直徑大小，杏仁奶油醬永遠都要鋪至塔底的一半高度。在這道配方中，爲了要製造這樣的效果，就必須準備這樣的量。

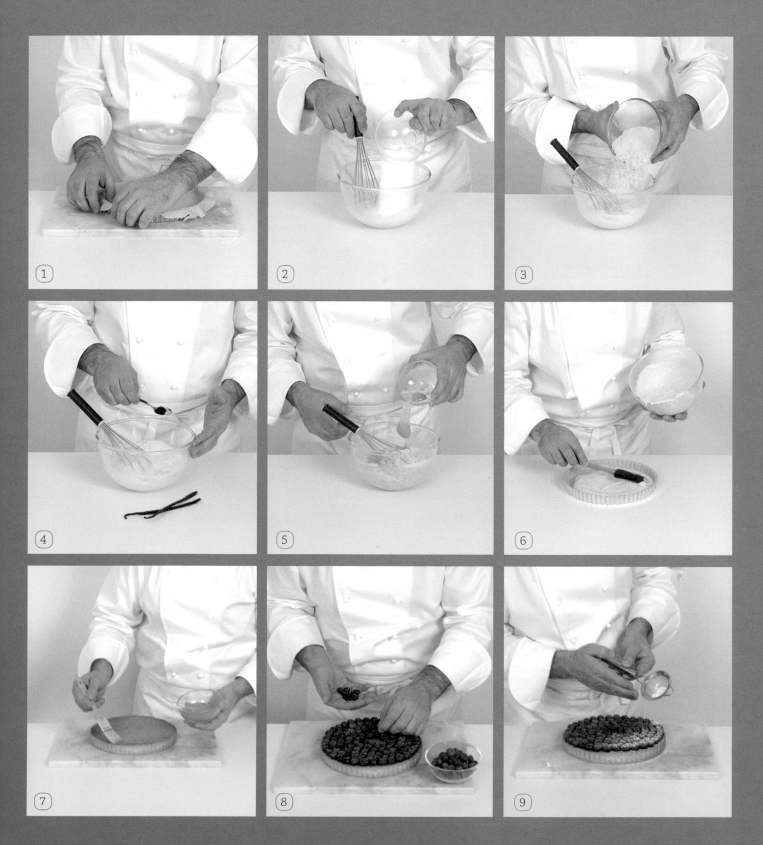

# TARTE EXOTIQUE
## aux framboises
### 異國覆盆子塔

6至8人份

———

準備時間：1小時30分鐘—烘焙時間：35分鐘—冷凍時間：2小時10分鐘

難度：♟ ♟ ♟

布列塔尼酥餅 SABLÉ BRETON
杏仁粉 20克
室溫回軟的半鹽奶油 125克
細砂糖 50克
蛋黃 1個（20克）
麵粉 100克
泡打粉 1/2小匙

異國乳霜 CRÉMEUX EXOTIQUE
芒果泥 65克
百香果泥 85克
葡萄糖 25克
細砂糖 50克
果膠 1/2小匙

椰子慕斯 MOUSSE COCO
椰漿 70毫升
細砂糖 20克
椰子絲 20克
吉力丁 1又1/2片（3克）
液狀鮮奶油 160毫升

裝飾 DÉCOR
原味果膠（glaçage neutre）150克
覆盆子 250克
糖粉

專用器具：擠花袋2個—直徑20公分的法式塔圈1個
直徑16公分的慕斯圈1個—蛋糕紙托1個—10號擠花嘴1個

## La fiition au glaçage neutre
### 原味果膠的修飾

容易使用，原味果膠讓你可以妝點任何甜點。宛如大師級的神來一筆，它為你的作品賦予專業的外型。不帶甜味適用於各種糕點的製作，為塔和其他糕點帶來漂亮有光澤的外觀。

**製作布列塔尼酥餅**

**1** － 將烤箱預熱至160℃（熱度5-6）。攪拌杏仁粉、室溫回軟的奶油和細砂糖。

**2** － 混入蛋黃，一邊攪打。

**3** － 將麵粉和泡打粉一起過篩，接著用軟刮刀加進先前的混合料中。

**4** － 將麵糊填入裝有擠花嘴的擠花袋中。將烤盤紙裁成長20公分，且略高於20公分塔圈的長條，接著鋪在塔圈內緣。將塔圈擺在鋪有烤盤紙的烤盤上。用擠花袋在塔圈內擠出螺旋狀的布列塔尼酥餅麵糊。入烤箱烤35分鐘。

**製作異國乳霜**

**5** － 在平底深鍋中加熱兩種果泥和葡萄糖。混合細砂糖和果膠，一次倒入果泥中，接著煮沸。

**6** － 放涼，用攪拌器攪拌，接著將一部分裝入圓錐紙袋中。將剩餘的乳霜冷藏起來。

**製作椰子慕斯**

**7** － 將吉力丁片放入一碗冷水中泡軟。在平底深鍋中將椰漿、細砂糖和椰子絲煮沸，接著倒入碗中。

**8** － 按壓吉力丁片，將吉力丁片擰乾，接著用攪拌器混入上述的熱液體中。放涼。

**9** － 將鮮奶油攪打至滑順。

**10** - 將1/3鮮奶油混入椰漿等備料中,快速攪打。

**11** - 接著加入剩餘的鮮奶油,輕輕攪拌,最後用軟刮刀混合。

### 進行組裝與裝飾

**12** - 在直徑26公分的慕斯圈表面鋪上保鮮膜。倒扣在蛋糕紙托上,接著用圓錐形紙袋(cornet)在慕斯圈內擠出幾個不同大小的異國乳霜。冷凍10分鐘。

**13** - 將慕斯倒入鋪有保鮮膜的慕斯圈內,蓋在異國乳霜上,接著以軟刮刀抹平。冷凍2小時。

**14** - 為布列塔尼酥餅脫模,倒入異國乳霜,用湯匙匙背均勻鋪平。

**15** - 將椰子慕斯從冷凍庫中取出,倒扣並取下保鮮膜。將鏡面果膠淋在椰子慕斯上,用抹刀抹平。

**16** - 為椰子慕斯脫模,將慕斯擺在布列塔尼酥餅和異國乳霜上方。

**17** - 用網篩為覆盆子篩上糖粉。

**18** - 用糖粉覆盆子裝飾塔的周圍。

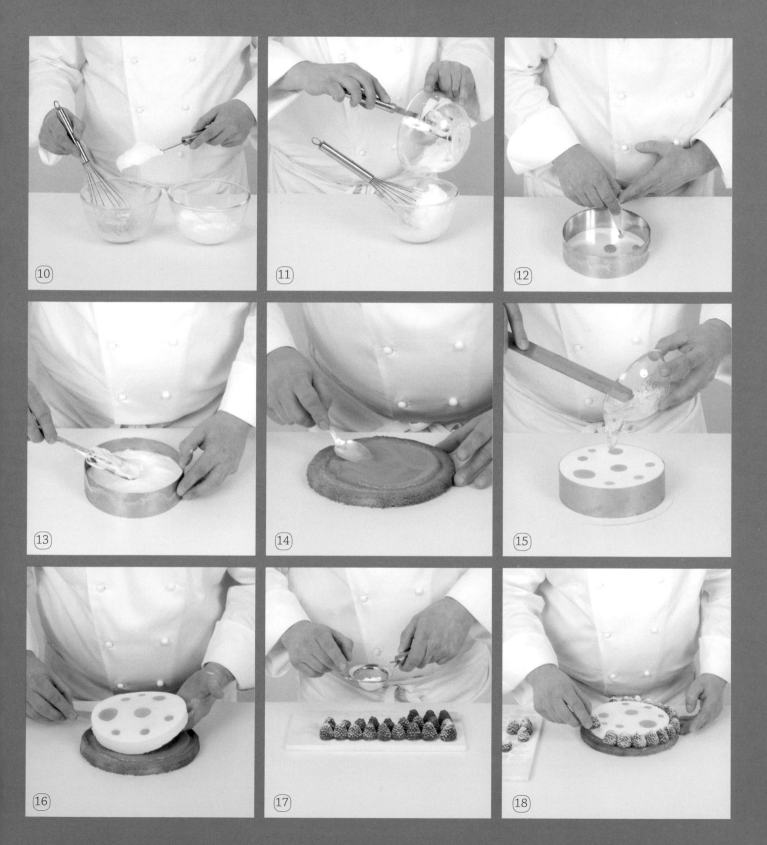

# TARTE PAMPLEMOUSSE
## meringuée
### 葡萄柚蛋白霜塔

8人份

———

準備時間：45分鐘 + 15分鐘甜酥麵團和15分鐘（義式蛋白霜）
烘焙時間：1小時 + 15分鐘—冷藏時間：30分鐘甜酥麵團 + 入模（fonçage）後10分鐘—保存時間：1日
難度：♙♙

甜酥麵團 PÂTE SUCRÉE
麵粉200克
奶油120克
糖粉65克
杏仁粉20克
小型蛋1顆（40克）

模型用奶油

葡萄柚糊 APPAREIL PAMPLEMOUSSE
蛋2又1/2顆（130克）
細砂糖160克
杏仁粉30克
馬鈴薯澱粉25克
葡萄柚汁130克
融化奶油30克

糖漬葡萄柚皮
ZESTE DE PAMPLEMOUSSE CONFIT
葡萄柚皮1/4顆
水100毫升
細砂糖100克
石榴汁（grenadine）2小匙

葡萄柚果瓣
SEGMENTS DE PAMPLEMOUSSE
葡萄柚3顆
鏡面果膠

義式蛋白霜 MERINGUE ITALIENNE
蛋白2個（60克）
細砂糖120克
水60毫升

專用器具：直徑22公分的法式塔圈1個

## Peler à vif et segmenter un agrume
### 爲柑橘水果去皮並取下果瓣

柑橘水果的去皮就是去除其果皮及白膜部分。通常我們在這個步驟之後會用刀取出白膜之間的果肉，亦稱爲「果瓣」，或是將水果切成圓形薄片。果皮亦可進行糖漬。

### 製作塔底

**1** － 將烤箱預熱至170℃（熱度6-7）。在撒上一些麵粉的工作檯上，將甜酥麵團（見488和489頁）擀至約3公釐的厚度。將塔圈擺在麵皮上作為參考，裁出直徑大於塔圈5公分，約27公分的圓形麵皮。

**2** － 為塔圈刷上奶油，套上甜酥麵皮（見493頁），擺在鋪有烤盤紙的烤盤上。盲烤（見494頁）塔底20分鐘。將烤箱溫度維持在170℃。

### 製作葡萄柚糊

**3** － 在碗中攪打蛋和細砂糖。

**4** － 加入杏仁粉和馬鈴薯澱粉，用攪拌器拌勻。

**5** － 混入葡萄柚汁，接著是融化奶油。

**6** － 將混合材料倒入塔底，入烤箱烤40分鐘。在室溫下放涼。

### 製作糖漬葡萄柚皮

**7** － 刨下葡萄柚皮。

**8** － 切絲。

**9** － 在裝有沸水和少許鹽的平底深鍋中燙煮葡萄柚皮。換水後再重複同樣的步驟。

• • •

① ② ③
④ ⑤ ⑥
⑦ ⑧ ⑨

**10** – 製作糖漿，在平底深鍋中將水和細砂糖煮沸，接著倒入石榴汁。加入葡萄柚果皮，以文火慢燉約15分鐘。

**11** – 將果皮擺在吸水紙上，以吸去多餘的糖漿。

### 準備葡萄柚果肉

**12** – 將葡萄柚去皮：將葡萄柚的上下兩端各切下一片薄片。將葡萄柚直立於工作檯上，順著水果的曲線，用小刀去掉果皮和所有白色的部分，只保留果肉。

**13** – 切開白膜，取出白膜之間的果瓣。

### 製作義式蛋白霜

**14** – 製作義式蛋白霜（見487頁）。

### 進行組裝與裝飾

**15** – 將義式蛋白霜倒在塔底的葡萄柚糊上，小心地在周圍留下2公分的空間，以擺放葡萄柚果瓣。

**16** – 用軟刮刀輕拍義式蛋白霜，以形成尖角。將蛋白霜擺在烤箱烤架上烤一會兒至微微上色。

**17** – 在義式蛋白霜周圍擺上葡萄柚果瓣。

**18** – 用糖漬葡萄柚皮為塔進行裝飾。

# TARTE
## passion-chocolat
### 百香巧克力塔

8人份

準備時間：1小時 + 15分鐘甜酥麵團—烘焙時間：33分鐘—冷藏時間：30分鐘 + 30分鐘甜酥麵團 + 入模（fonçage）後10分鐘—保存時間：冷藏2日

難度：♧♧

| 甜酥麵團 PÂTE SUCRÉE | 百香奶油醬 CRÈME PASSION |
|---|---|
| 麵粉200克 | 吉力丁1又1/2片（3克） |
| 奶油120克 | 蛋2顆（100克） |
| 糖粉65克 | 細砂糖85克 |
| 杏仁粉20克 | 百香果泥80克 |
| 小型蛋1顆（40克） | 奶油140克 |

| 模型用奶油 | 百香鏡面 GLAÇAGE PASSION |
|---|---|
| | 鏡面果膠100克 |
| | 百香果1顆 |
| 軟芯內餡 APPAREIL À MI-CUIT | |
| 牛奶巧克力50克 | |
| 可可成分70%的黑巧克力30克 | 巧克力刨花 COPEAUX CHOCOLAT |
| 蛋1又1/2顆（75克） | 牛奶巧克力磚1片 |
| 細砂糖65克 | |
| Malibu® 蘭姆酒2小匙 | |
| 室溫回軟的奶油60克 | |

專用器具：直徑22公分的法式塔圈1個

## Le fruit de la Passion
### 百香果

原產自巴西，這微酸的水果因其濃郁的香氣而得名，其花屬於：西番蓮屬（passiflore）。Passiflore一詞源自拉丁文passio（passion激情／受難）和flor（fleur花）。這裡的「passion」參照 fleur 的詞彙，令人想起傳教的開拓者在《耶穌受難記 Passion du Christ》中所遭遇到的各種磨難。

### 製作塔底

**1** － 將烤箱預熱至170℃（熱度5-6）。在撒上一些麵粉的工作檯上，將甜酥麵團（見488和489頁）擀至約3公釐的厚度。將塔圈擺在麵皮上作爲參考，裁出直徑大於塔圈5公分，約27公分的圓形麵皮。

**2** － 爲塔圈刷上奶油，套上甜酥麵皮（見493頁），擺在鋪有烤盤紙的烤盤上。

**3** － 盲烤（見494頁）塔底10分鐘，接著移去豆子，再繼續烤15分鐘。

### 製作軟芯雙巧克力

**4** － 將巧克力隔水加熱至融化。將烤箱溫度調高爲180℃（熱度6）。

**5** － 攪打蛋、細砂糖和蘭姆酒。

**6** － 將奶油攪打至形成濃稠膏狀，加進融化的巧克力中。倒入蛋、細砂糖和蘭姆酒的混合料中，用攪拌器混合。

**7** － 將巧克力等混合料倒入塔底，入烤箱烤8分鐘。放涼。

### 製作百香乳霜

**8** － 將吉力丁片放入一碗冷水中泡軟。在碗中攪打蛋和細砂糖，直到混合料變得濃稠泛白。

**9** － 加熱百香果泥，立刻倒入蛋和細砂糖的混合料中，一邊攪拌。

• • •

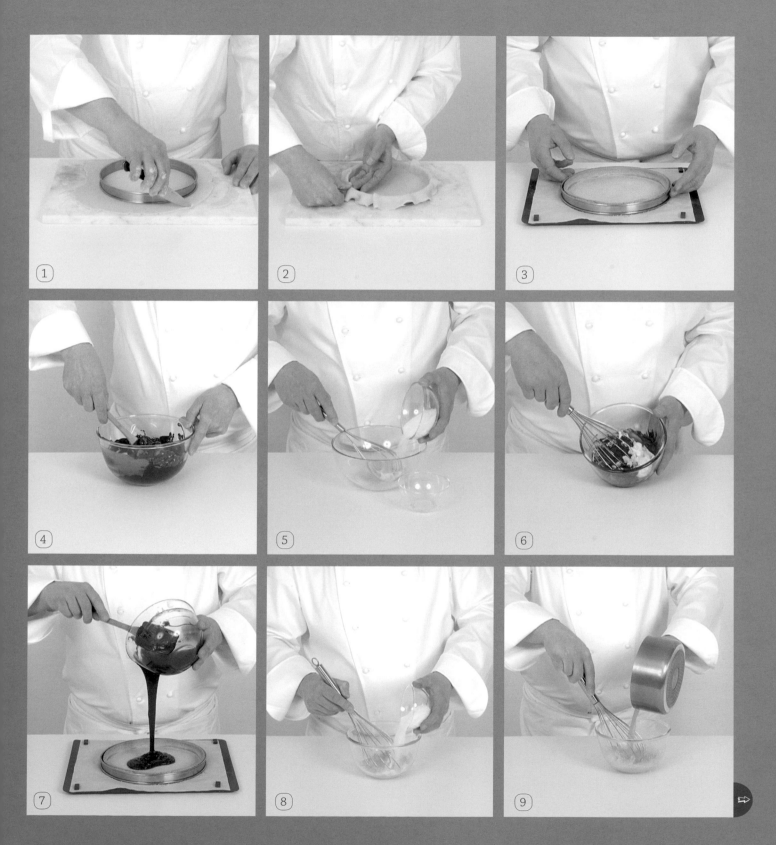

10 – 再全部倒回平底深鍋中，煮至小滾，一邊持續攪拌。

11 – 按壓吉力丁片，將吉力丁擰乾，接著在離火時混入百香蛋糊中。

12 – 倒入碗中，放涼5分鐘，將奶油分幾次混入備料中成爲乳霜。

### 進行組裝

13 – 移去法式塔圈。將百香乳霜倒在半熟巧克力上。

14 – 左右輕輕晃動塔，讓百香乳霜可以均勻地攤開。

15 – 將鏡面果膠倒在塔上，用抹刀將表面抹平。

16 – 用小碗收集百香果內部的果肉（包括果汁和籽），用攪拌器輕輕攪拌，以去除水果纖維。用叉子將籽小心地鋪在塔的表面。

### 進行裝飾

17 – 用削皮刀將牛奶巧克力磚削成刨花。

18 – 用巧克力刨花爲塔進行裝飾。

---

**ASTUCE DU CHEF 主廚訣竅**

亦可用覆盆子取代巧克力刨花來進行裝飾，讓塔的色彩更加繽紛。

# TARTE POMMES-NOISETTES
## et crème pralinée
### 榛蘋帕林內奶油塔

---

8人份

---

準備時間：1小時 + 15分鐘甜酥麵團—烘焙時間：50分鐘

冷藏時間：1小時 + 30分鐘甜酥麵團 + 入模（fonçage）後10分鐘—保存時間：冷藏2日

難度：♙

---

### 甜酥麵團 PÂTE SUCRÉE
麵粉 200克

奶油 120克

糖粉 65克

杏仁粉 20克

小型蛋 1顆（40克）

### 榛果糊 APPAREIL À NOISETTE
大型蛋 1顆（60克）

細砂糖 50克

融化的奶油 25克

榛果醬（pâte de noisettes）30克

### 焦糖蘋果
### POMMES CARAMÉLISÉES
蘋果 5顆

奶油 40克

細砂糖 40克

### 榛果酥粒 NOISETTES SABLÉES
水 20毫升

細砂糖 50克

去皮榛果 50克

### 榛果馬斯卡邦奶油醬
### CRÈME MASCARPONE À LA NOISETTE
液狀鮮奶油 120毫升

馬斯卡邦乳酪 70克

榛果醬 20克

### 裝飾 DÉCOR
鏡面果膠 100克

糖粉

---

專用器具：直徑22公分的法式塔圈1個—料理溫度計1個—糕點刷1支—蛋糕紙托1張

---

## Les pommes à tarte
### 塔用蘋果

在上百種蘋果的品種中，我們往往很難依我們的用途：直接吃、製成塔或果漬來選擇適當的蘋果。若要製作塔，就像這道配方一樣，建議使用金冠（golden）、魯比內特（rubinettes）、后中之后（reines des reinettes）、玻絲酷大美人（belles de Boskoop），因爲它們經得起油煎或烘烤。

### 製作塔底

**1** － 將烤箱預熱至180℃（熱度6）。在撒上一些麵粉的工作檯上，將甜酥麵團（見488和489頁）擀開，套入塔圈中（見493頁）。

**2** － 將塔底放入烤箱盲烤（見494頁）10分鐘。

### 製作榛果糊

**3** － 在碗中，用攪拌器混合蛋、細砂糖和融化奶油，接著混入榛果醬。倒入塔底。冷藏。

### 製作焦糖蘋果

**4** － 將蘋果去皮，挖去果核，切成4塊。在平底煎鍋中，將奶油和細砂糖煮成焦糖，接著加入蘋果。翻炒5分鐘，在室溫下放涼。

### 製作榛果酥粒

**5** － 在平底深鍋加熱水和細砂糖，直到料理溫度計顯示110℃，以形成濃稠的糖漿。加入榛果，煮至榛果泛白，即約2分鐘左右，一邊持續攪拌。倒入烤盤，放涼。

### 製作榛果馬斯卡邦奶油醬

**6** － 在碗中將鮮奶油打發，讓鮮奶油可以挺立在攪拌器末端。攪打馬斯卡邦乳酪，混入打發鮮奶油中。緩緩混入榛果醬。將榛果馬斯卡邦奶油醬冷藏1小時。

### 進行組裝與裝飾

**7** － 將烤箱溫度調高至200℃（熱度7）。在塔上將蘋果排成圈狀。入烤箱烤40分鐘。放涼。

**8** － 用糕點刷爲蘋果刷上鏡面果膠。接著用小型網篩，在塔的邊緣篩上糖粉。

**9** － 爲塔撒上榛果酥粒，搭配榛果馬斯卡邦奶油醬享用。

---

### ASTUCE DU CHEF
### 主廚訣竅

用泡過熱水的2根湯匙，先用一根舀取部分的榛果馬斯卡邦奶油醬，再用另一根輔助塑形成橢圓的丸子狀。重複同樣的步驟，直到形成平滑外觀。

# TARTELETTES CITRON-MENTHE
## aux fruits rouges et au kumquat

紅果金桔檸檬薄荷迷你塔

10個迷你塔

準備時間：1小時 + 15分鐘甜酥麵團—烘焙時間：20分鐘
冷藏時間：30分鐘 + 30分鐘甜酥麵團—保存時間：冷藏1日
難度：♙♙

| 甜酥麵團 PÂTE SUCRÉE | 檸檬薄荷乳霜 CRÉMEUX CITRON-MENTHE |
|---|---|
| 麵粉200克 | 液狀鮮奶油500毫升 |
| 奶油90克 | 細砂糖75克 |
| 糖粉90克 | 檸檬汁和檸檬皮3顆 |
| 杏仁粉30克 | 薄荷葉8片 |
| 蛋1顆（50克） | 奶油50克 |
| | 蛋5又1/2顆（270克） |
| 模型用奶油 | 玉米粉45克 |

| 杏仁奶油醬 CRÈME D'AMANDE | 新鮮水果 FRUITS FRAIS |
|---|---|
| 奶油80克 | 草莓20顆 |
| 細砂糖80克 | 桑葚10顆 |
| 大型蛋1顆（60克） | 金桔4顆 |
| 杏仁粉80克 | 覆盆子20顆 |
| 香草莢1根 | 藍莓30顆 |
| | 紅醋栗4串 |

專用器具：直徑8公分的法式迷你塔圈10個—擠花袋1個—8號擠花嘴1個

## Les fruits rouges
紅色水果

「紅色水果」一詞包含草莓、覆盆子、黑醋栗、藍莓、紅醋栗和其他漿果。這些小巧精緻且清爽的水果是夏季的象徵，非常適合用在糕點上，包括：塔、多層蛋糕、果醬等。人們喜歡以原味的方式加進沙拉、作為點綴或裝飾，也可以製成慕斯或乳霜。深受好評的紅果塔，不論是在視覺上或味覺上都令人滿足，是美好季節所不容錯過的甜點。

### 製作迷你塔底

**1** – 在撒上一些麵粉的工作檯上，將甜酥麵團（見488和489頁）擀成約3公釐的厚度，接著利用塔圈作為參考，裁出10個直徑大於塔圈5公分，即約13公分的圓形麵皮。

**2** – 為迷你塔圈刷上奶油並套上麵皮（見493頁）。

**3** – 用刀裁去多餘的麵皮，將塔圈擺在鋪有烤盤紙的烤盤上。

### 製作杏仁奶油醬

**4** – 在碗中將奶油攪打至形成濃稠的膏狀，接著加入細砂糖並拌勻。混入蛋，接著是杏仁粉。

**5** – 將香草莢剖開成兩半，用刀尖刮下籽，加入碗中，拌勻。

**6** – 將杏仁奶油醬鋪在迷你塔底，填至3/4滿。入烤箱烤約20分鐘。

**7** – 在室溫下放涼，接著移去塔圈。

### 製作檸檬薄荷乳霜

**8** – 在平底深鍋中倒入鮮奶油和一半的細砂糖，在鍋子上方將檸檬皮刨碎。

**9** – 加進薄荷，用手持式電動均質機攪打。用網篩過濾。

● ● ●

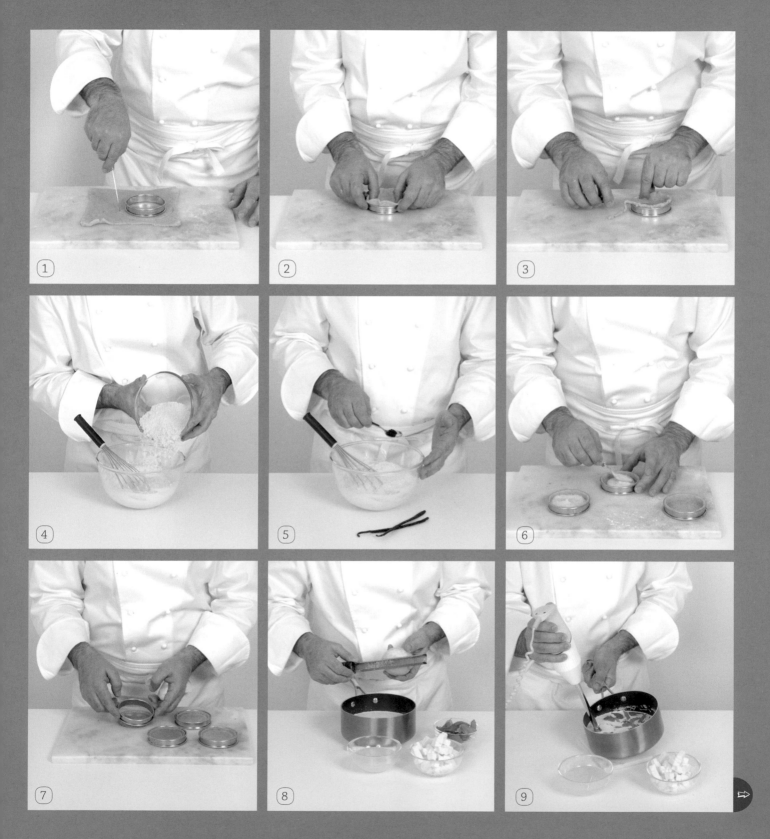

**10** – 混入檸檬汁，接著是奶油。

**11** – 全部加熱至微滾。

**12** – 在這段時間，攪打蛋、剩餘的細砂糖和玉米粉，拌勻。

**13** – 將2/3的熱檸檬薄荷液倒入蛋、細砂糖和玉米粉的混合料中，一邊快速混合。

**14** – 再全部倒回平底深鍋中，以中火慢煮，一邊不停用攪拌器攪拌，直到奶油醬變稠。

**15** – 煮滾1分鐘，一邊持續攪拌，直到乳霜變稠。倒入碗中，冷藏30分鐘。

**進行組裝與裝飾**

**16** – 將檸檬薄荷乳霜攪拌至平滑。用軟刮刀將檸檬薄荷乳霜填入裝有擠花嘴的擠花袋中。

**17** – 用擠花袋在塔底擠出螺旋狀的檸檬薄荷乳霜。

**18** – 將草莓和桑葚切半，將金桔切成薄片。和覆盆子、藍莓與紅醋栗一起擺在迷你塔上。先冷藏後再品嚐。

# TARTELETTES CRÈME BRÛLÉE
## aux fruits frais
### 鮮果烤布蕾迷你塔

10個迷你塔

準備時間：45分鐘 + 15分鐘甜酥麵團—烘焙時間：55分鐘
冷藏時間：30分鐘 + 30分鐘甜酥麵團 + 入模（fonçage）後10分鐘—保存時間：冷藏1日
難度：👨‍🍳👨‍🍳

| 甜酥麵團 PÂTE SUCRÉE | 烤布蕾糊 APPAREIL CRÈME BRÛLÉE |
|---|---|
| 麵粉200克 | 液狀鮮奶油420毫升 |
| 奶油90克 | 細砂糖60克 |
| 糖粉90克 | 香草莢2根 |
| 杏仁粉30克 | 蛋黃5個（100克） |
| 蛋1顆（50克） | |
| | 新鮮水果 FRUITS FRAIS |
| 模型用奶油20克 | 芒果2顆 |
| | 椰子1顆 |
| | 櫻桃10顆 |
| | 無花果3顆 |
| | 酸漿（physalis又稱燈籠果）10顆 |

專用器具：直徑8公分的法式迷你塔圈10個

## La crème brûlée
### 烤布蕾

以牛乳、蛋黃和細砂糖爲基底的烤布蕾，是法國著名的甜點。先用烤箱烤，冷卻後立刻撒上細砂糖，然後再以烤箱、明火烤爐（salamandre）或噴槍將表層烤成焦糖。烤布蕾的特色就在於這冷布丁或溫布丁表面的薄層焦糖。

### ASTUCE DU CHEF
### 主廚訣竅

迷你塔底一烤好，請確認塔皮沒有破洞。如果有洞，請用一些生的甜酥麵團填補，然後再用烤箱烤5分鐘。

## 製作迷你塔底

**1** － 在撒上一些麵粉的工作檯上，將甜酥麵團（見488和489頁）擀成約3公釐的厚度，接著利用塔圈作為參考，裁出10個直徑大於塔圈5公分，即約13公分的圓形麵皮。

**2** － 為迷你塔圈刷上奶油並套上麵皮（見493頁）。用刀裁去多餘的麵皮。

**3** － 將烤箱預熱至160℃（熱度5-6）。將塔底放入烤箱盲烤（見494頁）15分鐘。

**4** － 移去豆子，將烤箱溫度調低為150℃（熱度5），繼續再烤10分鐘。

## 製作烤布蕾糊

**5** － 將烤箱溫度調低為100℃（熱度3-4）。混合鮮奶油和細砂糖。

**6** － 將香草莢剖開成兩半，用刀尖刮下香草籽，將香草籽加進碗中，接著混合。

**7** － 混入蛋黃並拌勻。

**8** － 用大湯勺將烤布蕾糊鋪在迷你塔底。入烤箱烤30分鐘，直到烤布蕾凝固。取出冷卻後進行冷藏30分鐘。

## 進行組裝與裝飾

**9** － 將芒果切成約1×1公分的丁。將椰子打開，用削皮刀將椰肉刨成薄片。將櫻桃切半並去核。無花果切成極薄的薄片。將水果擺在迷你塔上，接著以椰子刨花和酸漿進行裝飾。

# TARTE AUX FRAISES
## gariguettes saveur yuzu
### 柚香蓋瑞格特草莓塔

6至8人份

———

準備時間：30分鐘 ＋ 15分鐘卡士達奶油醬 ＋ 15分鐘甜酥麵團
冷藏時間：30分鐘甜酥麵團—烘焙時間：30分鐘—保存時間：冷藏2日
難度：♧♧

### 甜酥麵團 PÂTE SUCRÉE
麵粉150克
奶油75克
糖粉75克
杏仁粉20克
蛋1/2顆（30克）

模型用奶油

### 柚子卡士達奶油醬 CRÈME PÂTISSIÈRE AU YUZU
牛乳170毫升
奶油12克
蛋黃1又1/2個（35克）
細砂糖40克
麵粉2小匙
玉米粉1又1/2小匙
糖漬柚子40克

### 杏仁柚子奶油醬 CRÈME D'AMANDE-YUZU
奶油60克
糖漬柚子（confit de yuzu）80克
杏仁粉60克
大型蛋1顆（60克）

### 草莓 FRAISES
蓋瑞格特品種草莓（fraises gariguettes）500克
鏡面果膠100克

### 裝飾 DÉCOR
糖漬柚子30克

專用器具：直徑20公分的法式塔圈1個—蛋糕紙托1張—糕點刷1支

## Les fraises gariguettes
### 蓋瑞格特草莓

蓋瑞格特品種草莓是種長形的草莓品種，大小中等，顏色爲橘紅色，味道酸甜。
果肉摸起來紮實，但入口時柔軟多汁。在法國，蓋瑞格特品種草莓的盛產季爲
6月中；這是一種較早成熟的品種。多種植於布列塔尼和法國南部。

### 製作甜酥麵團塔底

**1** – 在撒上一些麵粉的工作檯上，將甜酥麵團(見488和489頁)擀至約3公釐的厚度。將塔圈擺在麵皮上作為參考，裁出直徑大於塔圈5公分，約25公分的圓形麵皮。

**2** – 為塔圈套上甜酥麵皮(見493頁)，擺在鋪有烤盤紙的烤盤上。

### 製作杏仁柚子奶油醬

**3** – 將烤箱預熱至170℃(熱度5-6)。將奶油放入碗中。加入糖漬柚子，拌勻，接著混入杏仁粉。

**4** – 加入蛋，再度拌勻。

**5** – 將杏仁柚子奶油醬倒入塔底，用軟刮刀抹平。入烤箱烤30分鐘，接著放涼。

### 製作柚子卡士達奶油醬

**6** – 製作卡士達奶油醬(見480頁)，接著加入糖漬柚子。放涼。

### 進行組裝

**7** – 將塔移至蛋糕紙托上，接著脫模。將柚子卡士達奶油醬攪打至平滑，鋪在杏仁柚子奶油醬上。

**8** – 去掉草莓的蒂頭並切半。將切半草莓擺在柚子卡士達奶油醬上，從外向內排列。

**9** – 用糕點刷為草莓刷上鏡面果膠。用糖漬柚子為塔進行裝飾。

ASTUCE DU CHEF
**主廚訣竅**

你可用任何品種的草莓或覆盆子來取代蓋瑞格特草莓，它們和柚子的香味也非常搭。

# TARTE RHUBARBE
## parfumée au safran
### 番紅花大黃塔

8人份

---

準備時間：45分鐘 ＋ 15分鐘甜酥麵團—烘焙時間：50分鐘

冷藏時間：1小時（甜酥麵團）＋ 10分鐘（入模後）—保存時間：冷藏2日

難度：♡

### 甜酥麵團 PÂTE SUCRÉE
奶油100克

糖粉100克

杏仁粉1大匙

麵粉210克

蛋1顆（50克）

模型用奶油

### 煎大黃 RHUBARBE POÊLÉE
大黃700克

奶油30克

細砂糖50克

### 番紅花糊 APPAREIL AU SAFRAN
蛋1又1/2顆（80克）

細砂糖60克

番紅花雌蕊4至5根

液狀鮮奶油200毫升

### 裝飾 DÉCOR
糖粉

專用器具：直徑22公分的法式塔圈1個—蛋糕紙托1張

## La rhubarbe
大黃

大黃是一種夏季作物，人們種植它是為了食用它玫瑰紅色的莖，亦稱「葉柄」。
以大黃製作的塔、果漬和果醬深受好評，但大黃在烹調時必須加入細砂糖，
以緩和其酸味。

## 製作塔底

**1** － 將烤箱預熱至170℃（熱度5-6）。在撒上一些麵粉的工作檯上，將甜酥麵團（見488和489頁）擀至約3公釐的厚度。將塔圈擺在麵皮上作為參考，裁出直徑大於塔圈5公分，即約27公分的圓形麵皮。為塔圈刷上奶油並套上甜酥麵皮（見493頁），擺在鋪有烤盤紙的烤盤上。冷藏10分鐘。

## 準備大黃

**2** － 用烤箱盲烤（見494頁）麵皮10分鐘。將烤箱溫度維持在170℃。

**3** － 將大黃削皮，切成厚1.5公分的小塊。在平底煎鍋中加熱奶油和細砂糖，以旺火煎大黃2至3分鐘。

## 製作番紅花糊

**4** － 在碗中，用攪拌器攪拌蛋和細砂糖。加入番紅花雌蕊。

**5** － 倒入液狀鮮奶油並拌勻。

**6** － 將混合材料倒入塔底，填滿至1/3。

**7** － 均勻地擺上大黃塊。

**8** － 倒入剩餘的番紅花糊。入烤箱烤40分鐘。

## 進行裝飾

**9** － 將塔放涼，接著脫模。用糖粉裝飾塔的周圍，以蛋糕紙托作為輔助，以免將糖粉撒至整個表面。

# TARTELETTES AUX FIGUES
## et éclats de dragées
### 糖杏仁無花果迷你塔

10個迷你塔

———————

準備時間：45分鐘 ＋ 15分鐘甜酥麵團—烘焙時間：30分鐘

冷藏時間： 30分鐘甜酥麵團—保存時間：冷藏2日

難度： ♡

### 甜酥麵團 PÂTE SUCRÉE
麵粉200克

奶油90克

糖粉90克

杏仁粉30克

蛋1顆（50克）

模型用奶油

### 榛果奶油醬 CRÈME DE NOISETTES
白色糖杏仁（dragées blanches）70克

室溫回軟的奶油100克

細砂糖100克

榛果粉100克

蛋1又1/2顆（85克）

### 無花果 FIGUES
無花果20顆

融化奶油35克

細砂糖35克

鹽之花1刀尖

### 裝飾 DÉCOR
鏡面果膠150克

白色糖杏仁80克

專用器具：直徑8公分的法式迷你塔圈10個—糕點刷1支

## La figue
### 無花果

無花果是一種源自東方的水果，但很快便傳至古代的地中海盆地。摘採後的無花果保存期限很短。應選擇多肉且柔軟的無花果，代表已充分成熟。它是製作甜點的食材之一，但也能用來製作鹹味菜餚。無花果乾則可保存數個月。

## 製作迷你塔底

**1** － 在撒上一些麵粉的工作檯上，將甜酥麵團（見488和489頁）擀至約3公釐的厚度。將塔圈擺在麵皮上作為參考，裁出10張直徑大於塔圈5公分，約13公分的圓形麵皮。

**2** － 為塔圈刷上奶油並套上甜酥麵皮（見493頁），擺在鋪有烤盤紙的烤盤上。用刀切去多餘的麵皮。

## 製作榛果奶油醬

**3** － 用擀麵棍將糖杏仁壓碎。

**4** － 在碗中混合室溫回軟的奶油、細砂糖和榛果粉。

**5** － 加入蛋，拌勻，接著混入糖杏仁碎屑。

## 進行組裝與裝飾

**6** － 將烤箱預熱至170℃（熱度5-6）。用小湯匙將榛果奶油醬鋪在迷你塔底。用匙背抹平，以形成一層均勻的奶油醬。

**7** － 將15顆無花果切成薄片，在迷你塔上排成玫瑰花狀。

**8** － 將剩餘的5顆無花果切半。將切半的無花果擺在每個迷你塔的中央。

**9** － 為無花果刷上少許奶油，接著撒上細砂糖和少量的鹽之花。入烤箱烤30分鐘。將迷你塔放涼。用糕點刷為無花果刷上果膠鏡面。將糖杏仁壓碎，撒在迷你塔上。

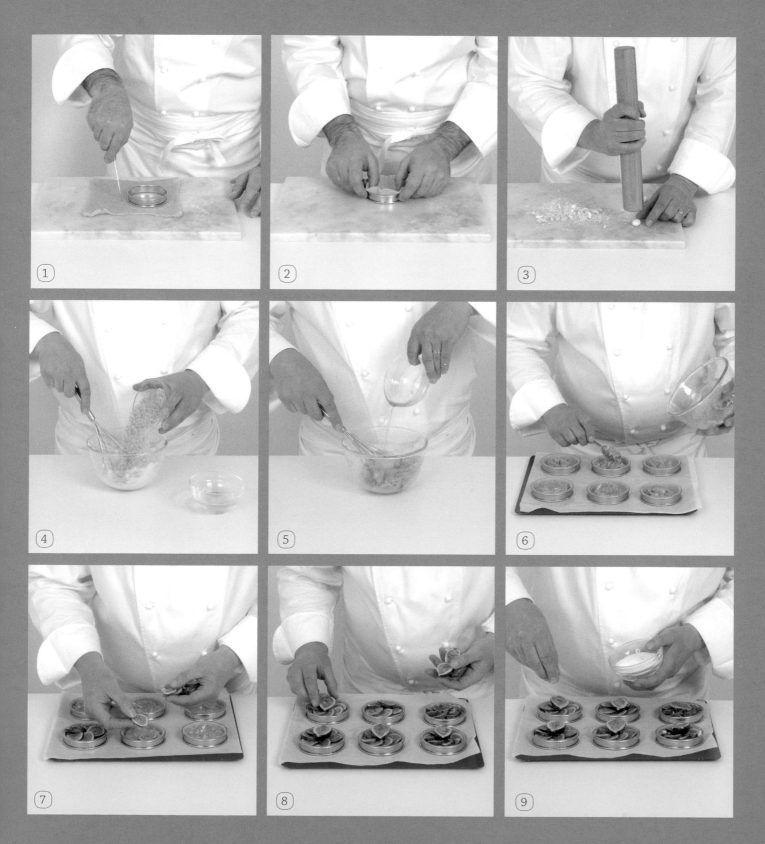

# Desserts d'Exception & de Fêtes

特色與節慶甜點

# LE PRESTIGE CHOCOLAT,
## tonka et fruits rouges
### 東加豆紅果巧克力魅力蛋糕

8至10人份

準備時間：1小時30分鐘—冷藏時間：10分鐘—冷凍時間：5小時10分鐘

難度：♔ ♔ ♔

### 巧克力達克瓦茲
### DACQUOISE CHOCOLAT

麵粉2小匙

杏仁粉125克

糖粉105克

可可粉2小匙

蛋白4又1/2個（130克）

細砂糖50克

### 紅果漿
### CRÉMEUX AUX FRUITS ROUGES

馬鈴薯澱粉2小匙

細砂糖30克

黑醋栗泥30克

草莓泥80克

覆盆子泥80克

### 比利時焦糖餅乾酥
### CROUSTILLANT SPÉCULOOS

比利時焦糖餅乾（spéculoos）80克

黑巧克力30克

帕林內果仁糖醬20克

### 巧克力東加豆慕斯
### MOUSSE CHOCOLAT-TONKA

覆蓋黑巧克力
（chocolat de couverture noir）* 195克

東加豆3/4顆

液狀鮮奶油400毫升

蛋黃2又1/2個（70克）

細砂糖65克

### 鏡面 GLAÇAGE

吉力丁3又1/2片（7克）

水70毫升

細砂糖150克

葡萄糖150克

紅色食用色素1刀尖

可可脂（beurre de cacao）20克

覆蓋牛奶巧克力180克

煉乳165毫升

### 裝飾 DÉCOR

草莓

覆盆子

糖粉

桑葚

紅醋栗1串

專用器具：擠花袋2個—12號的擠花嘴1個—直徑18公分的法式塔圈1個
直徑20公分且高4.5公分的慕斯圈1個—玻璃紙（feuille Rhodoid®）1張—蛋糕紙托1張—料理溫度計1個

＊ 至少含32% 可可脂（beurre de cacao）的巧克力稱爲覆蓋巧克力（chocolat de couverture）。

## Le glaçage miroir
### 鏡面淋醬

爲了修飾多層蛋糕，甜點師經常會製作因其光澤而名爲「鏡面」的淋醬。可加入巧克力或染色的鏡面淋醬，必須在特定的溫度下用於多層蛋糕上，否則便無法定型，它將會融化或一碰到蛋糕就凝固。最好在使用之前用保鮮膜緊貼表面，以去除氣泡。必須一次將鏡面淋醬倒在蛋糕上，讓鏡面在表面和周圍散開，接著抹平以形成均勻的鏡面。

### 製作巧克力達克瓦茲

**1**－將烤箱預熱至180℃（熱度6）。在碗中混合麵粉、杏仁粉、糖粉和可可粉。

**2**－將蛋白攪打至硬性發泡，加入細砂糖，以形成蛋白霜。分2次混入乾料。

**3**－填入裝有擠花嘴的擠花袋中。在2張烤盤紙上畫出2個直徑18公分的圓，擺在2個烤盤上。用擠花袋在烤盤上畫好的圓形內擠出螺旋狀的巧克力達克瓦茲麵糊。入烤箱烤15分鐘。

### 製作紅果漿

**4**－在碗中混合馬鈴薯澱粉和細砂糖。在平底深鍋中將黑醋栗泥、草莓泥和覆盆子泥煮沸，一次倒入馬鈴薯澱粉和細砂糖的混合料中。煮沸，一邊用攪拌器持續攪拌，接著離火，在室溫下放涼。

### 製作比利時焦糖餅乾酥

**5**－在碗中用擀麵棍將比利時焦糖餅乾壓碎。

**6**－將巧克力隔水加熱至融化，倒入碗中，加入帕林內果仁糖醬和壓碎的比利時焦糖餅乾。

**7**－將18公分的塔圈擺在一張烤盤紙上。將焦糖餅乾酥鋪在塔圈內。移至烤盤上，冷藏10分鐘。

**8**－在焦糖餅乾酥上鋪上紅果漿，冷凍10分鐘。

### 製作巧克力東加豆慕斯

**9**－將巧克力隔水加熱至融化。在上方將東加豆刨碎。

**10** - 將液狀鮮奶油打發。

**11** - 將蛋黃和細砂糖攪打至混合料變得濃稠泛白，接著倒入打發鮮奶油中。用攪拌器稍微拌勻。

**12** - 用攪拌器快速將一半的混合料混入融化的巧克力和東加豆中。

**13** - 接著加入剩餘的混合料，用攪拌器較輕地稀釋整體。最後用刮刀完成混拌，接著填入裝有擠花嘴的擠花袋中。

**進行組裝**

**14** - 將一張玻璃紙裁成同慕斯圈的圓周，即約20公分。鋪在模型內緣的蛋糕紙托上。用擠花袋在模型內周圍擠出環狀的巧克力東加豆慕斯。

**15** - 將1塊巧克力達克瓦茲圓餅擺在中央。

**16** - 用擠花袋在巧克力達克瓦茲圓餅上擠出螺旋狀的巧克力東加豆慕斯。

**17** - 在周圍鋪上一層額外的巧克力東加豆慕斯，接著用抹刀將多餘的慕斯壓向模型內緣，將邊緣蓋住。

**18** - 為紅果漿焦糖餅乾酥脫模，擺在模型內的巧克力東加豆慕斯上。

• • •

### ASTUCE DU CHEF 主廚訣竅

若沒有玻璃紙，可用厚的塑膠膜，例如投影機或種花用的透明塑膠膜。只要將塑膠膜依蛋糕的周長和高度裁成適當的條狀圍邊即可。

### 進行組裝與裝飾

**19** – 疊上第2塊巧克力達克瓦茲圓餅。

**20** – 剩餘的巧克力東加豆慕斯淋在巧克力達克瓦茲蛋糕上,用抹刀抹平。將蛋糕冷凍5小時。

### 製作鏡面

**21** – 將吉力丁片放入一碗冷水中泡軟。在平底深鍋中將水、細砂糖和葡萄糖煮沸,直到料理溫度計上的溫度達103℃,以形成糖漿。加入紅色食用色素。

**22** – 在碗中同時放入可可脂、巧克力和煉乳。按壓吉力丁片,將吉力丁擰乾,加進碗中。倒入熱糖漿,用軟刮刀拌勻。

**23** – 用手持式電動均質機將鏡面攪打至均勻。在鏡面表面緊貼上保鮮膜,接著立刻移除,以去除氣泡。放涼至料理溫度計測量達30℃。

### 爲蛋糕淋上鏡面並進行裝飾

**24** – 移除慕斯圈,接著移去玻璃紙。

**25** – 將蛋糕擺在下方可承接的容器上。從蛋糕中央朝邊緣淋上鏡面。

**26** – 讓鏡面流下。一手端起蛋糕,用抹刀刮去蛋糕下方多餘的鏡面。

**27** – 將草莓切半,保留蒂頭,覆盆子沾取些許糖粉,並用紅醋栗和桑葚爲蛋糕進行裝飾。

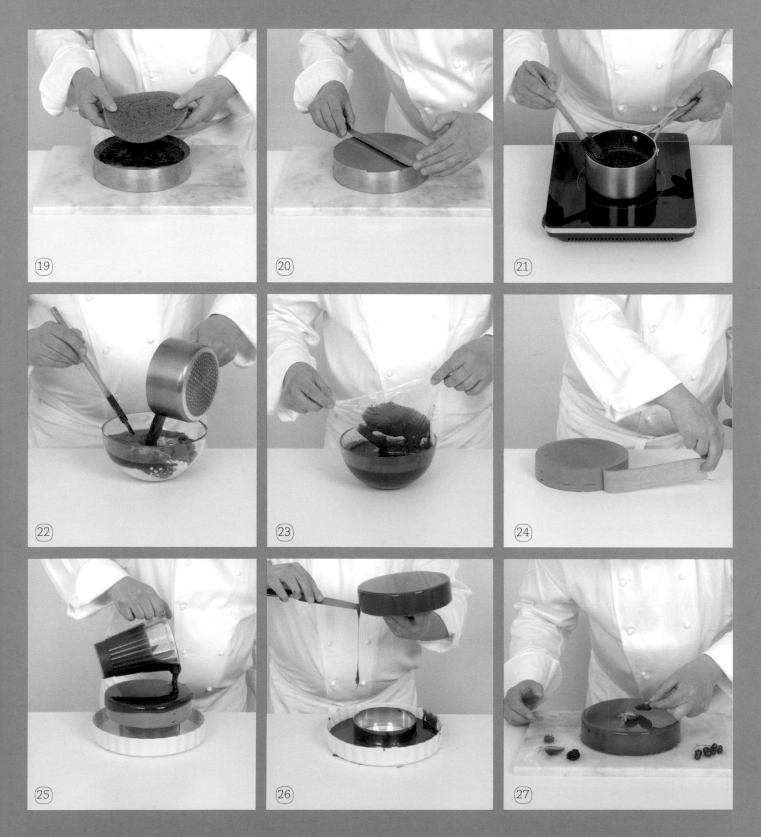

# CUBES VANILLÉS
## et pensées cristallisées

香草方塊蛋糕佐糖霜三色堇

蛋糕6塊
─────────

準備時間：1小時30分鐘 + 15分鐘（杏仁海綿蛋糕體）─烘焙時間：約8分鐘─冷凍時間：12小時30分鐘

冷藏時間：12小時─乾燥時間：12小時─保存時間：冷藏2日

糖霜三色堇可以密封罐保存一星期。

難度：♙♙

| 糖霜三色堇 PENSÉES CRISTALLISÉES | 馬斯卡邦乳酪慕斯 MOUSSE AU MASCARPONE | 白色鏡面 GLAÇAGE BLANC |
|---|---|---|
| 細砂糖100克 | 香草莢1根 | 白巧克力125克 |
| 新鮮三色堇12朵 | 吉力丁1又1/2片（3克） | 吉力丁2又1/2片（5克） |
| 蛋白1個（30克） | 馬斯卡邦乳酪（mascarpone）100克 | 水50毫升 |
| | 液狀鮮奶油50毫升 | 葡萄糖100克 |
| 香草杏仁蛋糕體 BISCUIT JOCONDE VANILLE | 細砂糖20克 | 細砂糖100克 |
| 蛋2顆（100克） | 液狀鮮奶油125毫升 | 食用銀色亮粉2小匙 |
| 杏仁粉70克 | | 可可脂30克 |
| 粗紅糖60克 | 紫羅蘭凍 GELÉE À VIOLETTE | 煉乳110克 |
| 麵粉20克 | 吉力丁5片（10克） | |
| 去籽的香草莢1/2根 | 水100毫升 | |
| 融化奶油1大匙 | 細砂糖50克 | |
| ------- | 紫羅蘭食用色素1刀尖 | |
| 蛋白2個（60克） | 紫羅蘭天然香萃1至2滴 | |
| 細砂糖25克 | | |

蛋糕框（cadre）用油

專用器具：5×5公分且高3公分的蛋糕框6個─10號擠花嘴1個或
直徑1公分的壓模1個─17×17×3.5公分的蛋糕框1個

## Les pensées
三色堇

可食用的小花經常用來作爲糕點或料理的裝飾，三色堇可以不同的方式爲你的配方增色。糖霜三色堇更可爲你的甜點增加酥脆的口感、繽紛的色調，以及獨特的花香。你亦可用當季的紫羅蘭來取代三色堇，製作方式相同。

**製作糖霜三色堇**

**1** － 將細砂糖倒入盤中。爲三色堇沾裏上蛋白，接著放入細砂糖的盤內並撒上細砂糖。搖一搖以去除多餘的細砂糖。在通風處晾乾12小時，接著保存在密封罐中。

**製作杏仁方塊蛋糕體**

**2** － 將烤箱預熱至200℃（熱度6-7）。將杏仁蛋糕體麵糊（見485頁）倒入鋪有烤盤紙的烤盤中。

**3** － 用軟刮刀將麵糊均勻地鋪至1公分厚。入烤箱烤6至8分鐘。

**4** － 放涼，接著用蛋糕框切成12塊方塊蛋糕備用。

**5** － 再用刀將其餘蛋糕體切成邊長5公釐的長條狀。

**製作馬斯卡邦乳酪慕斯**

**6** － 將香草莢剖開成兩半，用刀尖刮下內部的籽。將吉力丁片放入一碗冷水中泡軟。在平底深鍋中加熱馬斯卡邦乳酪、50毫升的鮮奶油、細砂糖和香草莢。

**7** － 按壓吉力丁片，將吉力丁擰乾，在平底深鍋離火後加入鍋中。

**8** － 將125毫升的鮮奶油攪打至滑順。將1/3加入微溫的馬斯卡邦乳酪等混合料中，攪拌。加入剩餘的打發鮮奶油，拌勻。

**進行組裝**

**9** － 爲6個蛋糕框刷上油，擺在鋪有烤盤紙的烤盤上。在每個蛋糕框中擺上1塊香草杏仁方塊蛋糕體。

● ● ●

**10** – 舀入1大匙的馬斯卡邦乳酪慕斯。

**11** – 再添加慕斯，以蓋住邊框。

**12** – 再擺上1塊杏仁方塊蛋糕體，仔細按壓，以嵌入慕斯中。

**13** – 加入1匙的馬斯卡邦乳酪慕斯，用抹刀抹平，讓杏仁方塊蛋糕體完全鑲進慕斯裡，接著將表面抹平。冷凍12小時。將剩餘的馬斯卡邦乳酪慕斯冷藏備用。

### 製作紫羅蘭凍

**14** – 用噴槍稍微加熱大的蛋糕框，或是放入烤箱烤一會兒。在蛋糕框底部鋪上保鮮膜，接著為保鮮膜和蛋糕框內緣刷上少許的油（亦能使用高邊烤盤）。

**15** – 將吉力丁片放入一碗冷水中泡軟。製作糖漿，將水和細砂糖煮沸，接著離火。加入紫羅蘭食用色素和香萃。

**16** – 按壓吉力丁片，將吉力丁擰乾，加入糖漿中。

**17** – 倒入鋪有保鮮膜的蛋糕框中，鋪至0.5公分的厚度。冷藏12小時。

**18** – 用你的雙手溫熱蛋糕框，小心地將蛋糕框從下方抽離。將方塊蛋糕冷凍30分鐘。

● ● ●

### ASTUCE DU CHEF 主廚訣竅

若方塊蛋糕脫模後仍有部分的杏仁蛋糕體露出，可用抹刀鋪上剩餘的馬斯卡邦乳酪慕斯，將露出的部分蓋好，然後再將方塊蛋糕冷凍。

## 製作白色鏡面

**19** – 將白巧克力切碎。將吉力丁片放入一碗冷水中泡軟。加熱水和葡萄糖，直到葡萄糖充分融化。加入細砂糖，用攪拌器持續攪拌至細砂糖溶解。在即將煮沸之前離火。

**20** – 加入銀色亮粉，用攪拌器拌勻。

**21** – 按壓吉力丁片，將吉力丁擰乾，用攪拌器混入先前的混合料中。

**22** – 加入可可脂，攪拌至完全溶解。

**23** – 全部倒入碗中，加進切碎的白巧克力。攪拌至形成均勻的質地。

**24** – 加入煉乳並拌勻。

## 爲方塊蛋糕淋上鏡面

**25** – 將方塊蛋糕擺在置於可承接容器上方的網架上。請在鏡面變得平滑且稍微降溫時（35℃）再使用鏡面。將鏡面淋在每塊方塊蛋糕上，讓鏡面均勻覆蓋蛋糕。用抹刀抹平，將方塊蛋糕擺在網架上，讓鏡面完全流下，再將底部抹平。擺在鋪有烤盤紙的烤盤上。冷藏。

**26** – 用擠花嘴或壓模在紫羅蘭凍上裁出18個小圓。

**27** – 在每個方塊蛋糕上擺上3塊紫羅蘭凍。立即享用，以糖霜三色菫作爲裝飾。

# BÛCHE FRAÎCHEUR
## au citron

### 清新檸檬木柴蛋糕

10人份

───────────

準備時間：1小時30分鐘 ＋ 10分鐘蛋白霜─烘焙時間：約1小時45分鐘─冷藏時間： 2小時

保存時間：冷藏2日

難度：♟ ♟

蛋白霜裝飾
DÉCORS MERINGUÉS
蛋白1又1/2個（50克）
細砂糖50克
過篩糖粉50克
檸檬皮1/4顆

檸檬奶油醬 CRÈME CITRON
吉力丁1片（2克）
蛋黃5個（100克）
蛋1顆（50克）
細砂糖50克

檸檬汁110毫升
檸檬皮1顆
液狀鮮奶油250毫升

檸檬糖漿 SIROP AU CITRON
水100毫升
細砂糖100克
檸檬汁30毫升

檸檬蛋糕體 BISCUIT AU CITRON
奶油170克
蛋3顆（150克）

細砂糖165克
檸檬皮1顆
檸檬汁50毫升
麵粉170克
泡打粉1/2小匙
-------
麵包抹醬（pâte à tartiner）200克

裝飾 DÉCOR
可可粉

專用器具：擠花袋2個─8號擠花嘴1個─35×7公分的木柴蛋糕模1個─星形壓模1個

長方形蛋糕紙托1張─糕點刷1支

## Les décors en meringue
### 蛋白霜裝飾

在法式、義式和瑞士三種蛋白霜中，法式蛋白霜是製作起來最簡單的。和其他蛋白霜不同的是，你可用法式蛋白霜來製作多層蛋糕的裝飾，例如小的餅殼和小樹枝，或是用壓模裁成你選擇的形狀。概念簡單，卻可爲你的作品增添最後的神來之筆。

### 製作蛋白霜裝飾

**1** – 將烤箱預熱至110℃（熱度3-4）。爲烤盤鋪上烤盤紙。將檸檬皮刨碎，混入法式蛋白霜（見486頁）中。

**2** – 填入裝有擠花嘴的擠花袋中，沿著烤盤的長邊，在一半的烤盤上擠出長條狀。

**3** – 在另一半的烤盤上擠出約3公釐厚的一層蛋白霜。用抹刀抹平，用星形壓模裁出星形。入烤箱烤1小時15分鐘。

### 製作檸檬奶油醬

**4** – 將吉力丁片放入一碗冷水中泡軟。在碗中攪打蛋黃、蛋和細砂糖。加入檸檬汁並拌勻。倒入平底深鍋中，在上方將檸檬皮刨碎。煮時一邊以攪拌器持續攪拌，直到煮沸。

**5** – 按壓吉力丁片，將吉力丁擰乾，在平底深鍋離火時混入鍋中。冷藏1小時。

**6** – 將鮮奶油打發，讓鮮奶油挺立於攪拌器末端。將檸檬奶油醬攪打至平滑，接著輕輕混入打發鮮奶油中。將檸檬奶油醬填入裝有擠花嘴的擠花袋中。

### 製作檸檬糖漿

**7** – 在平底深鍋中將水、細砂糖和檸檬汁煮沸。放涼。

### 製作檸檬蛋糕體

**8** – 將烤箱預熱至180℃（熱度6）。在平底深鍋中將奶油加熱至融化。在碗中攪打蛋、細砂糖和檸檬皮，直到混合料變得濃稠泛白。混入檸檬汁，接著是麵粉和泡打粉，拌勻。

**9** – 混入微溫的融化奶油。

●●●

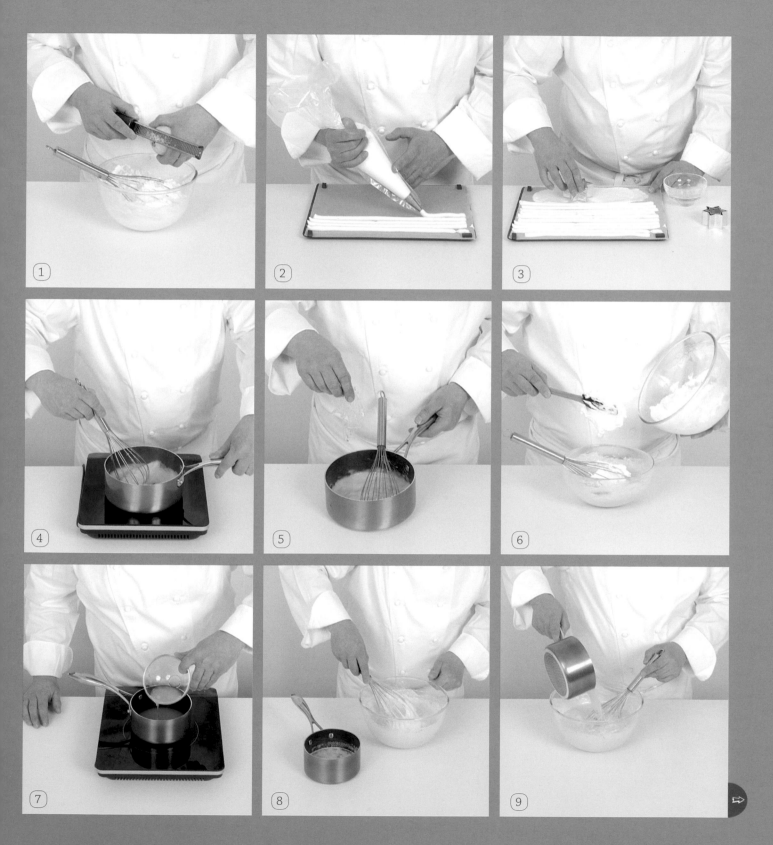

**10** － 為木柴蛋糕模鋪上烤盤紙，接著倒入檸檬蛋糕體麵糊。入烤箱烤25至30分鐘。放涼。

### 進行組裝與裝飾

**11** － 為木柴蛋糕脫模並移去烤盤紙。將檸檬蛋糕體橫剖成2塊並擺在烤盤紙上。用糕點刷為2塊蛋糕體都刷上檸檬糖漿。

**12** － 用擠花袋在紙托上擠出1條檸檬奶油醬，擺上1塊檸檬蛋糕體，深色的硬皮面朝下，擺在檸檬奶油醬上。

**13** － 用軟刮刀在蛋糕體上鋪上麵包抹醬。

**14** － 用擠花袋鋪上一層檸檬奶油醬。

**15** － 蓋上另1塊檸檬蛋糕體。為表面刷上檸檬糖漿。用擠花袋沿著木柴蛋糕的長邊，在整個木柴蛋糕表面擠出長條狀的檸檬奶油醬，將兩端蓋住。最後在表面擠出3顆小球。

**16** － 將長條的蛋白霜剁碎成塊狀，用來裝飾木柴蛋糕。

**17** － 將可可粉倒入小碗中，用糕點刷隨意地撒在木柴蛋糕上。

**18** － 放上星形的蛋白餅裝飾。冷藏至少1小時再享用。

# LE CROUSTI-CHOC

## 巧克酥

### 12人份

準備時間：1小時30分鐘—烘焙時間：20分鐘—冷藏時間：30分鐘—保存時間：冷藏2日

難度：♟ ♟ ♟

### 杏仁修雪 SUCCÈS AUX AMANDES

杏仁粉50克

糖粉40克

麵粉1又1/2小匙

蛋白2個（60克）

細砂糖30克

### 帕林內酥 CROUSTILLANT PRALINÉ

帕林內果仁糖醬150克

白巧克力50克

巴瑞脆片（pailleté feuilletine）* 130克

\* 法文名字 Feuilletine 其實只有「脆片」的意思，
但因為台灣最常見的是法國 cacao barry 出的
這種脆片，於是被冠上廠商名稱為「巴瑞脆片」，
事實上並不只有此廠牌生產這種脆片，只是在
台灣已經習慣稱為巴瑞脆片。

### 巧克力慕斯 MOUSSE AU CHOCOLAT

可可成分70%的巧克力150克

水200毫升

細砂糖35克

蛋黃2個（40克）

液狀鮮奶油250毫升

### 鏡面甘那許 GANACHE GLAÇAGE

可可成分70%的巧克力25克

液狀鮮奶油25毫升

細砂糖2小匙

水2小匙

### 裝飾 DÉCOR

無糖可可粉30克

金箔（Feuille d'or）（隨意）

專用器具：擠花袋2個—12號擠花嘴1個—圓錐紙袋1個—料理溫度計1個

## La pâte à bombe

### 炸彈麵糊

炸彈麵糊的技術是用來製作滑順美味的巧克力慕斯。先將細砂糖和水加熱至
118℃至120℃之間，接著將此糖漿倒入蛋黃中，攪打至冷卻。這種製作方式除
了可以確保巧克力慕斯的成功外，優點在於可以為蛋殺菌，因而增加甜點保存的
時間。

### 製作杏仁修雪

**1** － 將烤箱預熱至200℃（熱度6-7）。為2個烤盤鋪上烤盤紙，在每張烤盤紙上畫出15×20公分的長方形。在碗中倒入杏仁粉、糖粉和麵粉。將蛋白打至硬性發泡，混入細砂糖以形成蛋白霜。

**2** － 用軟刮刀將一半的乾料混合料混入蛋白中。從碗的中央開始從邊緣慢慢攪拌，就像在翻折麵糊般，並用另一手轉動碗。接著混入剩餘的乾料。

**3** － 倒入裝有擠花嘴的擠花袋中，接著在第一個畫好長方形的烤盤紙上，沿著長邊擠出長條狀麵糊，每條麵糊必須相連。入烤箱烤20分鐘，接著放涼。

### 製作帕林內酥

**4** － 將帕林內果仁糖醬放入碗中。將巧克力隔水加熱至融化，倒入帕林內果仁糖醬中，拌勻。

**5** － 混入巴瑞脆片。

**6** － 在第二個烤盤上，用湯匙在畫好的長方形中鋪上帕林內酥，接著用匙背壓平。

**7** － 擺上一張烤盤紙，用擀麵棍輕輕滾壓，約略形成至少15×20公分且1公分厚的長方形。冷藏10分鐘。

### 製作巧克力慕斯

**8** － 將巧克力隔水加熱至融化，倒入碗中，放至微溫。在平底深鍋中將水和細砂糖加熱，直到料理溫度計達118℃並形成糖漿。在碗中攪打蛋黃，將熱糖漿倒入，攪拌打發至混合料變得濃稠泛白且冷卻，形成炸彈麵糊。

**9** － 在一旁將鮮奶油攪打至滑順。倒入炸彈麵糊中，用攪拌器攪拌至均勻即可。

• • •

**10** － 將這一半的混合料倒入融化的溫巧克力中，拌勻，接著混入剩餘的混合料。倒入裝有擠花嘴的擠花袋中。

## 進行組裝

**11** － 用刀修整杏仁修雪的邊緣，形成15 × 20公分的整齊長方形。

**12** － 將杏仁修雪擺在帕林內酥上，切成一樣的大小。

**13** － 帕林內酥朝上，用擠花袋在上面擠出不同大小的巧克力慕斯球。

**14** － 用預先泡過熱水的小湯匙在較大的慕斯球上壓出凹槽。將蛋糕冷藏20分鐘。

## 製作鏡面甘那許

**15** － 將巧克力切碎放入碗中。在平底深鍋中，用攪拌器混合鮮奶油、細砂糖和水，煮沸。立刻倒入切碎的巧克力中，用攪拌器攪拌至濃稠均勻。將鏡面甘那許倒入圓錐紙袋內。

## 爲蛋糕進行裝飾

**16** － 爲巧克酥篩撒上可可粉。

**17** － 用圓錐形小紙袋在巧克力慕斯球的凹槽裡擠入一些鏡面甘那許。

**18** － 想要的話，也可用金箔裝飾。

# CROUSTILLANT
## orange-praliné
### 橙香帕林內酥

8人份

---

準備時間：1小時30分鐘 + 15分鐘卡士達奶油醬—烘焙時間：1小時35分鐘—冷凍時間：30分鐘

保存時間：冷藏3日

難度：🎀🎀

---

### 柳橙乾 ORANGES SÉCHÉES
柳橙1顆

細砂糖

### 榛果馬卡龍餅
### MACARONNADE NOISETTE
糖粉190克

榛果粉80克

杏仁粉40克

蛋白3個（90克）

細砂糖25克

### 柳橙瓦片 TUILES ORANGE
糖粉120克

柳橙汁50毫升

柳橙皮2顆

麵粉30克

融化奶油40克

杏仁片60克

### 橙香帕林內奶油醬
### CRÈME PRALINÉ-ORANGE
卡士達奶油醬 Crème pâtissière

牛乳250毫升

柳橙皮1顆

蛋黃1又1/2個（30克）

細砂糖60克

蛋1顆（50克）

玉米粉30克

-------

帕林內果仁糖醬140克

室溫回軟的奶油130克

### 橙香帕林內酥 CROUSTILLANT
### PRALINÉ-ORANGE
浸漬在1小匙 Grand Marnier® 柑曼怡

橙酒中的糖漬橙皮塊40克

柳橙瓦片150克

牛奶巧克力50克

帕林內果仁糖醬70克

### 巧克力鏡面
### GLAÇAGE CHOCOLAT
可可成分70%的黑巧克力95克

巧克力鏡面淋醬（pâte à glacer brune）

60克

液狀鮮奶油60毫升

水60毫升

葡萄糖30克

細砂糖60克

---

專用器具：蛋糕紙托1張—矽膠烤墊1張—擠花袋1個—12號擠花嘴1個

直徑20公分的慕斯圈1個

## L'orange
### 柳橙

原產自中國的柳橙在十五世紀被引進歐洲。這時的柳橙非常稀有，是富裕的同義
詞，而且很多年來都是如此。經常用來裝飾節慶餐桌，在聖誕節時送給小孩。可直
接吃、做成沙拉、榨汁，或是製成果醬、果凝(gelée)或糖漿。它是法國最常食用的
水果之一。

### 製作柳橙乾

**1 –** 將烤箱預熱至110℃（熱度3-4）。將柳橙切半，接著切成薄片。擺在鋪有矽膠烤墊的烤盤上，撒上細砂糖。入烤箱烤1小時。在乾燥處預留備用。

### 製作榛果馬卡龍餅

**2 –** 將烤箱溫度調高至180℃（熱度6）。在碗中混合乾料。將蛋白攪打至硬性發泡，接著加入細砂糖，以形成蛋白霜。用軟刮刀混合乾料，將麵糊填入裝有擠花嘴的擠花袋中。

**3 –** 在2張烤盤紙上畫出2個直徑18公分的圓，鋪在2個烤盤上。用擠花袋將麵糊擠出2個圓形，入烤箱烤約20分鐘。

### 製作柳橙瓦片

**4 –** 將烤箱溫度調低至160℃（熱度5-6）。混合糖粉和柳橙汁。在上方將柳橙皮刨碎加入。混入麵粉，接著用攪拌器混入融化的奶油，用刮刀加入杏仁片。

**5 –** 平鋪在放有矽膠烤墊的烤盤上。入烤箱烤15分鐘。放涼，將瓦片剝成大塊碎片。

### 製作橙香帕林內奶油醬

**6 –** 製作卡士達奶油醬（見480頁），將柳橙皮放入牛乳中，接著在烹煮結束時加入帕林內果仁糖醬。放涼。

**7 –** 將奶油攪打至形成濃稠的膏狀，混入橙香帕林內卡士達奶油醬中，一邊用攪拌器快速攪打至均勻。

### 製作橙香帕林內酥

**8 –** 用擀麵棍將碗中150克的柳橙瓦片壓碎。

**9 –** 將巧克力隔水加熱至融化。混入帕林內果仁糖醬。加入壓碎的柳橙瓦片和瀝乾的糖漬橙皮。

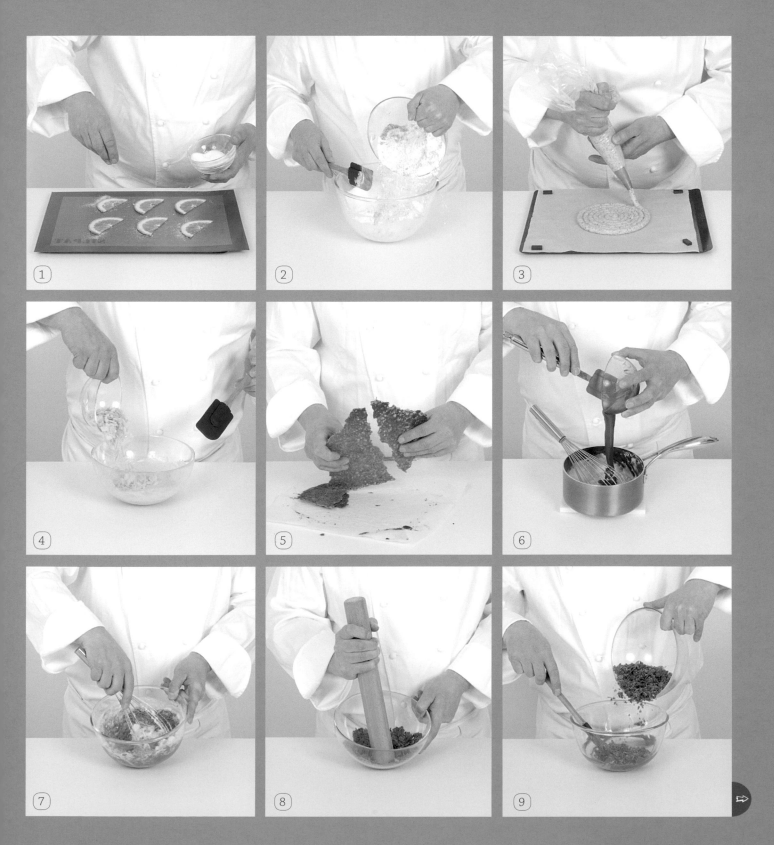

## 進行組裝

**10** – 將榛果馬卡龍圓餅擺在鋪有烤盤紙的烤盤上。鋪上橙香帕林內酥。

**11** – 在模型內緣鋪上橙香帕林內奶油醬。

**12** – 將模型擺在橙香帕林內酥榛果馬卡龍餅上。

**13** – 在模型內鋪上一層橙香帕林內奶油醬,與模型內緣的奶油醬接合。

**14** – 疊上第2塊榛果馬卡龍圓餅,再鋪上橙香帕林內奶油醬與邊緣齊平。用抹刀抹平,接著冷凍30分鐘。

## 製作巧克力鏡面和裝飾

**15** – 將巧克力切碎,和鏡面淋醬一起放入碗中。在平底深鍋中將鮮奶油、水、葡萄糖和細砂糖煮沸,接著倒入碗中,混合。在鏡面的表面緊貼上保鮮膜,放至微溫。

**16** – 在工作檯表面鋪上保鮮膜,擺上網架。將蛋糕移至網架上。以保鮮膜緊貼鏡面淋醬後再移除,以去除表面氣泡,從側邊開始朝中央方向一次淋在蛋糕上。

**17** – 用抹刀抹平,接著移至蛋糕紙托上。

**18** – 用柳橙瓦片裝飾蛋糕周圍。用擠花袋在蛋糕上擠出3小球橙香帕林內奶油醬,並擺上3片切半的柳橙乾。

# BÛCHE
## nougat-mandarine
### 牛軋糖橘子木柴蛋糕

10人份

---

準備時間：2小時—烘焙時間：30分鐘—冷藏時間：30分鐘—冷凍時間：12小時

保存時間：冷藏2日

難度：♙♙

### 橘子醬 MARMELADE DE MANDARINE
橘子3顆
水50毫升
細砂糖75克
Grand Marnier® 柑曼怡橙酒1小匙

### 杏仁蛋糕體
### BISCUIT AUX AMANDES
室溫回軟的奶油50克
細砂糖65克
細鹽1撮
蛋2顆（100克）
杏仁粉100克
蛋白2個（50克）
細砂糖1小匙
杏仁片1大匙

### 牛軋糖奶油醬
### CRÈME AU NOUGAT
吉力丁1又1/2片（3克）
卡士達奶油醬 Crème pâtissière
液狀鮮奶油150毫升
牛乳75毫升
蛋黃2個（50克）
細砂糖50克
玉米粉25克

-----

牛軋糖膏（pâte de nougat）50克
奶油50克
液狀鮮奶油150毫升

### 牛軋酥 CROUSTI- NOUGAT
覆蓋白巧克力50克
牛軋糖膏50克

### 裝飾 DÉCOR
鏡面果膠150克
糖粉
覆蓋白巧克力100克
可可粉

專用器具：料理溫度計1個—22×12公分的矽膠木柴蛋糕模1個
20×26公分的高邊烤盤（plaque à rebords）1個—糕點刷1支

## Mandarine ou clémentine ?
### 橘子或克門提小橘子？

橘子和克門提小橘子是有著相同形狀、顏色和成分的柑橘類水果，要區分它們總是很困難。產自中國的橘子略大，果皮較不緊貼著果肉，含有許多的籽。克門提小橘子是二十世紀初的混種，來自橘子和苦橙（bigarade）的雜交，目前在法國的食用率高於橘子。

### 製作橘子醬

**1** — 將橘子去皮並切塊。在平底深鍋中加熱水和細砂糖,直到料理溫度計達110℃,接著加入橘子塊。以文火慢燉20分鐘。離火後加入柑曼怡橙酒。

### 製作杏仁蛋糕體

**2** — 將烤箱預熱至180℃(熱度6)。混合室溫回軟的奶油、細砂糖和鹽,接著混入蛋和杏仁粉。

**3** — 將蛋白打至硬性發泡,讓蛋白可以挺立於攪拌器末端。混入細砂糖,形成蛋白霜。加進先前的混合材料中。

**4** — 倒入鋪有烤盤紙的高邊烤盤,鋪至2公分厚。在表面撒上杏仁片。入烤箱烤30分鐘。

### 製作牛軋糖奶油醬

**5** — 將吉力丁片放入一碗冷水中泡軟。製作卡士達奶油醬(見480頁),趁熱混入牛軋糖膏,接著是奶油。按壓吉力丁片,用攪拌器混入先前的混合料中。冷藏20分鐘。

**6** — 將牛軋糖奶油醬攪打至平滑。將鮮奶油打發,讓鮮奶油能夠挺立於攪拌器上。將1/3混入牛軋糖奶油醬中,一邊攪拌稀釋,接著用軟刮刀混入剩餘的打發鮮奶油。

### 製作牛軋酥

**7** — 將白巧克力隔水加熱至融化。加入牛軋糖膏,混合。

### 進行組裝

**8** — 將杏仁蛋糕體切成3條長25公分的蛋糕:1條寬9公分、1條寬6公分、1條寬4公分。

**9** — 在9×25公分的長方形杏仁蛋糕上鋪上一層牛軋酥。

● ● ●

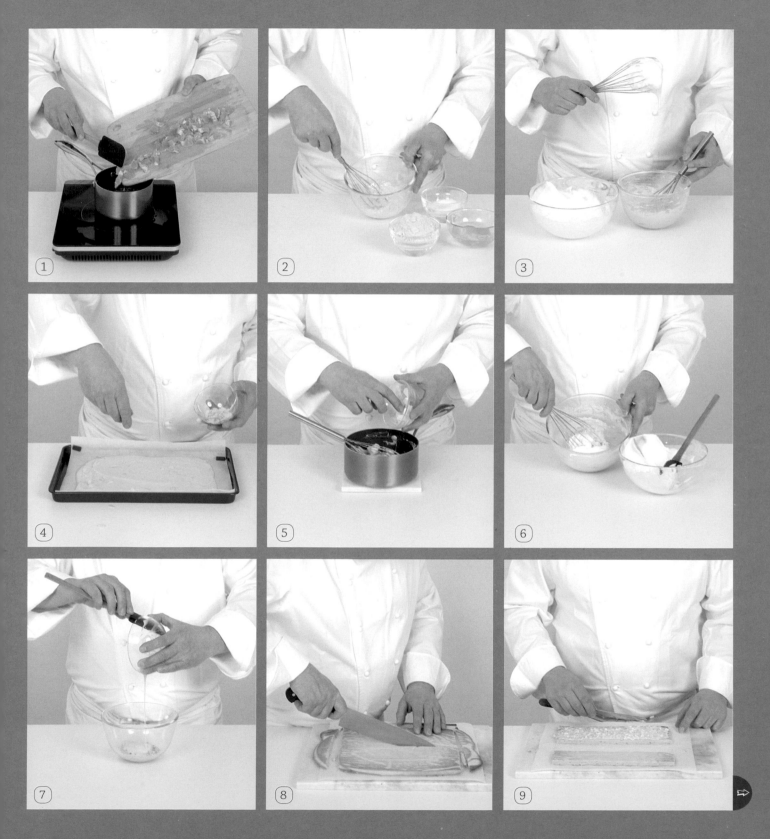

**10** – 將4×25公分的帶狀杏仁蛋糕片擺在木柴蛋糕模型底部。

**11** – 用矽膠刮刀鋪上一層牛軋糖奶油醬，鋪在模型內緣。

**12** – 擺上6×25公分的長方形杏仁蛋糕片。

**13** – 疊上橘子醬。

**14** – 將剩餘的牛軋奶油醬倒入模型中，用軟刮刀抹平。

**15** – 擺上9×25公分的長方形蛋糕片，牛軋酥的那一面朝下。冷凍12小時。

### 進行裝飾

**16** – 為木柴蛋糕脫模，用糕點刷刷上鏡面果膠，接著用網篩為表面篩上糖粉。

**17** – 為白巧克力調溫（見494-495頁），鋪在冷的工作檯表面。當巧克力一凝固，但仍可以塑形時，用刮刀刮出大刨花。

**18** – 為白巧克力刨花撒上可可粉，放在表面為木柴蛋糕進行裝飾。

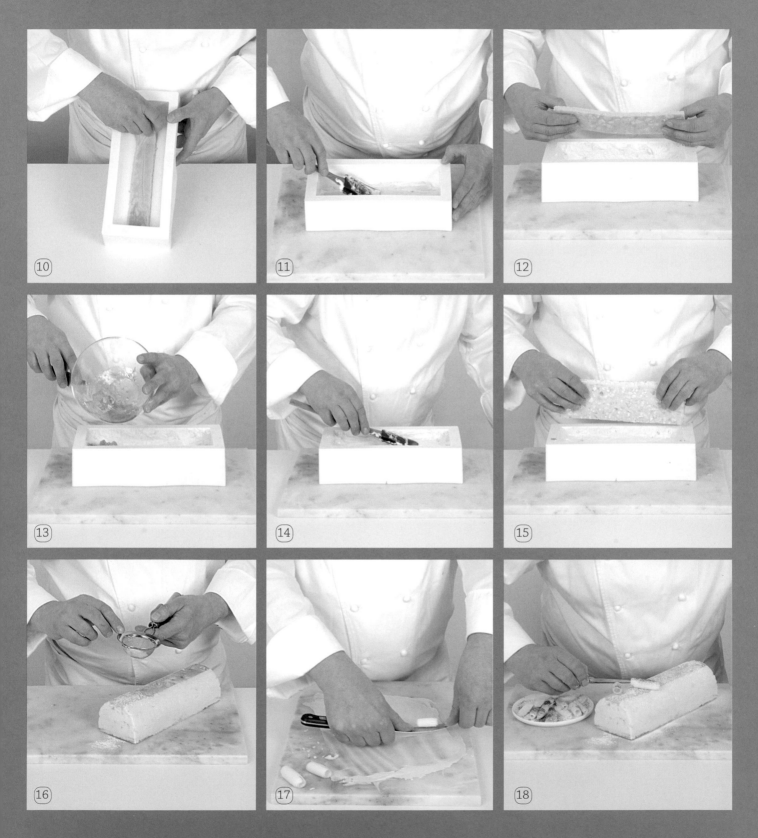

# DÔMES COCO
## et mangue
### 椰子芒果圓頂蛋糕

#### 6個圓頂蛋糕

準備時間：2小時 + 15分鐘（瑞士蛋白霜）+ 15分鐘（杏仁蛋糕體）+ 15分鐘（英式奶油醬）+ 15分鐘甜酥麵團
烘焙時間：約1小時20分鐘—冷藏時間：12小時30分鐘—冷凍時間：12小時
難度：♔♔♔

### 椰子短棍 BÂTONNETS COCO
蛋白3個（90克）
細砂糖180克
椰子絲

### 杏仁蛋糕體 BISCUIT JOCONDE
蛋2顆（100克）
杏仁粉70克
糖粉60克
麵粉20克
剖成兩半並去籽的香草莢1/2根
融化的奶油1大匙
------
蛋白2個（60克）
細砂糖25克

### 椰子巴伐利亞奶油醬
### BAVAROISE COCO
吉力丁2片（4克）

#### 椰子英式奶油醬 Crème anglaise coco
香草莢1根
椰漿170毫升
蛋黃3個（60克）
粗紅糖45克
---------
液狀鮮奶油170毫升

### 芒果丁 DÉS DE MANGUE
芒果1/2顆

### 椰子甜酥麵團 PÂTE SUCRÉE COCO
杏仁粉1/2大匙
椰子絲1/2大匙
奶油60克

鹽1撮
糖粉35克
香草莢1/2根
蛋1/2顆（25克）
麵粉100克

### 白色鏡面 GLAÇAGE BLANC
白巧克力125克
吉力丁2又1/2片（5克）
水50毫升
葡萄糖100克
細砂糖100克
食用銀色亮粉2小匙
可可脂30克
煉乳110克

### 裝飾 DÉCOR（隨意）
銀箔（Feuille d'argent）

專用器具：擠花袋1個—8號擠花嘴1個—直徑6公分的壓模1個
直徑4.5公分的壓模1個—直徑7公分的半球形多連模1個

## Le glaçage ivoire
### 象牙白鏡面

若要在用餐時令你的賓客感到讚嘆，請毫不猶豫地端出以鏡面修飾的甜點。象牙白的鏡面尤其優雅，與芒果、椰子的異國風味是完美的結合。請好好遵照每個製作的步驟，以獲得結實且帶有完美光澤的鏡面。

### 製作椰子短棍

**1** － 將烤箱預熱至90℃（熱度3）。將瑞士蛋白霜（見487頁）填入裝有擠花嘴的擠花袋中。

**2** － 在鋪有烤盤紙的烤盤上，用擠花袋擠出長條狀的蛋白霜。

**3** － 撒上椰子絲，接著入烤箱烤1小時。

### 製作杏仁蛋糕體圓餅

**4** － 將烤箱溫度調高為200℃（熱度6-7）。將杏仁蛋糕體麵糊（見485頁）倒入鋪有烤盤紙的烤盤。

**5** － 用軟刮刀均勻地鋪至1公分的厚度。入烤箱烤6至8分鐘。

**6** － 放涼，接著用壓模裁成6個直徑6公分的圓餅和6個直徑4.5公分的圓餅。

### 製作椰子巴伐利亞奶油醬

**7** － 將吉力丁片放入一碗冷水中泡軟。用椰漿取代牛乳，製作椰子英式奶油醬（見481頁），接著立刻倒入碗中。

**8** － 按壓吉力丁片，將吉力丁擰乾，混入熱的椰子英式奶油醬中。冷藏至奶油醬冷卻，但仍保持液狀（注意，奶油醬不可凝固）。

**9** － 將液狀鮮奶油攪打至滑順。冷藏30分鐘。將1/3的打發鮮奶油混入椰子英式奶油醬中，快速攪打至混合料均勻。接著輕輕混入剩餘的打發鮮奶油。

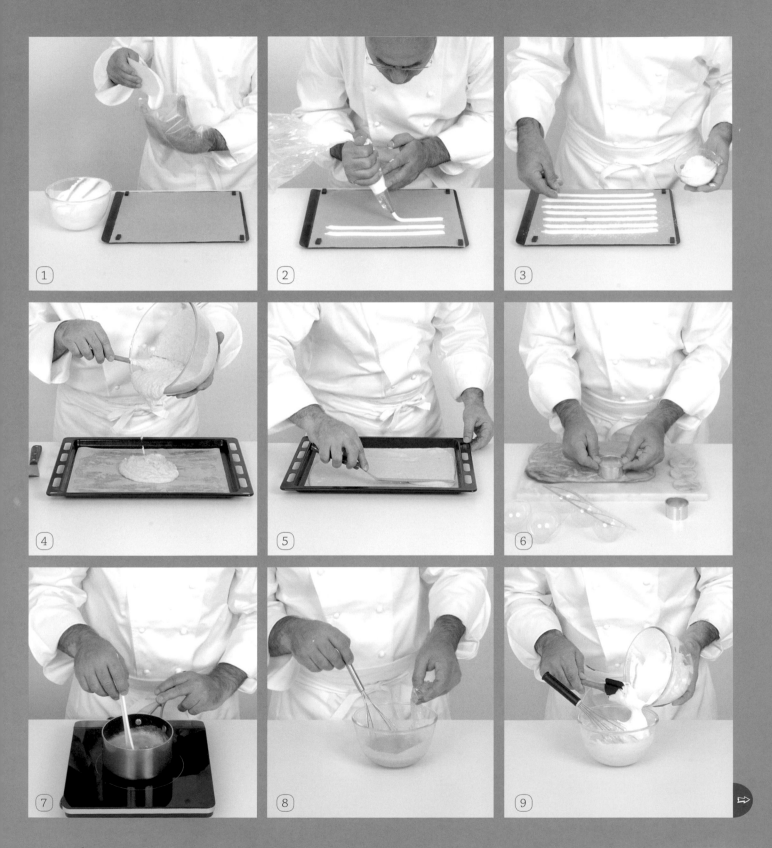

**進行組裝與裝飾**

**10** － 將半顆芒果去皮，切成邊長5公釐的小丁。

**11** － 爲半球狀模型刷上油，在每個多連模的孔洞中鋪上2小匙的椰子巴伐利亞奶油醬，向上鋪至模型邊緣，以蓋住上緣。

**12** － 在奶油醬上擺入1小塊的杏仁蛋糕體圓餅（直徑4.5公分）。

**13** － 再放入1小匙的芒果丁。

**14** － 接著加進椰子巴伐利亞奶油醬，鋪至距離模型邊緣0.5公分，爲大塊的杏仁蛋糕體圓餅預留空間。

**15** － 擺上大塊的杏仁蛋糕體圓餅（直徑6公分）。

**16** － 加入1匙的椰子巴伐利亞奶油醬，用抹刀抹平，讓奶油醬均勻鋪開。冷凍12小時，直到圓頂蛋糕變得堅硬。

**製作椰子甜酥圓餅**

**17** － 製作甜酥麵團（見488和489頁），混入杏仁粉和椰子絲。以保鮮膜包覆，冷藏12小時。

**18** － 將烤箱預熱至150℃（熱度5）。將甜酥麵團擀至約4公釐的厚度，接著用壓模裁成直徑6公分的圓餅。將這些圓餅擺在鋪有矽膠烤墊的烤盤上。入烤箱烤15分鐘，接著在網架上放涼。

● ● ●

**ASTUCE DU CHEF 主廚訣竅**

芒果是一種不容易去核的水果，因爲其果肉緊緊黏在中間的果核上。請從每一面的長邊將水果切開，盡可能切至果核。接著用削皮刀將各半邊的果肉削下。如果芒果未過熟的話，會比較容易進行。

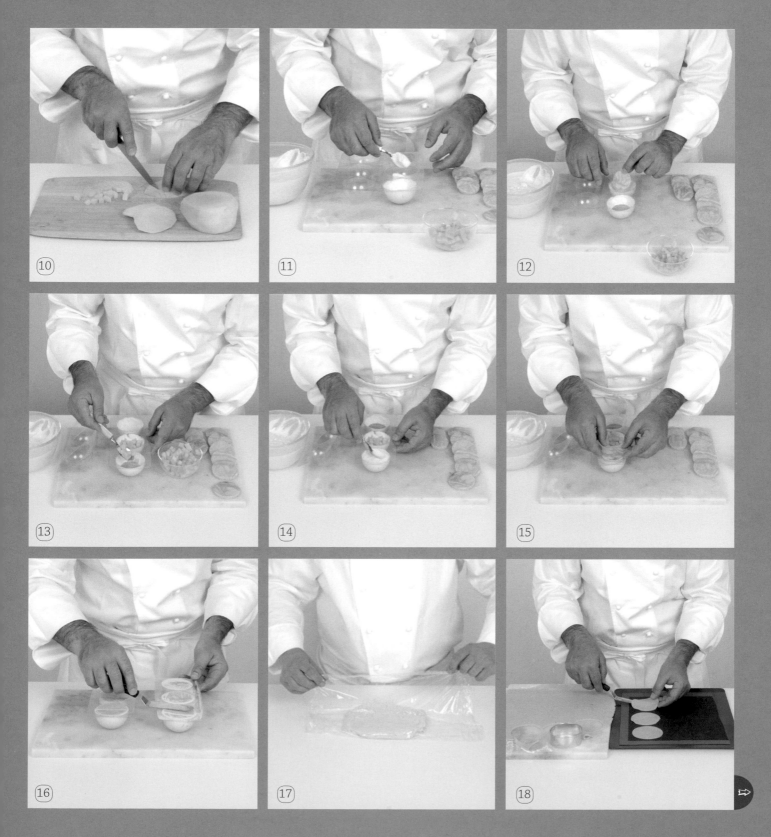

**製作白色鏡面**

**19** – 將白巧克力切碎。將吉力丁片放入一碗冷水中泡軟。加熱水和葡萄糖，直到葡萄糖充分融化。加入細砂糖，用攪拌器持續攪拌至細砂糖溶解。在即將沸騰之前離火。

**20** – 加入食用銀色亮粉，用攪拌器拌勻。

**21** – 按壓吉力丁片，盡可能去除所有的水分，用攪拌器混入先前的混合料中。

**22** – 加入可可脂並拌勻，攪拌至完全溶解。

**23** – 全部倒入碗中，加進切碎的白巧克力，攪拌至濃稠均勻。

**24** – 加入煉乳並拌勻。

**為圓頂蛋糕淋上鏡面**

**25** – 為圓頂蛋糕脫模，將每塊蛋糕擺在甜酥圓餅上。

**26** – 擺在可裝承容器的網架上（以收集多餘的鏡面）。請在鏡面變得平滑且微溫時（35℃）再使用。淋在每塊圓頂蛋糕上，讓鏡面均勻地覆蓋蛋糕。用抹刀將網架上的圓頂蛋糕抹平，讓鏡面完全流下且底部變得平滑。

**27** – 冷藏至品嚐的時刻，在享用前以椰子短棍和銀箔裝飾。

### ASTUCE DU CHEF 主廚訣竅

為了讓圓頂蛋糕能夠像其他糕點一樣適當地鋪上均勻的鏡面，圓頂蛋糕必須非常堅硬且冰冷。如此一來，鏡面便能完美地凝固。

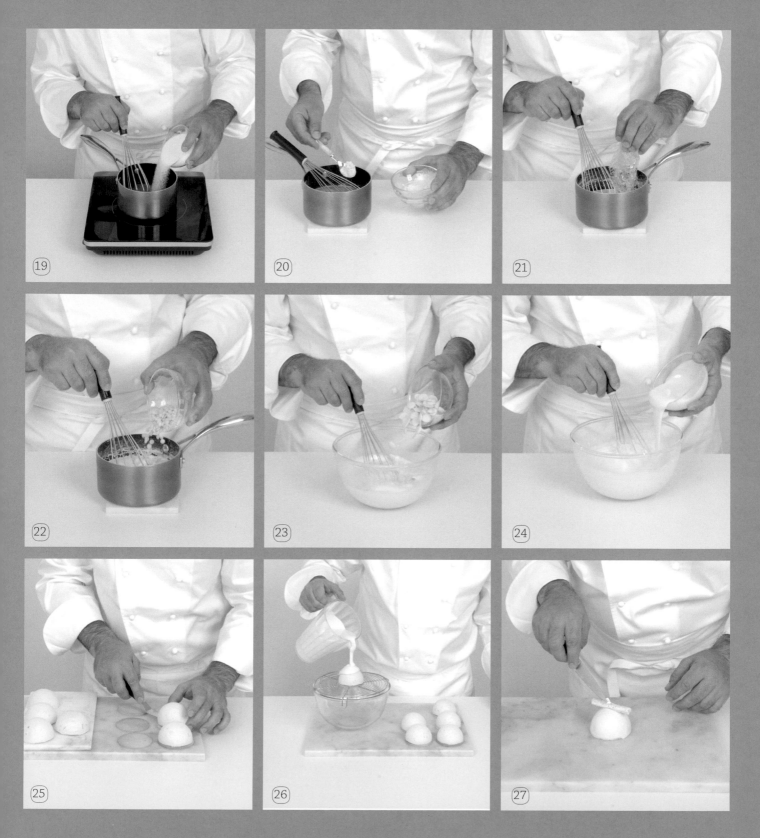

# DÔMES FONDANTS
## chocolat et cassis
### 巧克力醋栗軟芯圓頂蛋糕

12個圓頂蛋糕

準備時間：2小時 + 15分鐘甜酥麵團—烘焙時間：約30分鐘
冷藏時間：30分鐘甜酥麵團—冷凍時間：3小時10分鐘—保存時間：冷藏2日
難度：♙♙♙

## 軟芯巧克力 MI-CUIT CHOCOLAT
蛋1又1/2顆（80克）
細砂糖65克
黑巧克力70克
奶油55克
黑醋栗香甜酒（crème de cassis）1小匙
馬鈴薯澱粉1小匙

## 薩瓦蛋糕體 BISCUIT DE SAVOIE
榛果粉20克
無糖可可粉2小匙
泡打粉1撮
麵粉50克
細砂糖70克
蛋1又1/2顆（80克）
融化奶油65克

## 黑醋栗庫利 COULIS CASSIS
吉力丁1又1/2片（3克）
黑醋栗泥140克
細砂糖1大匙

## 糖漿 SIROP
黑醋栗泥50克
水40毫升
細砂糖50克
黑醋栗香甜酒2小匙

## 巧克力慕斯
### MOUSSE AU CHOCOLAT
黑巧克力170克
蛋黃3個（60克）
水20毫升
細砂糖60克
液狀鮮奶油300毫升

## 甜酥麵團 PÂTE SUCRÉE
奶油50克
杏仁粉1大匙
糖粉50克
麵粉100克
蛋1/2顆（25克）

## 鏡面 GLAÇAGE
吉力丁4又1/2片（9克）
水100毫升
液狀鮮奶油80毫升
蜂蜜90克
細砂糖230克
可可粉100克

## 裝飾 DÉCOR
蘋果花小花瓣
（Micro-végétaux Apple Blossom）

專用器具：17×17公分的蛋糕框1個—直徑6公分的壓模1個—直徑4公分的壓模1個
擠花袋2個—7公分的半球形多連模1個—直徑8公分的壓模1個

## Les micro-végétaux et les flurs en déco
### 裝飾用嫩苗和花

為了裝飾你的甜點，請使用可食用的嫩葉或花，它們可為甜點帶來相當的獨特性與花香。它們更適合用於現代的樸素糕點上，因為這樣才不會讓你的作品變得過於沉重。在此使用蘋果花，作為圓頂蛋糕最後的修飾，其微酸的蘋果味和巧克力是完美的搭配。

### 製作軟芯巧克力

**1** － 將烤箱預熱至200℃（熱度6-7）。攪打1顆半的蛋和細砂糖。將巧克力加熱至融化，加入奶油並混合。混入蛋和細砂糖的混合料中。加入黑醋栗香甜酒和馬鈴薯澱粉，混合。

**2** － 將蛋糕框擺在鋪有烤盤紙的烤盤上，在蛋糕框中倒入混合好的材料，均勻鋪平入烤箱烤5分鐘。放涼。

### 製作薩瓦蛋糕體

**3** － 將烤箱維持在200℃。混合所有的乾料。在碗中攪打細砂糖和1顆半的蛋。倒入乾料。加入融化的奶油。

**4** － 在鋪有烤盤紙的烤盤上，將麵糊薄薄地鋪開，鋪成約22×22公分的正方形。入烤箱烤8分鐘，接著放涼。

**5** － 將一張烤盤紙擺在冷卻後的巧克力薩瓦蛋糕體上，翻面，將底部的烤盤紙移除，取下蛋糕體。用6公分的壓模裁出12個圓餅。

**6** － 將蛋糕框裡軟芯巧克力的烤盤紙剝離，將軟芯巧克力擺在另一張烤盤紙上。用刀劃過蛋糕框周圍，為軟芯巧克力乾淨地脫模。

**7** － 用4公分的壓模將軟芯巧克力裁成12個圓餅。

### 製作黑醋栗庫利

**8** － 將吉力丁片放入一碗冷水中泡軟。在平底深鍋中將黑醋栗泥和細砂糖煮沸。離火後用攪拌器混入軟化的吉力丁拌勻。冷藏。

### 製作糖漿

**9** － 在平底深鍋中將黑醋栗泥、水和細砂糖煮沸，一邊以攪拌器攪拌。離火後加入黑醋栗香甜酒。倒入碗中，冷藏。

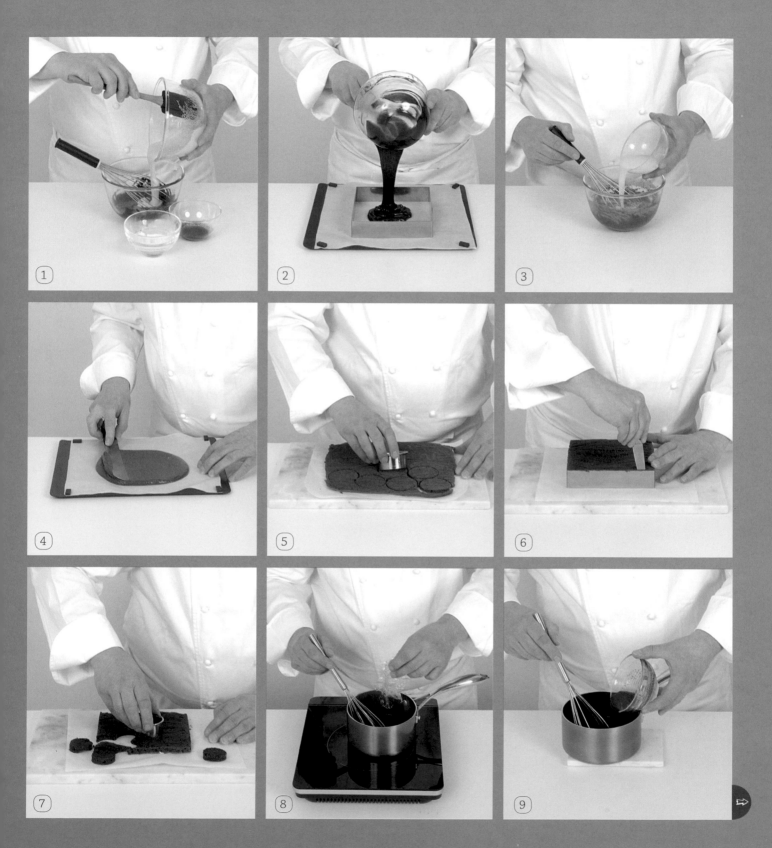

**製作巧克力慕斯**

**10** – 將巧克力隔水加熱至融化。在碗中攪打蛋黃。在平底深鍋中加熱水和細砂糖，直到料理溫度計上的溫度達118℃。立刻倒入蛋黃中，一邊打發，直到混合料變得泛白、濃稠且冷卻，以形成炸彈麵糊（pâte à bombe）。

**11** – 將液狀鮮奶油稍微打發，倒入炸彈麵糊中，稍微拌匀。

**12** – 將1/3倒入融化的巧克力中，用攪拌器混合。混入剩餘的打發鮮奶油，攪拌至形成均匀的質地。裝入擠花袋中。

**進行組裝**

**13** – 用剪掉前端的擠花袋將半球狀模型填滿慕斯至1/3。

**14** – 用湯匙將慕斯均匀抹至半球狀模型的內緣。

**15** – 擺上1塊軟芯巧克力圓餅。

**16** – 在圓餅周圍再擠上慕斯。

**17** – 將黑醋栗庫利攪打至平滑，填入擠花袋中，將尖端剪下。在軟芯巧克力圓餅上擠上一層黑醋栗庫利

**18** – 為薩瓦蛋糕體圓餅浸一些黑醋栗糖漿，在每個模型表面擺上1塊，作為圓頂蛋糕的結尾。

● ● ●

**ASTUCE DU CHEF 主廚訣竅**

若你沒有半球形多連模，可使用你手邊所有的資源：瑪芬慕斯圈、鋪上保鮮膜的杯子或小碗。

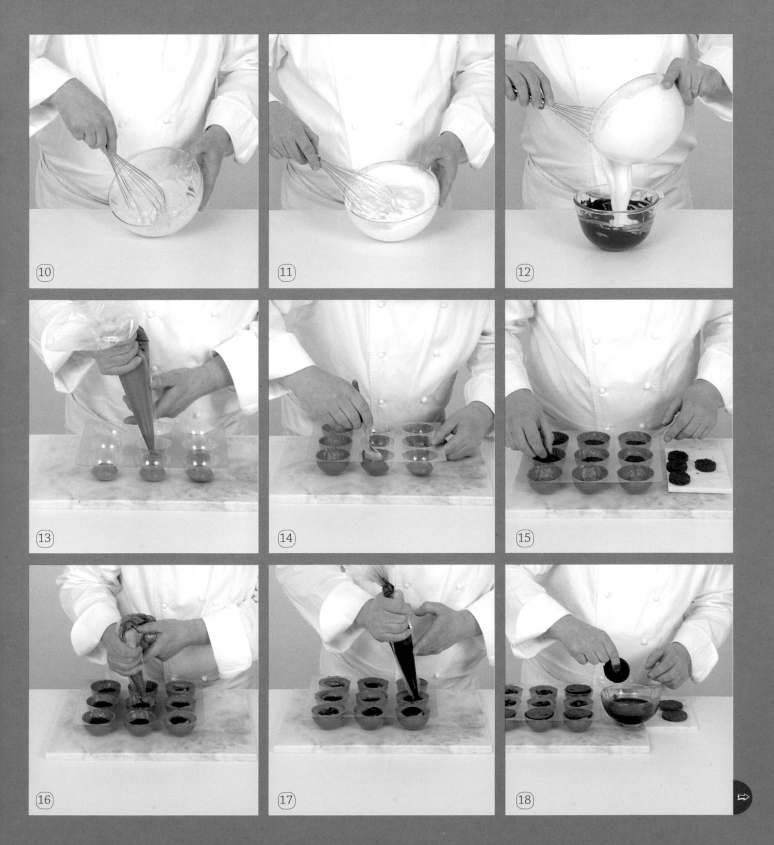

**19** – 輕輕按壓蛋糕體，用抹刀將表面抹平，去除多餘的慕斯。冷凍3小時。

## 製作甜酥圓餅

**20** – 將烤箱預熱至170℃（熱度5-6）。在撒上一些麵粉的工作檯上，將甜酥麵團（見488和489頁）擀至約2公釐的厚度。用8公分的壓模裁出12個圓形麵皮。放在舖有烤盤紙的烤盤上，入烤箱烤15分鐘。

## 製作鏡面

**21** – 將吉力丁片放入一碗冷水中泡軟。在平底深鍋中將水、鮮奶油和蜂蜜煮沸。在碗中混合細砂糖和可可粉，倒入平底深鍋中並混合。按壓吉力丁片，將吉力丁擰乾，用攪拌器混入先前的混合料中，接著用漏斗型網篩過濾至碗中。

**22** – 在鏡面上緊貼保鮮膜，接著立刻移除，以去除鏡面的氣泡。放至微溫。

**23** – 將模型稍微浸入一碗熱水中，為圓頂蛋糕脫模，接著擺在網架上。冷凍10分鐘，接著將網架擺在高邊烤盤上。

**24** – 將微溫的鏡面淋在圓頂蛋糕上。用抹刀將每個圓頂蛋糕抹平，去除多餘的鏡面並形成潔淨的底部。

## 進行組裝與裝飾

**25** – 用小網篩為甜酥圓餅篩上糖粉。

**26** – 將每個圓頂蛋糕移至甜酥圓餅上。

**27** – 用蘋果花小花瓣裝飾圓頂蛋糕。

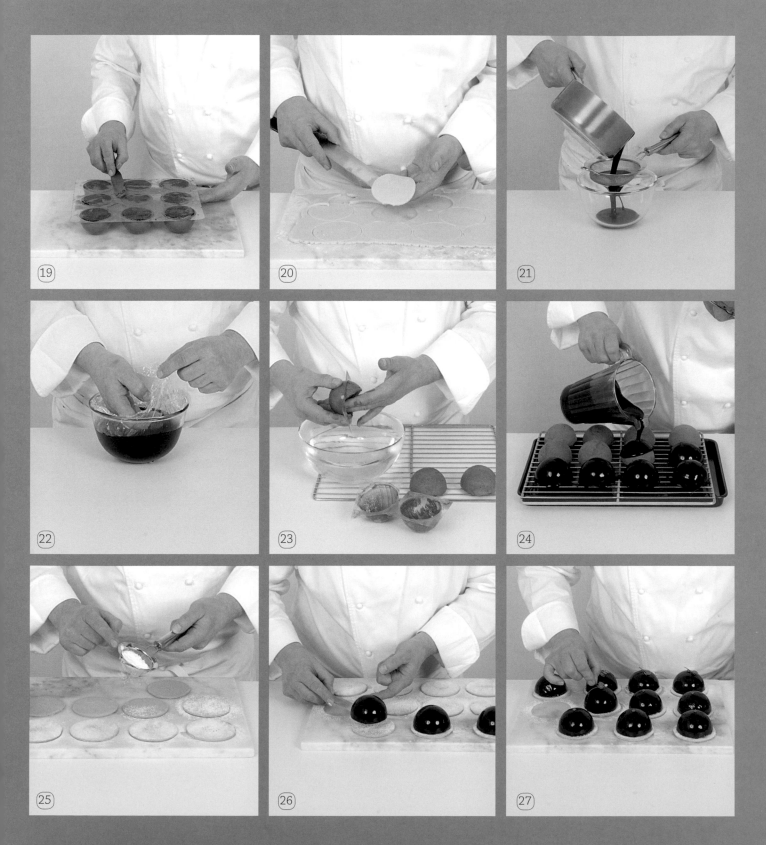

# ENTREMETS ALOÉ VERA
## et fraises des bois
### 費拉蘆薈野草莓多層蛋糕

10人份

———

準備時間：1小時30分鐘—烘焙時間：20分鐘—冷藏時間：1小時—冷凍時間：4小時—保存時間：冷藏2日

難度：🍥 🍥

### 榛果蛋糕體
### BISCUIT AUX NOISETTES
蛋黃4個（75克）
細砂糖55克
蛋白2又1/2個（80克）
細砂糖20克
麵粉20克
馬鈴薯澱粉35克
榛果粉1大匙
融化奶油15克
切碎的榛果30克

### 費拉蘆薈乳霜
### CRÉMEUX À ALOÉ VERA
液狀鮮奶油100毫升
吉力丁2片（4克）
費拉蘆薈汁（jus d'aloé vera）200毫升

檸檬皮1/4顆
細砂糖1大匙
馬鈴薯澱粉2小匙

### 費拉蘆薈糖漿 SIROP À ALOÉ VERA
水100毫升
費拉蘆薈汁40毫升
細砂糖80克

### 野草莓慕斯
### MOUSSE FRAISES DES BOIS
吉力丁2片（4克）
野草莓泥70克
細砂糖20克
檸檬汁1小匙
野草莓利口酒（liqueur de fraises des bois）1小匙
液狀鮮奶油200毫升

### 馬斯卡邦鮮奶油香醍
### CHANTILLY MASCARPONE
馬斯卡邦乳酪40克
液狀鮮奶油60毫升
糖粉2小匙
黃色食用色素1刀尖

### 野草莓鏡面
### GLAÇAGE FRAISES DES BOIS
吉力丁5片（10克）
翻糖（fondant）150克
葡萄糖50克
野草莓泥100克
紅色食用色素1刀尖

### 野草莓 FRAISES DES BOIS
野草莓200克
鏡面果膠50克

專用器具：直徑20公分且高6公分的慕斯圈1個—直徑18公分的法式塔圈1個
直徑10公分的法式塔圈1個—擠花袋1個—6號擠花嘴1個

## Fraises des bois
### 野草莓

野草莓是我們在林間散步，或是於蔭涼的花園一隅喜歡摘採的小型紅色水果。體型較一般草莓要小的野草莓，香氣更加濃郁，尤其是野生的野草莓。我們可以在5月至10月之間摘採所謂「野生」的野草莓。爲了替「一般」草莓賦予接近野草莓的味道，人們特別研發出適合種植的木哈野草莓（mara des bois）。

### 製作榛果蛋糕體

**1** – 將烤箱預熱至170℃（熱度5-6）。攪拌蛋黃和細砂糖，直到混合料變得濃稠泛白。將蛋白攪打至硬性發泡，讓蛋白挺立於攪拌器末端，接著混入細砂糖，以形成蛋白霜。加入蛋黃和細砂糖的混合物。

**2** – 混入乾料、融化的奶油，接著是切碎的榛果。

**3** – 將慕斯圈擺在鋪有烤盤紙的烤盤上，在模型中倒入榛果蛋糕體麵糊。入烤箱烤20分鐘。

### 製作費拉蘆薈乳霜

**4** – 將鮮奶油攪打至滑順。將吉力丁片放入一碗冷水中泡軟。在平底深鍋中加熱費拉蘆薈汁和檸檬皮。混合細砂糖和馬鈴薯澱粉，一次倒入平底深鍋中。煮沸，一邊攪拌。按壓吉力丁片，在平底深鍋離火後加入鍋中攪拌均勻。倒入碗中，放至微溫，再加進打發鮮奶油拌勻。

**5** – 在塔圈底部鋪上保鮮膜，擺在工作檯表面。用軟刮刀均勻地鋪上費拉蘆薈乳霜。冷凍2小時。

### 製作費拉蘆薈糖漿

**6** – 在平底深鍋中將水、費拉蘆薈汁和細砂糖煮沸。

### 製作野草莓慕斯

**7** – 將吉力丁片放入一碗冷水中泡軟。加熱野草莓泥、細砂糖和檸檬汁。加入野草莓利口酒。按壓吉力丁片，將吉力丁擰乾，混入混合料中拌勻。放至微溫。

**8** – 將鮮奶油攪打至滑順，分2次混入野草莓等混合料中。

**9** – 將榛果蛋糕體橫切成2塊，接著將其中1塊裁成比另一塊直徑小1公分的圓餅。

• • •

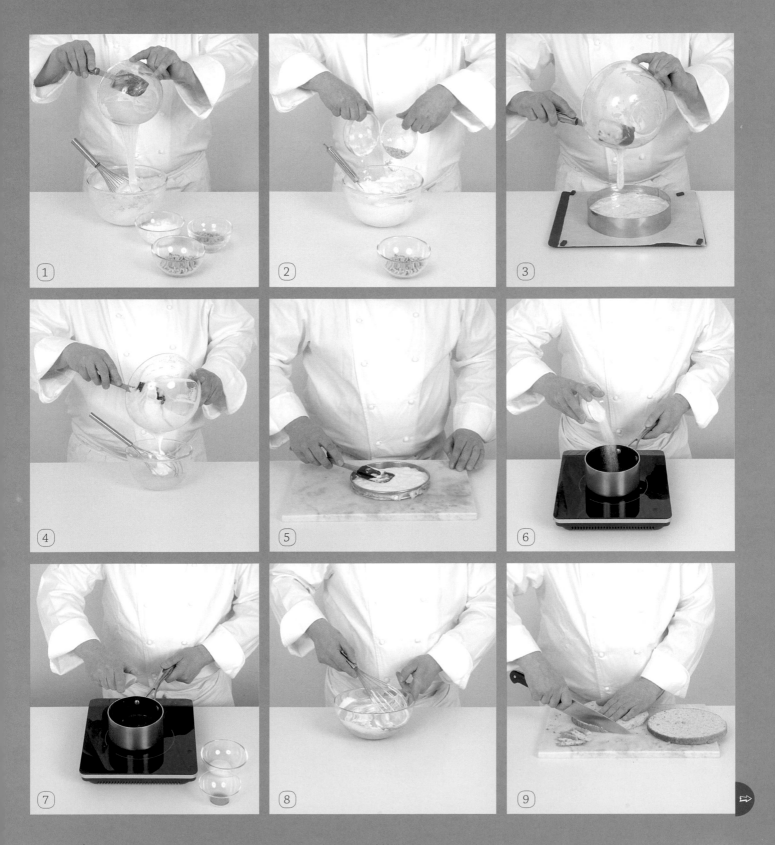

### 進行組裝

**10** － 將第1塊直徑小的榛果蛋糕體圓餅擺在模型底部，刷上費拉蘆薈糖漿。用擠花袋從圓餅外緣朝中央擠出野草莓慕斯，鋪開並向上鋪至模型邊緣，將內緣蓋住。

**11** － 爲費拉蘆薈乳霜脫模，擺在野草莓慕斯上，接著擺上第2塊榛果蛋糕體圓餅。爲蛋糕刷上費拉蘆薈糖漿。

**12** － 再鋪上一層費拉蘆薈慕斯，用抹刀抹平。將蛋糕冷凍2小時。

### 製作馬斯卡邦鮮奶油香醍

**13** － 將馬斯卡邦乳酪和鮮奶油攪打至打發，可以挺立在攪拌器上。混入細砂糖，接著是黃色食用色素。將馬斯卡邦鮮奶油香醍填入裝有擠花嘴的擠花袋中。

### 製作野草莓鏡面

**14** － 將吉力丁片放入一碗冷水中泡軟。將翻糖和葡萄糖煮沸。加入野草莓泥，接著是紅色食用色素。按壓吉力丁片，混入平底深鍋中拌勻。在鏡面表面緊貼上一張保鮮膜，放至微溫。

### 最後組裝並進行裝飾

**15** － 將蛋糕用容器墊高，下墊可裝盛的深盤。在表面擺上10公分的塔圈。移去鏡面的保鮮膜以去除氣泡，繞過塔圈，將野草莓鏡面淋在蛋糕上。

**16** － 將野草莓放入碗中，裹上一些鏡面果膠。

**17** － 鋪在蛋糕上的小塔圈內。

**18** － 將野草莓的塔圈移除，用擠花袋在周圍擠上馬斯卡邦鮮奶油香醍小球。冷藏1小時，待乳霜解凍後再享用。

# ENTREMETS MARRON,
## chocolat et abricot
### 巧克力杏桃栗子蛋糕

10人份

---

準備時間：2小時—烘焙時間：8分鐘—冷藏時間：約45分鐘—冷凍時間：4小時
保存時間：冷藏2日
難度：♙♙♙

### 栗子蛋糕體
#### BISCUIT AUX MARRONS
栗子泥（pâte de marrons）50克
蛋黃4又1/2個（90克）
杏仁粉40克
細砂糖25克
馬鈴薯澱粉20克
蛋白2又1/2個（80克）
細砂糖30克
融化奶油1大匙
糖栗碎片（brisures de marrons au
sirop）100克

### 糖漿 SIROP
水70毫升
細砂糖60克
Grand Marnier® 柑曼怡橙酒2小匙

### 杏桃漿 CRÉMEUX ABRICOT
細砂糖130克
果膠（pectine）7克
杏桃泥400克
Grand Marnier® 柑曼怡橙酒2小匙

### 栗子巧克力甘那許 GANACHE MARRON-CHOCOLAT
栗子泥50克
液狀鮮奶油190毫升
牛奶巧克力300克

### 鏡面 GLAÇAGE
吉力丁2又1/2片（5克）
水30毫升
細砂糖110克
葡萄糖120克
牛奶巧克力130克
煉乳120克
紅色食用色素1刀尖（隨意）

### 裝飾 DÉCOR
糖栗碎片50克
糖漿栗子（marrons au sirop）3顆

專用器具：直徑20公分且高4.5公分的慕斯圈1個—直徑18公分的法式塔圈1個
擠花袋1個—玻璃紙（Rhodoid®）1張

## Marrons au sirop ou glacés
### 糖漿栗子或糖漬栗子

糖漿栗子以整顆栗子或碎片的形式成為多層蛋糕和其他栗子甜點的成分。保存在
帶有甜味的糖漿中。至於糖漬栗子則是整顆栗子在糖漿中浸漬7天，然後再個別
以金色的紙包裝。在路易十四的凡爾賽宮廷內，在年終節慶時出現的點心。

## 製作栗子蛋糕體

**1** – 將烤箱預熱至200℃（熱度6-7）。將1顆蛋黃與栗子泥一起搗碎，接著攪拌至滑順，加入其他的蛋黃拌勻。混入杏仁粉，接著是25克的細砂糖，倒入馬鈴薯澱粉，無須攪拌。

**2** – 將蛋白打發，倒入30克的細砂糖，混合後用攪拌器將這1/3的混合料混入先前的混合料中。再混入剩餘的混合料和融化奶油至均勻。

**3** – 在2個鋪有烤盤紙的烤盤上，鋪上2個20公分的蛋糕麵糊（用模型作為參考）。撒上栗子碎片。入烤箱烤8分鐘至蛋糕體變為金黃色。

## 製作糖漿

**4** – 在平底深鍋中將水和細砂糖煮沸。放涼，接著加入柑曼怡橙酒。

## 杏桃漿

**5** – 混合細砂糖和果膠。在平底深鍋中將杏桃泥加熱至微溫，接著將細砂糖和果膠一次倒入鍋中。煮沸，一邊用攪拌器持續攪拌。放涼，接著加入柑曼怡橙酒。

**6** – 在塔圈底部鋪上保鮮膜，擺在鋪有烤盤紙的烤盤上，倒入杏桃漿。冷凍1小時。

## 製作栗子巧克力甘那許

**7** – 將栗子泥放入碗中。將鮮奶油煮沸，將1/3倒入栗子泥中，一邊攪拌至滑順。混入剩餘的鮮奶油。

**8** – 混入預先切碎的巧克力，用攪拌器攪拌至巧克力完全融化。冷藏45分鐘。

## 進行組裝

**9** – 將蛋糕體倒扣在你的工作檯上，移去烤盤紙，裁成略小於模型的大小。刷上糖漿。

• • •

**10** – 裁出一條長20公分、寬4.5公分的玻璃紙，圍在慕斯圈內側。將慕斯圈擺在紙托上，在慕斯圈內擺入刷上糖漿的栗子蛋糕體圓餅。

**11** – 將栗子巧克力甘那許攪打至乳化，填入裝有擠花嘴的擠花袋中。將擠花袋的尖端剪開，在模型底部的栗子蛋糕體周圍擠出環狀的栗子巧克力甘那許。

**12** – 用軟刮刀將這栗子巧克力甘那許鋪在模型內緣，接著在栗子蛋糕體上擠上一層栗子巧克力甘那許，直到模型一半的高度。用軟刮刀抹平。

**13** – 為杏桃漿脫模，將保鮮膜移除，擺在慕斯圈內。

**14** – 疊上第2塊刷上糖漿的栗子蛋糕體，接著鋪上剩餘的栗子巧克力甘那許至與表面齊平，用軟刮刀抹平。冷凍3小時。

## 製作鏡面

**15** – 將吉力丁片放入一碗冷水中泡軟。在平底深鍋中，將水、細砂糖和葡萄糖煮沸。按壓吉力丁片，將吉力丁擰乾，和牛奶巧克力、煉乳一起放入碗中。將熱液體倒入。輕輕攪拌至濃稠平滑，接著加入紅色食用色素。在鏡面的表面緊貼上保鮮膜，放至微溫。

## 為蛋糕淋上鏡面並進行裝飾

**16** – 將模型移除，接著是撕下圍邊的玻璃紙。擺在墊有高邊烤盤中的網架上。移去微溫鏡面的保鮮膜以去除氣泡，再淋在蛋糕上，先從邊緣開始，再往中間淋。用軟刮刀將表面抹平。

**17** – 將網架上的蛋糕冷卻2分鐘，讓鏡面凝固，接著將蛋糕抬起，用刮刀去除蛋糕下方多餘的鏡面，形成潔淨的底部。將蛋糕擺在紙托上。

**18** – 用一些糖漿栗子碎片裝飾蛋糕周圍的底部。為整顆的糖漿栗子刷上一些鏡面，接著擺在蛋糕表面裝飾。

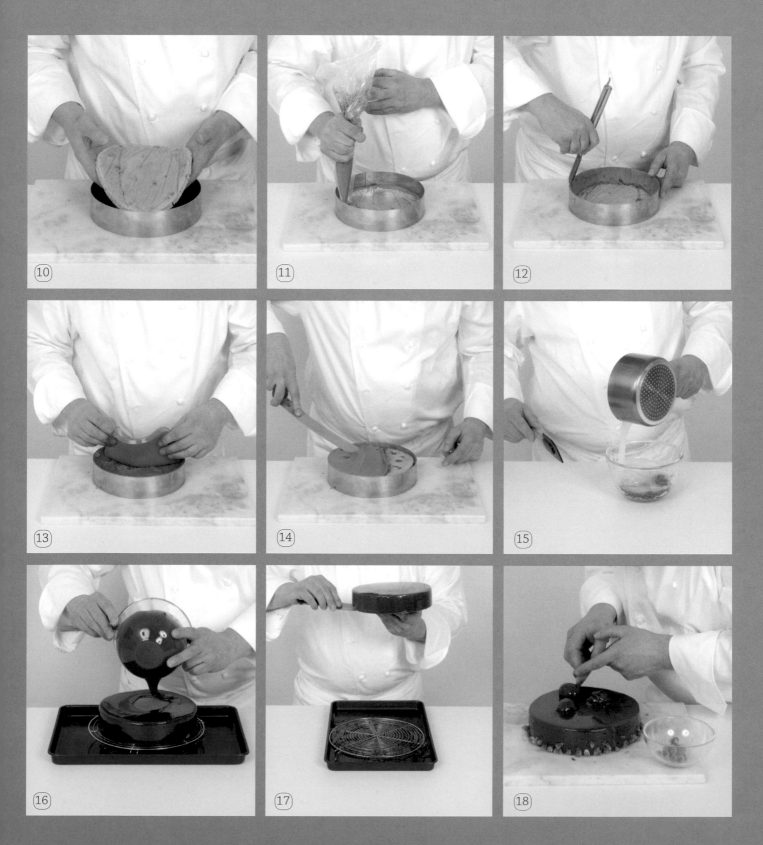

# GALETTE
## des Rois
### 國王餅

10人份

準備時間：30分鐘 + 2小時40分鐘（折疊派皮）─冷藏時間：50分鐘─靜置時間：45分鐘
烘焙時間：40分鐘─保存時間：以保鮮膜包覆2日
難度：🎩🎩

折疊派皮 PÂTE FEUILLETÉE
麵粉300克
鹽1/2小匙
融化奶油70克
水160毫升
折疊用無水奶油（beurre sec de tourage）* 250克

\* 無水奶油84%的脂肪含量高於一般奶油的82%，
水分較少，被稱為無水奶油，有利於派皮的折疊。

杏仁奶油醬 CRÈME D'AMANDES
奶油70克
細砂糖70克
杏仁粉70克
大型蛋1顆（60克）
玉米粉（fécule de maïs）1小匙
蘭姆酒（rhum）1又1/2小匙

蛋黃漿用蛋液1顆

糖漿 SIROP
水25毫升
細砂糖25克

專用器具：擠花袋1個─10號擠花嘴1個─直徑22公分的塔圈1個
直徑26公分的塔圈1個─糕點刷1支

## Crème d'amande ou frangipane
### 杏仁奶油醬和卡士達杏仁奶油醬

杏仁奶油醬和卡士達杏仁奶油醬常被混淆，尤其是在製作國王餅時，因為兩者都
可以用來製作這道甜點。杏仁奶油醬是以奶油、細砂糖、蛋和杏仁粉為基底的混
合料。卡士達杏仁奶油醬則是在杏仁奶油醬中添加了卡士達奶油醬（約1/3的卡
士達奶油醬，2/3的杏仁奶油醬）。

### 製作杏仁奶油醬

**1** – 將奶油攪打至形成濃稠的膏狀。加入細砂糖並拌勻。

**2** – 倒入杏仁粉，拌勻。

**3** – 混入蛋，接著是玉米粉，接著倒入蘭姆酒並拌勻。填入裝有擠花嘴的擠花袋中，冷藏20分鐘。

### 製作糖漿

**4** – 在平底深鍋中，將水和細砂糖煮沸。

### 進行組裝

**5** – 製作折疊派皮（見491頁）。

**6** – 將派皮擀至1.5公分厚，切成2塊長方形。為每塊長方形的折疊派皮包上保鮮膜，冷藏30分鐘。

**7** – 將每塊長方形折疊派皮擀至2至3公釐厚，形成約30×30公分的正方形。

**8** – 在一張烤盤紙上擺上1塊長方形折疊派皮，用22公分的塔圈做出記號。

**9** – 為做好記號的圓形派皮刷上蛋黃漿。

• • •

> #### ASTUCE DU CHEF 主廚訣竅
>
> 國王餅理想的品嚐時間是在微溫、不會太熱時吃，但它一樣可以在冷卻後享用。

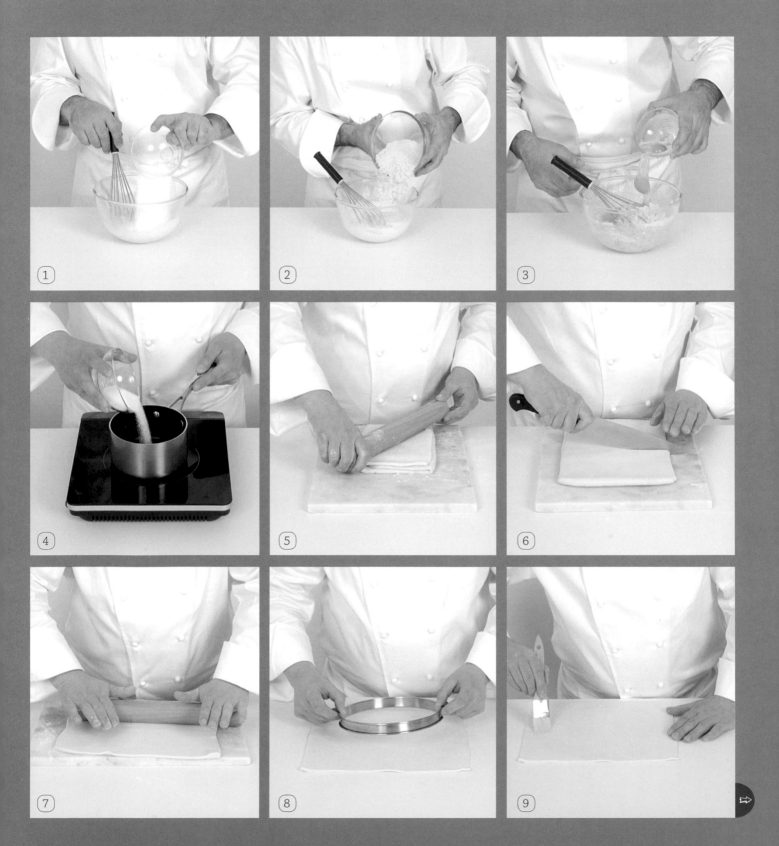

**10** - 用擠花袋在第1個做記號的圓形派皮內擠出螺旋狀的杏仁奶油醬,在周圍預留2公分的空間。

**11** - 在杏仁奶油醬中塞入1顆豆子。

**12** - 小心地擺上第2塊長方形折疊派皮。

**13** - 將派皮的邊緣密合,包住杏仁奶油醬,將空氣驅離。

**14** - 用26公分的塔圈作記號後裁切(以便在杏仁奶油醬周圍保留2公分的派皮)。去掉多餘的派皮。

**15** - 用刀背在邊緣折出裝飾。

**16** - 將國王餅移至烤盤上。用糕點刷為整個國王餅刷上蛋黃漿,飾邊的側面除外。靜置15分鐘,接著再以同樣方式刷上蛋黃漿。

**17** - 用刀從國王餅中央朝邊緣劃出條紋。靜置30分鐘。將烤箱預熱至210℃(熱度7),接著烤至國王餅充分上色,即約15分鐘左右,將烤箱溫度調低為180℃(熱度6),繼續再烤25分鐘。

**18** - 國王餅一出爐,就用糕點刷刷上糖漿。

# OPÉRA
# chocolat-pistache
## 巧克力開心果歐培拉

### 8人份

準備時間：1小時—烘焙時間：20分鐘—冷藏時間：1小時—保存時間：冷藏2日
難度：♙♙

### 開心果杏仁海綿蛋糕體
### BISCUIT JOCONDE PISTACHE
50/50生杏仁膏90克
開心果醬45克
蛋黃2又1/2個（50克）
蛋1/2顆（30克）
麵粉20克
微溫的融化奶油20克
蛋白3個（100克）
細砂糖35克

蛋糕框用奶油20克

### 巧克力甘那許 GANACHE CHOCOLAT
液狀鮮奶油200毫升
可可成分54%的覆蓋黑巧克力*200克
奶油20克

### 浸泡糖漿 SIROP D'IMBIBAGE
水150毫升
細砂糖150克
櫻桃白蘭地30毫升

### 開心果鮮奶油香醍
### CRÈME CHANTILLY PISTACHE
液狀鮮奶油150毫升
糖粉1大匙
開心果醬20克
凝固劑（gelée dessert）1小匙

### 裝飾 DÉCOR
糖粉
開心果

*至少含32%可可脂（beurre de cacao）的巧克力
稱爲覆蓋巧克力（chocolat de couverture）。

專用器具：17×17公分的蛋糕框3個—擠花袋1個—糕點刷1支—8號擠花嘴1個

## L'opéra, grand classique français
### 法式經典—歐培拉

歐培拉（歌劇院）是一種以咖啡和巧克力所製成的長方形糕點。身爲法式經典的歐
培拉由三層刷上咖啡糖漿的杏仁海綿蛋糕體所構成，內含法式咖啡奶油霜和甘那
許內餡。表面的「Opéra」字樣仍是這道多層蛋糕的特色。

## 製作開心果杏仁海綿蛋糕體

**1** － 將烤箱預熱至 200℃（熱度 6-7）。爲 2 個烤盤鋪上烤盤紙。爲 3 個蛋糕框內緣刷上奶油。在碗中攪打杏仁膏和開心果醬。

**2** － 加入蛋黃和半顆蛋，拌勻。接著混入麵粉和微溫的融化奶油。

**3** － 在一旁將蛋白打至硬性發泡，接著混入細砂糖，形成蛋白霜。

**4** － 將蛋白霜混入先前的混合料中。

**5** － 在一個烤盤上擺上 2 個蛋糕框，將第 3 個蛋糕框擺在第二個烤盤上。將麵糊分裝至 3 個蛋糕框中，用抹刀抹平。

**6** － 分別用烤箱各烤 10 分鐘。在網架上放涼，接著將蛋糕框移除。

## 製作巧克力甘那許

**7** － 讓鮮奶油在室溫下回溫。將巧克力隔水加熱至融化，倒入鮮奶油，拌勻。

**8** － 混入奶油，攪拌至形成平滑的甘那許。

## 製作糖漿

**9** － 在平底深鍋中將水和細砂糖煮沸，接著將糖漿放涼。加入櫻桃白蘭地。

### ASTUCE DU CHEF 主廚訣竅

若要重新詮釋歐培拉，請毫不猶豫地變換口味：草莓、覆盆子、百香果等。你也能用調味的鮮奶油來取代法式奶油霜，用擠花袋擠出，進行更時髦的修飾。

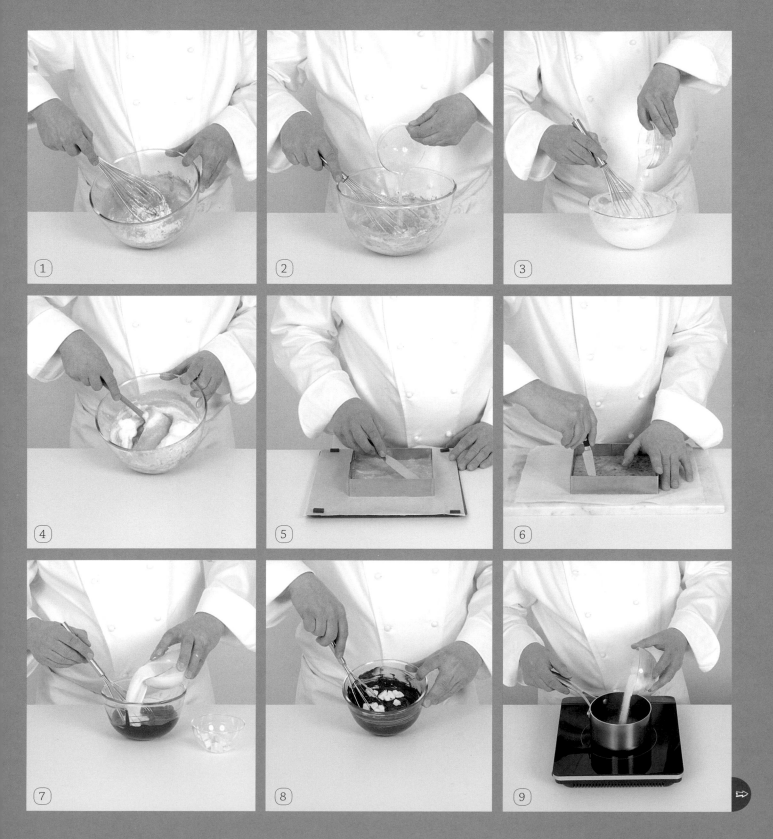

### 進行組裝

**10** − 將潔淨的蛋糕框擺在鋪有烤盤紙的烤盤上。在蛋糕框內擺上1塊開心果蛋糕體，用糕點刷刷上糖漿。

**11** − 淋上一層巧克力甘那許，用刮刀抹平。

**12** − 疊上第2塊開心果蛋糕體，用糕點刷刷上糖漿。

**13** − 再鋪上一層巧克力甘那許，用抹刀抹平。

**14** − 疊上第3塊開心果蛋糕體。

### 製作開心果鮮奶油香醍

**15** − 將鮮奶油、糖粉、開心果醬和凝固劑一起打發，讓鮮奶油可以挺立於攪拌器末端。將開心果鮮奶油香醍填入裝有擠花嘴的擠花袋中。

### 完成最後組裝與裝飾

**16** − 為蛋糕移去蛋糕框（用噴槍稍微加熱，以利脫模）。將裝有開心果鮮奶油香醍的擠花袋尖端剪開，在蛋糕表面鋪上一層開心果鮮奶油香醍。用抹刀均勻抹平。

**17** − 以往返的動作再擠上一層開心果鮮奶油香醍。

**18** − 冷藏1小時，為歐培拉篩上糖粉，以開心果裝飾後享用。

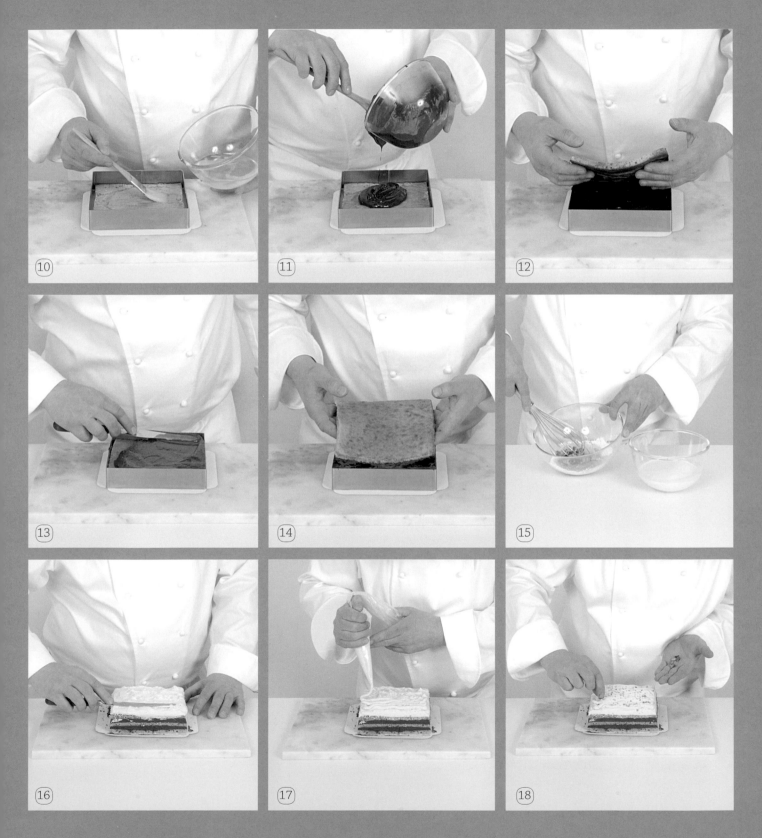

# TARTE CHOCOLAT
## aux fruits rouges
### 紅果巧克力塔

6至8人份

---

準備時間：2小時 ＋ 15分鐘甜酥麵團—冷藏時間：30分鐘甜酥麵團 ＋ 入模（fonçage）後10分鐘
烘焙時間：35分鐘—冷凍時間：3小時—保存時間：冷藏2日
難度：🎩🎩

### 甜酥麵團 PÂTE SUCRÉE
麵粉150克
奶油75克
糖粉75克
杏仁粉20克
小型蛋1顆（30克）

塔圈用奶油

### 杏仁奶油醬
CRÈME D'AMANDES
奶油50克
檸檬皮1/4顆
細砂糖40克

杏仁粉50克
小型蛋1顆（40克）

覆盆子120克

### 紅果巧克力慕斯 MOUSSE
CHOCOLAT-FRUITS ROUGES
黑醋栗泥30克
野草莓泥50克
覆盆子泥40克
細砂糖2小匙
凝固劑（gelée dessert）1大匙
牛奶巧克力70克
液狀鮮奶油200毫升

### 巧克力鏡面 GLAÇAGE
CHOCOLAT
吉力丁2又1/2片（5克）
可可粉55克
水40毫升
葡萄糖50克
液狀鮮奶油50毫升
細砂糖110克

### 裝飾 DÉCOR
覆盆子250克

專用器具：直徑20公分的法式塔圈1個—直徑16公分的塑膠模1個

## Le glaçage chocolat
巧克力鏡面

在視覺上相當耀眼，而且是專業人士非常愛用的完美修飾，即便是最簡單的甜點。亦稱為「鏡面 miroir」淋醬，讓多層蛋糕、木柴蛋糕或迷你糕點變得平滑且極具光澤，也為糕點賦予入口即化的質地和濃郁的巧克力風味，吃起來美味可口。

## 製作塔底

**1** – 在撒上一些麵粉的工作檯上，將甜酥麵團（見488和489頁）擀至約3公釐的厚度，將塔圈擺在麵皮上作爲參考，裁出直徑大於塔圈5公分，即約25公分的圓形麵皮。

**2** – 將烤箱預熱至180℃（熱度6）。爲塔圈刷上奶油並套上甜酥麵皮（見493頁），切去多餘的麵皮擺在鋪有烤盤紙的烤盤上。冷藏10分鐘。

**3** – 以烤箱盲烤（見494頁）塔皮10分鐘。

## 杏仁奶油醬

**4** – 將烤箱的溫度調低爲170℃（熱度5-6）。將室溫回軟的奶油攪打至形成濃稠的膏狀，接著加入檸檬皮、細砂糖和杏仁粉，一邊攪拌。最後混入蛋至均勻。

**5** – 將杏仁奶油醬倒入塔底，用湯匙匙背抹平。

**6** – 將覆盆子插入杏仁奶油醬中，入烤箱烤25分鐘。

## 製作紅果慕斯

**7** – 在平底深鍋中加熱3種水果泥，接著加入細砂糖和凝固劑。加熱至微滾，一邊以攪拌器持續攪拌。

**8** – 在碗中將巧克力切碎，倒入熱的果泥。攪拌均勻。放至微溫。

**9** – 將鮮奶油攪拌至滑順，用軟刮刀混入巧克力和紅果的混合料中。

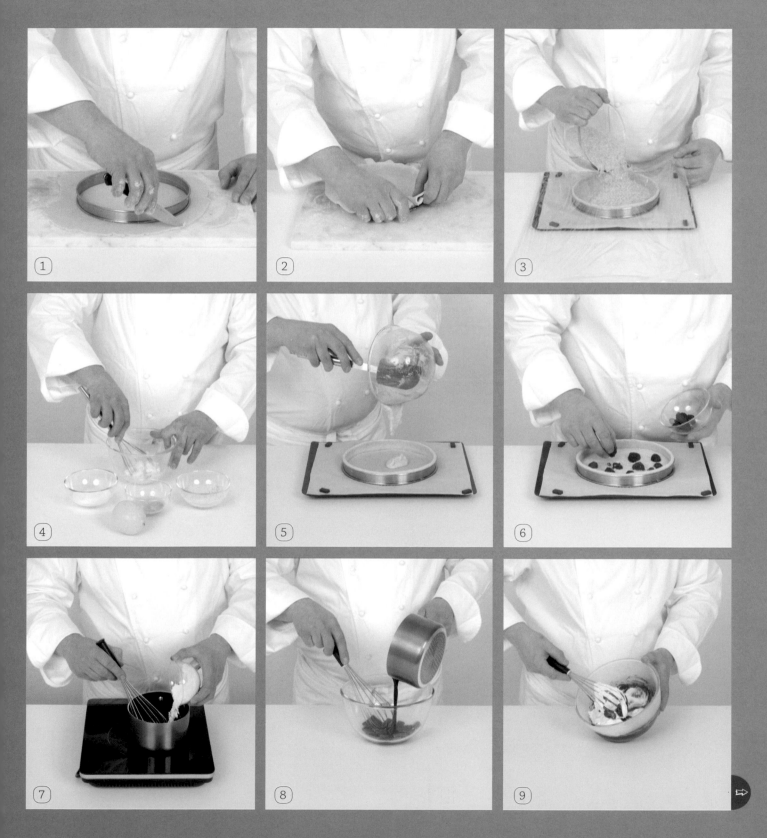

### 進行組裝

**10** – 將紅果巧克力慕斯倒入塑膠模型中至與邊緣齊平。

**11** – 用抹刀抹平，接著冷凍3小時，讓慕斯完全硬化。

**12** – 在塔底的杏仁奶油醬上鋪上剩餘的慕斯。

### 製作巧克力鏡面

**13** – 將吉力丁片放入一碗冷水中泡軟，按壓吉力丁片，將吉力丁擰乾，和可可粉一起放入另一個碗中。在平底深鍋中，將水、葡萄糖、鮮奶油和細砂糖煮沸，接著倒入碗中。

**14** – 攪拌至濃稠平滑，接著用漏斗型網篩過濾，在巧克力鏡面的表面緊貼上保鮮膜。放至微溫。

### 為塔淋上鏡面並進行裝飾

**15** – 將塑膠模型的數處切開，為紅果巧克力慕斯脫模。

**16** – 在工作檯表面鋪上保鮮膜。將慕斯擺在紙托上，移至碗上，將紙托與慕斯稍微墊高。移去巧克力鏡面的保鮮膜，以去除氣泡，接著一鼓作氣均勻地淋在慕斯上。

**17** – 用扁平的抹刀插入慕斯和紙托之間，將慕斯移至塔底。收集多餘的鏡面，保留作為裝飾用。

**18** – 用覆盆子裝飾周圍，用圓錐形小紙袋將覆盆子的凹槽內填滿巧克力鏡面。

# MACARONNADE
## chocolat-café

### 咖啡巧克力馬卡龍餅

8人份

---

準備時間：1小時30分鐘－冷凍時間：3小時10分鐘－烘焙時間：30分鐘

難度：✿✿✿

### 軟芯巧克力
### MI-CUIT AU CHOCOLAT

大型蛋1顆（60克）

細砂糖60克

Trablit® 咖啡香萃（d'essence de café）

1又1/2小匙

可可成分55%的黑巧克力55克

奶油55克

### 咖啡馬卡龍餅
### MACARONNADE AU CAFÉ

蛋白2個（60克）

檸檬汁幾滴

細砂糖1大匙

Trablit® 咖啡香萃1又1/2小匙

糖粉120克

杏仁粉85克

### 咖啡乳霜 CRÉMEUX AU CAFÉ

吉力丁1又3/4片（3.5克）

液狀鮮奶油80毫升

蛋黃2個（40克）

細砂糖40克

Trablit® 咖啡香萃1大匙

液狀鮮奶油100毫升

### 鏡面 GLAÇAGE

吉力丁1又3/4片（2.5克）

覆蓋白巧克力＊60克

煉乳55克

可可脂1大匙

水25毫升

葡萄糖50克

細砂糖50克

Trablit® 咖啡香萃2小匙

### 咖啡馬斯卡邦奶油醬
### CRÉME MASCARPONE AU CAFÉ

馬斯卡邦乳酪70克

液狀鮮奶油200毫升

糖粉1大匙

Trablit® 咖啡香萃1又1/2小匙

### 裝飾 DÉCOR

白巧克力20克

＊至少含32%可可脂（beurre de cacao）的巧克力稱爲覆蓋巧克力（chocolat de couverture）。

---

專用器具：擠花袋2個－12號擠花嘴1個－直徑20公分的法式塔圈2個－蛋糕紙托1張

料理溫度計1個－聖多諾黑擠花嘴（douille à saint-honoré）1個

## L'essence de café

### 咖啡香萃

咖啡在飲用時可以振奮精神，但也有各種形式變化的享用方法，像是多年來加進甜點中品嚐。以香萃形式使用的咖啡，可爲蛋糕帶來濃郁的香氣，而且與巧克力是美味的組合，它可以激發巧克力的風味。獨特的香味喚醒味蕾，讓它所加入的配方變得更加突出。

## 製作軟芯巧克力

**1** － 將烤箱預熱至220℃（熱度7-8）。攪打蛋、細砂糖和咖啡香萃。將巧克力隔水加熱至融化，加入奶油，拌勻，混入先前的混合料中。

**2** － 將塔圈擺在鋪有烤盤紙的烤盤上，將混合料倒入塔圈中。

**3** － 用刮刀將麵糊鋪開，形成均勻的厚度。入烤箱烤5分鐘。放涼，接著冷凍10分鐘以利脫模。

## 製作咖啡馬卡龍餅

**4** － 將烤箱溫度調低至170℃（熱度5-6）。將蛋白和幾滴檸檬汁打發，讓蛋白可以挺立於攪拌器的末端。混入細砂糖和咖啡香萃。

**5** － 在碗中混合糖粉和杏仁粉，接著分2次加入咖啡風味的打發蛋白霜中。混合但不要過度攪拌。

**6** － 填入裝有平口擠花嘴的擠花袋中。在烤盤紙上畫出1個直徑22公分的圓，翻面擺在烤盤上。用擠花袋在畫好的圓內擠出螺旋狀的咖啡蛋白霜。入烤箱烤25分鐘。

## 製作咖啡乳霜

**7** － 將吉力丁片放入一碗冷水中泡軟。製作咖啡英式奶油醬（見481頁），在煮好的混合料中加入咖啡香萃拌勻。

**8** － 按壓吉力丁片，將吉力丁擰乾，混入咖啡英式奶油醬中。放涼。

**9** － 將液狀鮮奶油打發，讓鮮奶油可以挺立於攪拌器末端。將部分鮮奶油加入咖啡奶油醬中，拌勻。輕輕並緩緩混入剩餘的打發鮮奶油。

• • •

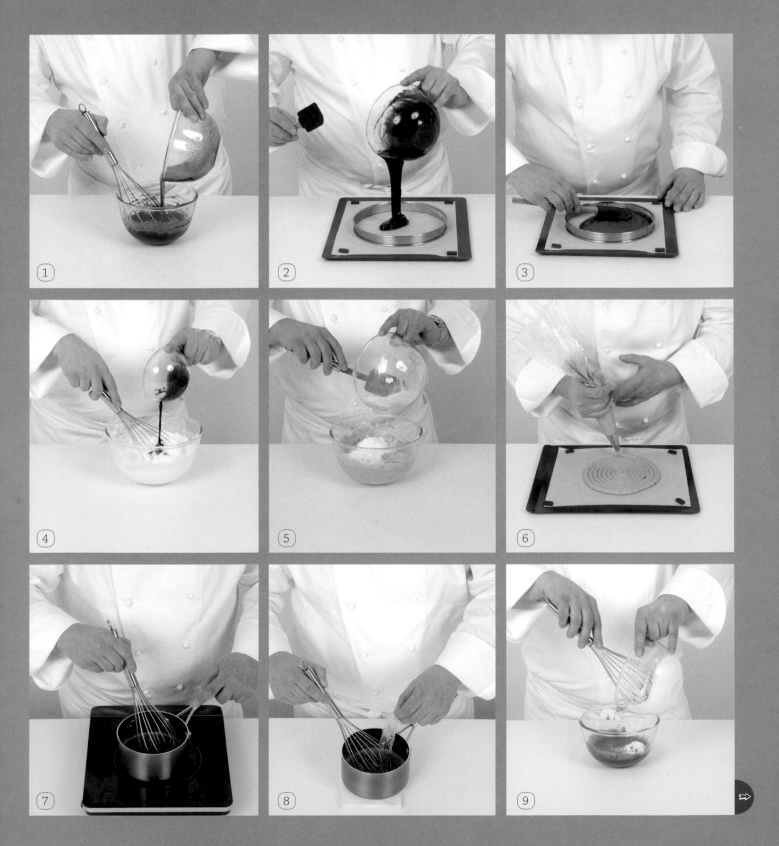

10 - 在另一個塔圈底部鋪上保鮮膜，擺在蛋糕紙托上。在塔圈中倒入咖啡乳霜。平整表面後冷凍3小時。

**製作鏡面**

11 - 將吉力丁片放入一碗冷水中泡軟。將覆蓋白巧克力、煉乳和可可脂放入碗中。將水、葡萄糖、細砂糖和咖啡香萃煮沸，倒入碗中。

12 - 按壓吉力丁片，將吉力丁擰乾，混入混合料中至均勻。將保鮮膜緊貼在鏡面上。放涼至料理溫度計顯示25℃。

**製作咖啡馬斯卡邦奶油醬**

13 - 將馬斯卡邦乳酪放入碗中。倒入部分的液狀鮮奶油，攪打至馬斯卡邦乳酪軟化。倒入剩餘的鮮奶油，攪打至所有材料變得滑順。用攪拌器輕輕混入糖粉和咖啡香萃。將咖啡馬斯卡邦奶油醬填入裝有聖多諾黑擠花嘴的擠花袋中。

**進行組裝與裝飾**

14 - 將軟芯巧克力圓餅擺在冷凍的咖啡乳霜上。

15 - 在工作檯上鋪上保鮮膜並擺上網架，將軟芯巧克力和咖啡乳霜整個倒扣在網架上。移除咖啡乳霜的保鮮膜，接著脫模。移除鏡面的保鮮膜，以去除氣泡。將鏡面淋在蛋糕上，接著用抹刀抹平，去除多餘的鏡面，讓鏡面均勻覆蓋。

16 - 快速將整個蛋糕擺至咖啡馬卡龍圓餅上。

17 - 將白巧克力加熱至融化，倒入小的圓錐形紙袋中。用融化的白巧克力在蛋糕上做出條紋狀裝飾。

18 - 用擠花袋將咖啡馬斯卡邦奶油醬擠在周圍，以及馬卡龍餅露出的部分。

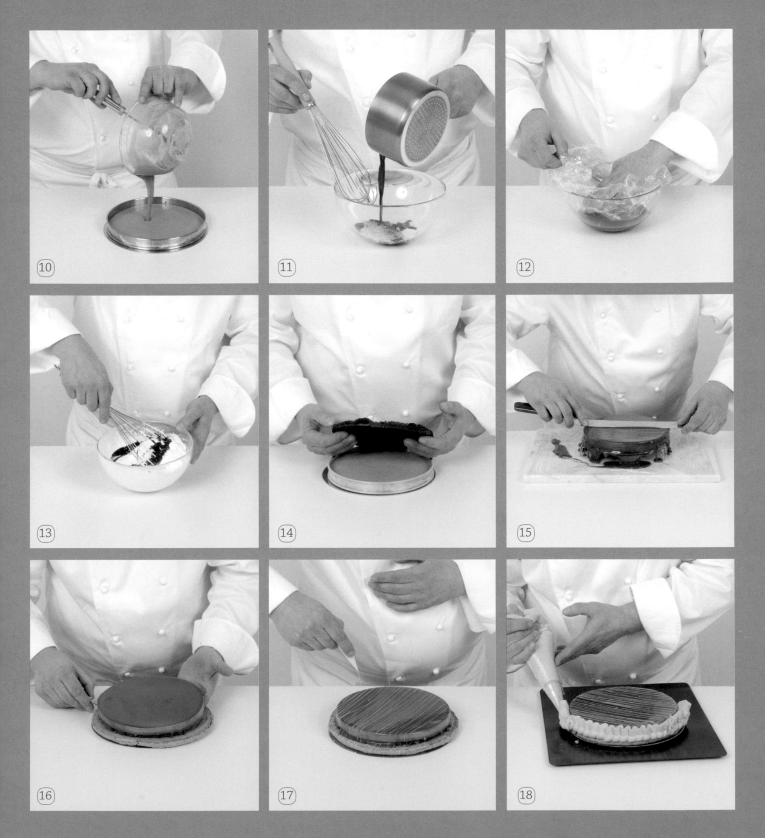

# BISCUITS & PETITS GÂTEAUX

餅乾與小糕點

# FINANCIERS
## coco-framboises

### 椰香覆盆子費南雪

---

20個費南雪

---

準備時間：20分鐘—烘焙時間：15分鐘—保存時間：以密封罐保存2日

難度：🍳

---

費南雪麵糊 PÂTE À FINANCIERS
奶油140克
糖粉260克
蛋白9個（270克）
杏仁粉60克
椰子絲40克
蜂蜜20克
麵粉100克
泡打粉1小匙
覆盆子250克

裝飾 DÉCOR
椰子絲30克

---

專用器具：擠花袋1個—7.5×4公分的費南雪矽膠多連模1個

---

## Les financiers

### 費南雪

非常適合午茶時刻享用的橢圓形或長方形小蛋糕，費南雪的特色在於柔軟的質地和清爽的杏仁味。我們用杏仁粉、蛋白、麵粉、細砂糖和融化奶油來製作費南雪，也可以準備「noisette 榛果奶油」，為費南雪賦予額外的風味。製作起來簡單而快速，當然也能將它變化為縮小版，製作成各種口味。

**製作費南雪麵糊**

**1** － 將烤箱預熱至180℃(熱度6)。在平底深鍋中將奶油加熱至融化。將糖粉倒入碗中，接著是蛋白，用攪拌器混合。

**2** － 混入杏仁粉。

**3** － 加入椰子絲並拌勻。

**4** － 加入蜂蜜並拌勻。

**5** － 混入麵粉和泡打粉。

**6** － 最後加入融化的奶油並混合均勻。

**進行組裝與裝飾**

**7** － 將麵糊填入擠花袋中，將尖端剪開，把麵糊擠入多連模的孔洞中，填入3/4滿。

**8** － 在每個填好麵糊的模型中插入2顆覆盆子。

**9** － 撒上一些椰子絲。入烤箱烤15分鐘，直到費南雪變成金黃色。

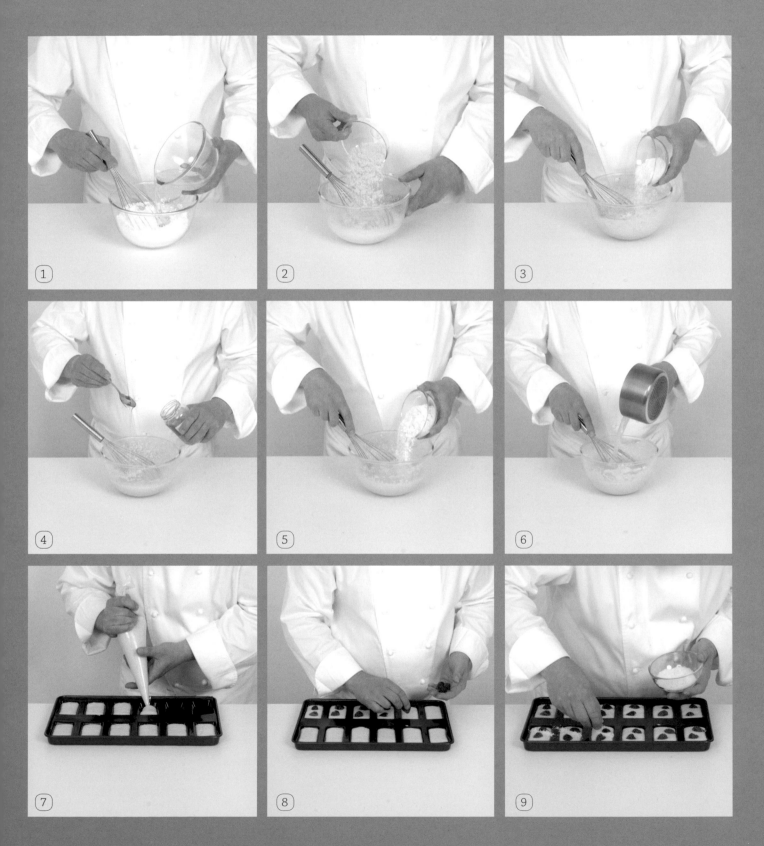

# MACARONS

## COCO

### 椰子馬卡龍

20 個馬卡龍

準備時間：1小時—烘焙時間：18分鐘—冷藏時間：1小時 + 1個晚上—保存時間：冷藏3日
難度：🍥

| 馬卡龍麵糊 PÂTE À MACARONS | 椰子餡料 GARNITURE COCO |
|---|---|
| 蛋白4個（130克） | 液狀鮮奶油90毫升 |
| 細砂糖60克 | 椰漿130毫升 |
| 栗色食用色素（colorant marron）1刀尖 | 液狀鮮奶油1大匙 |
| 杏仁粉180克 | 馬鈴薯澱粉1大匙 |
| 糖粉320克 | 白巧克力95克 |
| | Malibu® 蘭姆酒2小匙 |
| | 奶油110克 |

專用器具：擠花袋2個—8號星形擠花嘴1個—8號擠花嘴1個

## Colorez les macarons

### 為馬卡龍上色

你可使用液狀、粉狀或膠狀（gel）的食用色素來為你的馬卡龍餅殼潤色。我們通常會在蛋白打發並形成蛋白霜時混入。有多種顏色可以依個人喜好選擇。如果你是新手，最好使用粉狀的食用色素，因為和液狀不同之處在於，它們不會稀釋材料的稠度。

### 製作馬卡龍麵糊

**1** － 將蛋白攪打至硬性發泡，接著加入細砂糖拌勻，形成蛋白霜。加入食用色素，混合至顏色均勻。

**2** － 將乾料一起過篩，加入蛋白霜中。

**3** － 用軟刮刀從碗的中央開始，慢慢朝外往碗的邊緣攪拌，就像在翻折麵糊一樣，一邊用另一隻手轉動碗，以混入乾料，接著對混合材料進行壓拌混合（macaronner）。在麵糊變得柔軟光亮時停止攪拌，填入裝有擠花嘴的擠花袋中。

**4** － 為烤盤鋪上烤盤紙，用擠花袋擠出直徑約4公分的圓餅狀，交錯間隔排列，以免在烘烤時黏在一起。輕敲烤盤下方，以去除麵糊的氣泡，靜置結皮30分鐘。將烤箱預熱至170℃（熱度5-6），入烤箱烘烤18分鐘。

### 製作椰子餡料

**5** － 在平底深鍋中將90毫升的鮮奶油和椰漿煮沸。在一旁混合1大匙的液狀鮮奶油和馬鈴薯澱粉，接著倒入鍋中。煮沸，一邊持續以攪拌器混拌。

**6** － 整個淋在白巧克力上，接著加入蘭姆酒，用攪拌器混合。

**7** － 將混合料放至微溫，接著混入切塊的奶油。用手持式電動均質機攪打椰子餡料至均質，冷藏1小時。

### 組裝馬卡龍

**8** － 將椰子餡料填入裝有星形擠花嘴的擠花袋中，在一半的馬卡龍餅殼上擠出玫瑰花狀的小球。

**9** － 接著為每一片擠好椰子餡料的餅殼，覆蓋上另一片沒有椰子餡料的餅殼，輕輕按壓。將馬卡龍冷藏一個晚上再品嚐。

# MACARONS MANGUE
## et épices
### 芒果香料馬卡龍

20個馬卡龍

準備時間：45分鐘—烘焙時間：18分鐘—冷藏時間：1小時 + 1個晚上—保存時間：冷藏3日

難度：🎩🎩

馬卡龍麵糊 PÂTE À MACARONS
蛋白4個（130克）
細砂糖60克
黃色食用色素1刀尖
杏仁粉180克
糖粉320克

芒果香料餡料
GARNITURE MANGUE ET ÉPICES
液狀鮮奶油60毫升
芒果泥130克
四香粉（quatre-épices）*1刀尖
香草粉1刀尖
青檸皮1/4顆
液狀鮮奶油30毫升
馬鈴薯澱粉25克
白巧克力100克
奶油110克

專用器具：擠花袋2個—8號擠花嘴1個

＊ 四香粉（quatre-épices）為市售品，包含肉桂粉、薑粉、肉豆蔻粉與丁香粉。

## Le macaronnage
### 壓拌混合麵糊

形成平滑光亮餅殼的重要階段，壓拌混合麵糊就是將杏仁粉等混合粉料混入蛋白霜時，讓混合材料均勻的動作。這項技術的手法以手持刮刀進行，讓混合料中可能含有的氣泡散逸出去，因而確保馬卡龍在出爐時表面平滑均勻。

## 製作馬卡龍麵糊

**1** － 將蛋白攪打至硬性發泡，接著加入細砂糖，形成蛋白霜。加入食用色素，混合至顏色均勻。

**2** － 將乾料一起過篩，加入蛋白霜中。

**3** － 用軟刮刀從碗的中央開始，慢慢朝外往碗的邊緣攪拌，就像在翻折麵糊一樣，一邊用另一隻手轉動碗，以混入乾料，接著對混合材料進行壓拌混合。在麵糊變得柔軟光亮時停止攪拌，填入裝有擠花嘴的擠花袋中。

**4** － 為烤盤鋪上烤盤紙，用擠花袋擠出直徑約4公分的圓餅狀，間隔交錯排列，以免在烘烤時黏在一起。輕敲烤盤下方，以去除麵糊的氣泡，靜置結皮30分鐘。將烤箱預熱至170℃（熱度5-6），入烤箱烘烤18分鐘。

## 製作芒果香料餡料

**5** － 在平底深鍋中將60毫升的鮮奶油、芒果泥、四香粉、香草粉和青檸皮煮沸。在一旁混合30毫升的鮮奶油和馬鈴薯澱粉至均勻，接著倒入鍋中。煮沸，一邊以攪拌器混拌。

**6** － 整個淋在白巧克力上，用攪拌器混合。

**7** － 將混合料放至微溫，接著混入奶油。用手持式電動均質機攪打芒果香料餡料至均質，冷藏1小時。

## 組裝馬卡龍

**8** － 將芒果香料餡料填入裝有擠花嘴的擠花袋中，在一半的馬卡龍餅殼上擠出小球。

**9** － 接著為每一片擠好餡料的餅殼上，覆蓋上另一片沒有餡料的餅殼，輕輕按壓。將馬卡龍冷藏一個晚上再品嚐。

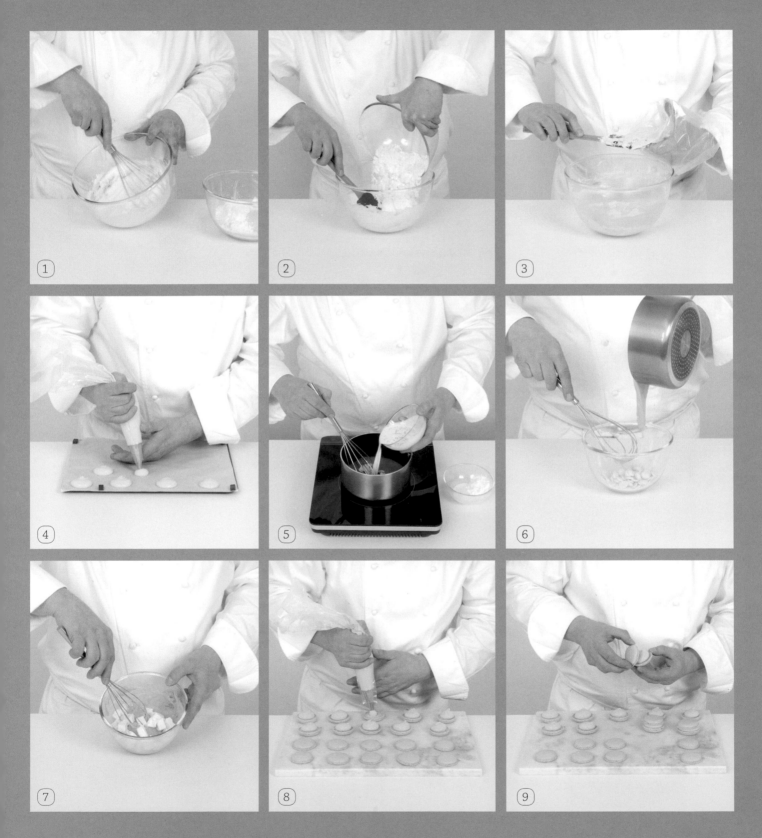

# FINANCIERS
## tout chocolat
### 全巧克力費南雪

10個費南雪

準備時間：45分鐘－烘焙時間：10分鐘－冷凍時間：1個小時

難度：♢

| 巧克力費南雪麵糊 | 巧克力甘那許 |
|---|---|
| PÂTE À FINANCIERS AU CHOCOLAT | GANACHE AU CHOCOLAT |
| 糖粉130克 | 可可成分70%的黑巧克力150克 |
| 杏仁粉50克 | 液狀鮮奶油150毫升 |
| 可可粉20克 | |
| 蜂蜜2小匙 | 糖衣 ENROBAGE |
| 蛋白4又1/2個（135克） | 巧克力鏡面淋醬300克 |
| 麵粉30克 | |
| 泡打粉1撮 | |
| 融化奶油70克 | |

專用器具：擠花袋2個－7.5×4公分的矽膠費南雪多連模1個－圓錐形紙袋1個

## Les décors au cornet
### 圓錐紙袋裝飾

為簡單的大小糕點提供優雅的裝飾，請毫不猶豫地用融化巧克力或甘那許進行裝飾：條紋、書寫字體或其他圖案。為此，請製作小圓錐紙袋，倒入融化巧克力，依你的喜好進行裝飾。若你預先用調溫巧克力或鏡面淋醬包覆糕點，這樣的裝飾會更加精美。

## 製作巧克力費南雪麵糊

**1** － 將烤箱預熱至200℃（熱度6-7）。在碗中倒入糖粉、杏仁粉、可可粉和蜂蜜。

**2** － 分2次加入蛋白，用攪拌器拌勻。

**3** － 混入麵粉和泡打粉，接著是融化的奶油。

**4** － 填入裝有擠花嘴的擠花袋中，將尖端剪下，將麵糊填入多連模的孔洞中至3/4滿。入烤箱烤10分鐘，接著為費南雪脫模。

## 製作巧克力甘那許

**5** － 在碗中將巧克力切碎。在平底深鍋中將液狀鮮奶油煮沸，立刻將熱的鮮奶油倒入巧克力中，讓巧克力融化，以軟刮刀攪拌至形成平滑的質地。放至微溫。

**6** － 將甘那許填入擠花袋中，將尖端剪掉，填入同樣的多連模孔洞中至一半的高度。

**7** － 在每個多連模孔洞中放入1個費南雪，鼓起面朝下，緊貼甘那許。冷凍1小時。

## 製作糖衣並進行裝飾

**8** － 將鏡面淋醬加熱至融化。為巧克力費南雪脫模。用刀叉起，將甘那許的那一面浸入鏡面淋醬中，取出待凝固。

**9** － 將剩餘的甘那許倒入小型的圓錐形紙袋，在費南雪凝固的鏡面上畫出條紋裝飾。

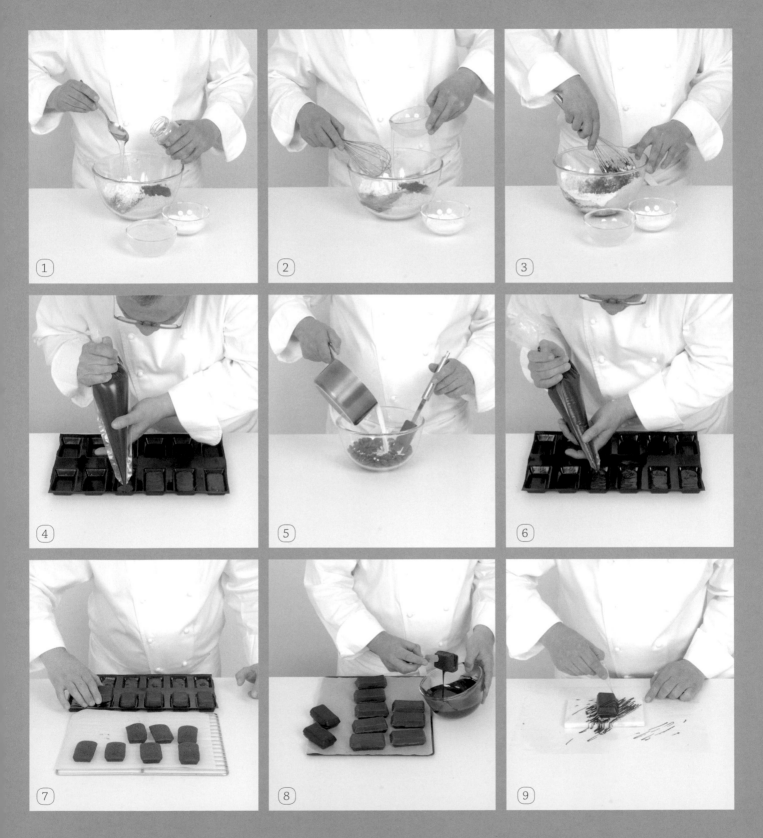

# MACARONS
## framboise
### 覆盆子馬卡龍

20個馬卡龍

準備時間：45分鐘—烘焙時間：18分鐘—冷藏時間：30分鐘 + 1個晚上—保存時間：冷藏3日

難度：♙

| 馬卡龍麵糊 PÂTE À MACARONS | 覆盆子餡料 GARNITURE FRAMBOISE |
|---|---|
| 蛋白4個（130克） | 葡萄糖70克 |
| 細砂糖60克 | 細砂糖65克 |
| 紅色食用色素1刀尖 | 水20毫升 |
| 杏仁粉180克 | 細砂糖20克 |
| 糖粉320克 | 果膠（pectine）1小匙 |
| | 覆盆子220克 |

專用器具：擠花袋2個—8號擠花嘴1個—料理溫度計1個

## La framboise
### 覆盆子

覆盆子是帶有粉紅或黃色的紅色小水果，非常香甜並略帶酸味。4月時我們可以在法國的市場上找到溫室種植的覆盆子，而在土壤中生長的覆盆子則只有6月中才會出現。它們是多種糕點的食材之一，例如馬卡龍、塔派、多層蛋糕、冰淇淋和夏洛特（charlottes）。

**1** - 將蛋白攪打至硬性發泡，接著加入細砂糖拌勻，形成蛋白霜。

**2** - 加入少量紅色食用色素，混合至顏色均勻。

**3** - 將乾料一起過篩，加入蛋白霜中。

**4** - 用軟刮刀從碗的中央開始，慢慢朝外往碗的邊緣攪拌，就像在翻折麵糊一樣，一邊用另一隻手轉動碗，以混入乾料，接著對混合材料進行壓拌混合。在麵糊變得柔軟光亮時停止攪拌，填入裝有擠花嘴的擠花袋中。

**5** - 為烤盤鋪上烤盤紙，用擠花袋擠出直徑約4公分的圓餅狀，間隔交錯排列，以免在烘烤時黏在一起。輕敲烤盤下方，以去除麵糊的氣泡，靜置結皮30分鐘。將烤箱預熱至170℃（熱度5-6），入烤箱烘烤18分鐘。

## 製作覆盆子餡料

**6** - 在平底深鍋中將葡萄糖、65克的細砂糖和水煮至微溫。混合20克的細砂糖和果膠，一次倒入鍋中，以攪拌器持續攪拌。

**7** - 加熱至料理溫度計達110℃，接著混入覆盆子拌勻。

## 組裝馬卡龍

**8** - 將覆盆子餡料填入裝有擠花嘴的擠花袋中，在一半的馬卡龍餅殼上擠出小球。

**9** - 接著為每一片擠好餡料的餅殼上，覆蓋另一片沒有餡料的餅殼，輕輕按壓。將馬卡龍冷藏一個晚上再品嚐。

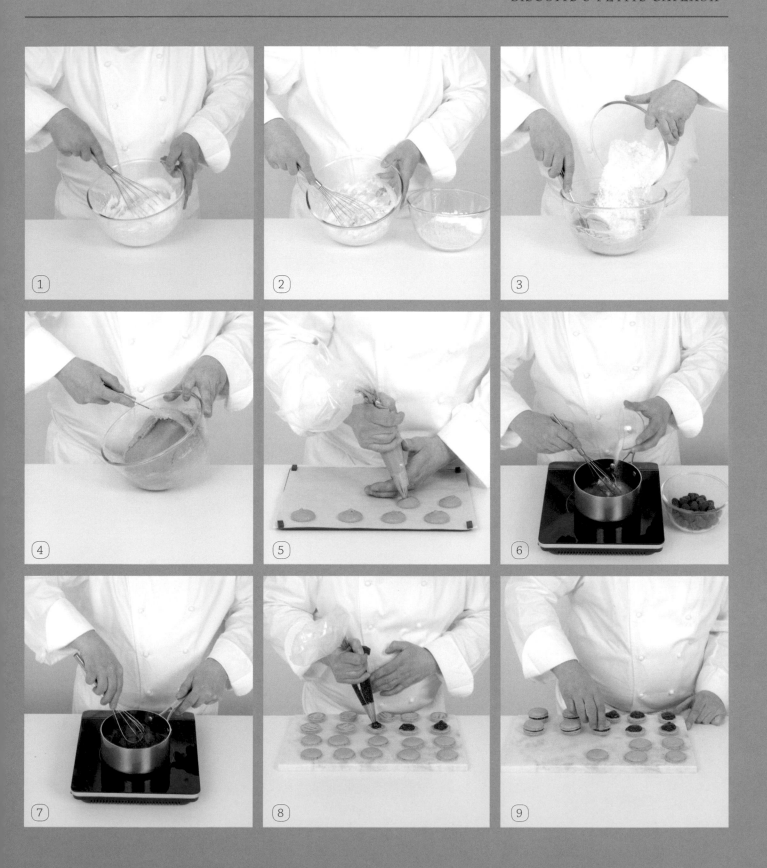

# BROWNIE

### 布朗尼

10至12人份

———

準備時間：30分鐘（前1天開始）—烘焙時間：30分鐘—凝固時間：12小時

難度：🍳

## 布朗尼麵糊 PÂTE À BROWNIE

奶油100克

可可成分65%的巧克力85克

100%可可塊（pâte de cacao）35克

香草莢1根

蛋2顆（90克）

細砂糖100克

麵粉35克

鹽1撮

泡打粉1/2小匙

可可成分55%的黑巧克力豆45克

切碎的核桃35克

蛋糕框用油

## 巧克力甘那許 GANACHE AU CHOCOLAT

可可成分55%的黑巧克力60克

可可成分70%的黑巧克力145克

液狀鮮奶油250毫升

葡萄糖25克

奶油（切塊）35克

專用器具：17×17×3.5公分的蛋糕框1個—擠花袋1個—12號擠花嘴1個

## Le brownie
### 布朗尼

布朗尼是一種富含巧克力並以核桃妝點的蛋糕，是北美的特色糕點。它的名字是參考其棕色的外觀，即英文的「brown」。布朗尼內部柔軟的質地是因含有大量的細砂糖和奶油，傳統上會製成方塊狀。在這道配方中，布朗尼鋪上了巧克力甘那許以結合不同的口感，強化巧克力的風味。

**前1天，製作布朗尼麵糊**

**1** － 將烤箱預熱至160℃（熱度5-6）。將奶油、巧克力和可可塊隔水加熱至融化。

**2** － 將香草莢剖開成兩半，用刀尖刮下內部的籽。在碗中攪打蛋、細砂糖和香草籽。

**3** － 混合麵粉、鹽和泡打粉等粉料。再混入蛋、細砂糖和香草的混合物中。

**4** － 混入微溫的融化巧克力。加入巧克力豆，接著是核桃。

**5** － 爲蛋糕框刷上油，擺在鋪有烤盤紙的烤盤上。將麵糊鋪在蛋糕框中，入烤箱烤25至30分鐘。放涼，接著冷藏12小時。

**製作甘那許**

**6** － 在碗中將2種巧克力切碎。將鮮奶油加熱，在即將煮沸前離火，混入葡萄糖。倒入2種切碎的巧克力中，拌勻。

**7** － 混入奶油，攪拌至整體變得平滑。覆蓋上保鮮膜，在室溫下凝固12小時。

**隔天**

**8** － 用刀劃過蛋糕框內緣，接著爲布朗尼脫模。將布朗尼的每一邊切掉3公釐，讓內部露出。

**9** － 將甘那許填入裝有擠花嘴的擠花袋中，在布朗尼上擠出甘那許小球。

> ### ASTUCE DU CHEF 主廚訣竅
>
> 若你希望布朗尼在烘烤時保持平整，請在烘烤中途在布朗尼的蛋糕框上擺放一個烤盤。

# MINI-FINANCIERS
## pistache de Sicile et cerises
### 西西里開心果櫻桃迷你費南雪

35個費南雪

準備時間：20分鐘—烘焙時間：10分鐘

難度：🍳

費南雪 FINANCIERS
杏仁粉40克
糖粉110克
添色用的開心果醬
（pâte de pistache colorée）1大匙
蜂蜜2小匙

蛋白4個（115克）
麵粉45克
泡打粉1撮
融化奶油65克
阿瑪蕾娜櫻桃（cerises amarena）20顆

專用器具：矽膠迷你費南雪模（mini-financiers en silicone）1個—擠花袋1個

## La pistache de Sicile
### 西西里的開心果

西西里的開心果，或稱 Pistacchio verde di Bronte，來自西西里島埃特納火山（Etna）山腳下的小鎮布龍泰（Bronte）。這裡的風土特色是充滿火山熔岩，持續因火山灰而變得肥沃，有利於生產出異常鮮綠且味道濃郁的開心果，可為你的糕點增添芳香。

### 製作費南雪

**1** – 將烤箱預熱至180℃（熱度6）。將杏仁粉、糖粉、開心果醬和蜂蜜都聚集至碗中。

**2** – 緩緩加入蛋白，一邊攪拌。

**3** – 攪拌至濃稠均勻。

**4** – 混入麵粉和泡打粉，拌勻。

**5** – 最後混入融化的奶油。

**6** – 將混合材料填入擠花袋中。

**7** – 將擠花袋的尖端剪掉，將麵糊擠入多連模的孔洞中。

**8** – 將阿瑪蕾娜櫻桃切半。

**9** – 在每個多連模的孔洞中擺上1個切半櫻桃。入烤箱烤10分鐘，接著為費南雪脫模。

# COOKIES AUX NOIX
## et pépites de chocolat
### 核桃巧克力豆餅乾

---

### 12塊餅乾

---

準備時間：15分鐘—冷藏時間：12小時—烘焙時間：7分鐘

難度：♧

---

**餅乾麵糊 PÂTE À COOKIES**

奶油100克

粗紅糖100克

糖粉40克

小型蛋1顆（40克）

麵粉150克

鹽1撮

泡打粉1撮

切碎的核桃仁（cerneaux de noix hachés）100克

巧克力豆100克

---

專用器具：鋸齒刀（couteau-scie）

## Les cookies
### 餅乾

誕生於美國的餅乾，就如同我們在歐洲所認識的一樣，是扁平的點心，通常會以巧克力豆妝點。在英語系國家裡，人們稱之為巧克力豆餅乾（chocolate chip cookie），因為「cookie」一詞為通稱，涵蓋所有的小型糕點。這個名稱源自荷蘭文 koekje，意指「小糕點」。

**製作餅乾麵糊**

**1** － 將奶油放入碗中，用軟刮刀混入粗紅糖。

**2** － 加入糖粉。

**3** － 加入蛋並混合。

**4** － 混入麵粉、鹽和泡打粉。攪拌至形成均勻的麵糊。

**5** － 加入切碎的核桃仁並拌勻。

**6** － 最後混入巧克力豆。

**7** － 在工作檯表面鋪上保鮮膜，擺上餅乾麵糊。

**8** － 用保鮮膜將麵糊包起，整形成直徑約7公分的圓柱狀。冷藏12小時。

**隔天**

**9** － 將烤箱預熱至190℃（熱度6-7）。移去保鮮膜，用鋸齒刀切成厚7公釐的圓形薄片。擺在鋪有烤盤紙的烤盤上。入烤箱烤7分鐘。

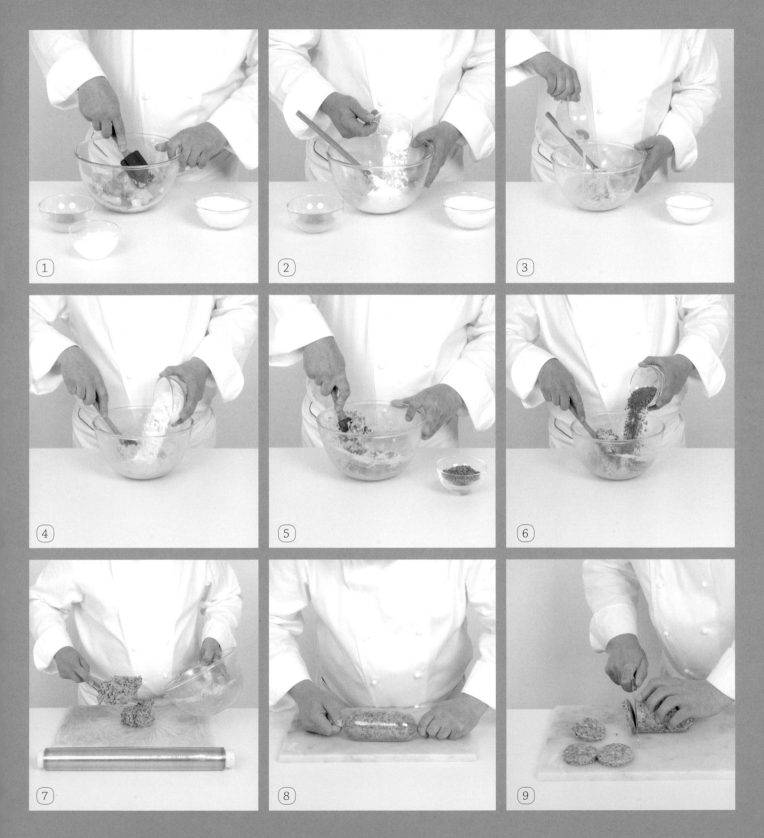

# GRANDES
# madeleines
## 瑪德蓮

---

### 12個瑪德蓮

---

準備時間：30分鐘—烘焙時間：10分鐘—冷藏時間：30分鐘
保存時間：在密封罐中冷藏2至3日
難度：♢

瑪德蓮麵糊 PÂTE À MADELEINES
小型蛋2顆（80克）
細砂糖65克
蜂蜜20克
香草莢1根
牛乳30毫升
麵粉100克
泡打粉1小匙
融化奶油100克

模型用奶油50克
模型用麵粉

專用器具：瑪德蓮模（moule à grandes madeleines）1個—擠花袋1個—10號擠花嘴1個

## La madeleine de Proust
普魯斯特的瑪德蓮

在法國非常普遍，讓洛林省（Lorraine）的科梅爾西（Commercy）聲名大噪的瑪德蓮，因為作家馬塞爾·普魯斯特（Marcel Proust）而在文學上聞名。「普魯斯特的瑪德蓮」這著名的說法便是參考其作品《追憶似水年華 À la recherche du temps perdu》的第一卷。它令人想起品嚐、嗅覺或感官的經驗，讓往往滿溢著情感的回憶浮現在眼前。

**製作瑪德蓮**

**1** － 將烤箱預熱至 200℃（熱度6-7）。在碗中攪打蛋和細砂糖。加入蜂蜜。

**2** － 用刀尖刮下香草莢內部的籽，將籽混入碗中。

**3** － 加入一半的牛乳，攪拌。

**4** － 混合麵粉和泡打粉，混入混合料中。

**5** － 加入剩餘的牛乳，拌勻。混入融化的奶油。將瑪德蓮麵糊冷藏30分鐘。

**6** － 用糕點刷為多連模的孔洞刷上奶油。

**7** － 為多連模的孔洞撒上麵粉，接著倒扣並輕敲，以去除多餘的麵粉。

**8** － 將瑪德蓮麵糊填入裝有擠花嘴的擠花袋中，填入與模型邊緣同高。

**9** － 將烤盤放入烤箱，將烤箱溫度調低至160℃（熱度5-6）。烤約10分鐘，或烤至瑪德蓮呈現金黃色。將刀插入瑪德蓮中確認熟度：抽出時刀身應保持潔淨。立刻為瑪德蓮脫模，放涼後品嚐。

---

### ASTUCE DU CHEF 主廚訣竅

牛乳分2次混入，可避免結塊。

---

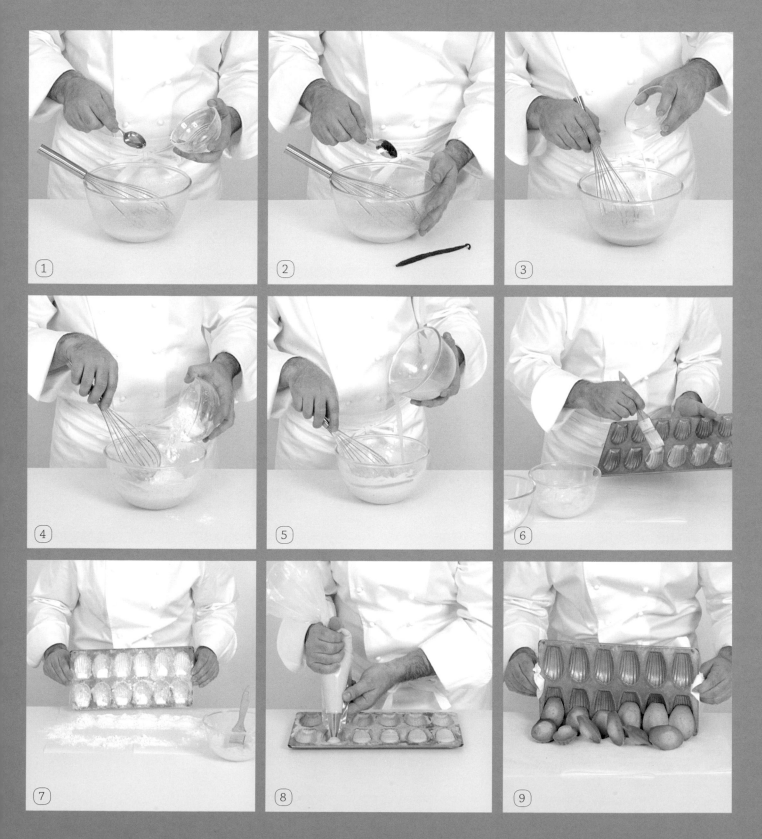

# MUFFINS MANGUE
## et pépites de chocolat
### 芒果巧克力豆瑪芬

10個瑪芬

準備時間：20分鐘—烘焙時間：20分鐘—保存時間：在密封罐中冷藏3日

難度：♢

**瑪芬麵糊 PÂTE À MUFFINS**

芒果225克

蛋3顆（150克）

細砂糖210克

鹽1/2小匙

法式酸奶油（crème fraîche）70克

檸檬汁1/2大匙

麵粉145克

泡打粉1小匙

奶油65克

巧克力豆75克

專用器具：直徑7.5公分且高4公分的瑪芬紙模10個

## L'ingrédient clé des muffins
### 瑪芬的關鍵材料

英語系國家非常喜歡在早餐或午茶時刻享用的瑪芬，是一種質地柔軟，而且可以無止盡添加各種裝飾的蛋糕。傳統上會以酸奶油，也就是著名的 sour cream 製作，但很難在法國找到，我們可以在法式酸奶油（crème fraîche）中加入幾滴檸檬汁來替代使用。

**製作瑪芬**

**1** - 將烤箱預熱至180℃（熱度6）。將芒果去皮並切成小丁。

**2** - 攪打蛋、細砂糖，直到混合料稍微泛白並變得濃稠。

**3** - 加入法式酸奶油和檸檬汁，一邊攪拌。

**4** - 用攪拌器混入麵粉、鹽和泡打粉。

**5** - 攪拌至混合料變得均勻。

**6** - 將奶油加熱至融化，混入混合料中。

**7** - 加入芒果丁，接著是巧克力豆，混合。

**8** - 將混合料倒入擠花袋，接著將尖端剪掉。

**9** - 將瑪芬麵糊擠入紙模中約8分滿，接著入烤箱烤20分鐘。將瑪芬放涼後品嚐。

# SABLÉS
## abricot

杏桃酥餅

---

20個酥餅

---

準備時間：30分鐘—烘焙時間：10分鐘

難度：△

---

### 砂布列麵團 PÂTE SABLÉE
麵粉 200克

奶油 120克

糖粉 65克

鹽 1撮

杏仁粉 25克

小型蛋 1顆（40克）

### 餡料 GARNITURE
杏桃果醬 150克

糖粉

---

專用器具：直徑7公分的圓齒形壓模1個—直徑2.5公分的圓形壓模1個

## Les sablés

酥餅（砂布列）

非常容易製作，你可以用壓模來將你的酥餅裁成想要的形狀大小。為了讓成品更為美觀，請毫不猶豫地使用齒形壓模來裁切、打洞，用果醬或甘那許為酥餅填餡，並讓餡料露出。

**製作圓形酥餅**

**1** － 將烤箱預熱至170℃（熱度5-6）。在撒上一些麵粉的工作檯上，將甜酥麵團（見489頁）擀成約3公釐的厚度。

**2** － 用直徑7公分的鋸齒壓模裁出40塊圓餅。

**3** － 在一半的圓餅上，用直徑2.5公分的圓形平口壓模從中央壓出圓形餅皮，以形成圓孔。將所有的圓餅放入烤箱烤10分鐘。放涼。

**進行組裝**

**4** － 在平底深鍋中加熱杏桃果醬。

**5** － 用糕點刷將果醬刷在完整的酥餅上。

**6** － 為圓孔狀的酥餅篩上糖粉。

**7** － 在每片刷上杏桃果醬的酥餅上擺上1片圓孔狀的酥餅。

**8** － 用網篩過濾果醬，以形成平滑的質地。

**9** － 用小湯匙在酥餅的圓孔裡填入果醬，直到填滿至表面。

---

**ASTUCE DU CHEF 主廚訣竅**

你可用任何一種水果的果醬來取代杏桃果醬，因此非常容易就能變換酥餅的口味和顏色。

# BISCUITS AU CHOCOLAT
## façon sandwich

巧克力三明治餅

約10個餅乾

準備時間：30分鐘－烘焙時間：約15分鐘－凝固時間：12小時
難度：♙

**甜酥麵團 PÂTE SUCRÉE**
麵粉 200克
奶油 120克
杏仁粉 25克
糖粉 65克
小型蛋1顆（40克）

**甘那許 GANACHE**
可可成分65%的巧克力200克
液狀鮮奶油 225克
葡萄糖 22克
奶油 35克

專用器具：直徑7公分的壓模1個－直徑2公分的壓模1個－直徑12公釐的壓模1個
擠花袋1個－12號星形擠花嘴1個

## La ganache au chocolat
巧克力甘那許

甘那許等於或幾乎等於液狀鮮奶油和巧克力的混合。相當柔軟，可用來為蛋糕
體填餡、鋪在蛋糕表面，或是填入塔底。在巧克力與鮮奶油的比例中，若增加
巧克力的分量，便可獲得較硬的甘那許，非常適合用來製作松露巧克力或其他
的糖果。

## 製作甜酥圓餅

**1** – 將烤箱預熱至150℃（熱度5）。將甜酥麵團（見488頁）擀成4公釐的厚度。

**2** – 用直徑7公分的壓模裁成20片圓餅，擺在鋪有矽膠烤墊的烤盤上。

**3** – 在10片圓餅中，用12公釐的壓模壓出眼睛，用2公分的壓模做出嘴巴。入烤箱烤12至15分鐘，直到圓餅烤成金黃色。

## 製作甘那許

**4** – 在碗中將巧克力切碎。加熱鮮奶油，在即將煮沸前離火，混入葡萄糖。

**5** – 將熱的混合液倒入巧克力中，拌勻。

**6** – 混入奶油。鋪上保鮮膜，在室溫下凝固12小時。

## 進行組裝

**7** – 將甘那許填入裝有星形擠花嘴的擠花袋中。

**8** – 在10片完整的酥餅上擠出玫瑰花狀的甘那許。

**9** – 在每片擠上甘那許的酥餅上，擺上1片壓出眼與嘴的酥餅，接著稍微按壓，讓甘那許從眼睛和嘴巴處浮出。

# MACARONS BICOLORES
## chocolat-banane

香蕉巧克力雙色馬卡龍

20個馬卡龍

準備時間：45分鐘—烘焙時間：18分鐘—冷藏時間：30分鐘 + 1個晚上—保存時間：冷藏3日

難度：♕

馬卡龍麵糊 PÂTE À MACARONS
蛋白4個（130克）
細砂糖60克
杏仁粉180克
糖粉320克
栗色食用色素（colorant marron）1刀尖
黃色食用色素1刀尖

香蕉巧克力餡料
GARNITURE CHOCOLAT-BANANE
香蕉150克
奶油20克
蜂蜜70克
蘭姆酒2小匙
液狀鮮奶油100毫升
牛奶巧克力130克
可可成分70%的黑巧克力80克

專用器具：擠花袋2個—8號擠花嘴1個

## Le macaron

馬卡龍

馬卡龍是一種直徑3至5公分，外酥內軟的可愛小點心，以蛋白、細砂糖和杏仁粉為基底製作而成。著名的巴黎馬卡龍是以兩片平滑的餅殼，內含甘那許、奶油醬或果醬所構成，有各種口味和顏色的變化。在法國還有其他種類的馬卡龍，例如南錫（Nancy）或科爾默里（Cormery），它們的馬卡龍是沒有內餡的。

## 製作馬卡龍麵糊

**1** － 將蛋白打至硬性發泡，接著加入細砂糖，形成蛋白霜。在一旁將所有的乾料一起過篩。

**2** － 將乾料加入蛋白霜中，輕輕混合。

**3** － 將2種顏色的食用色素分別放入2個碗中。將麵糊分至2個碗中。

**4** － 用軟刮刀從碗的中央開始，慢慢向外朝碗的邊緣攪拌，就像在翻折麵糊一樣，一邊用另一隻手轉動碗，以混入乾料，接著對混合材料進行壓拌混合（macaronner）。在麵糊變得柔軟光亮時停止攪拌。

**5** － 將麵糊填入同一個裝有擠花嘴的擠花袋中，不要混合以做出自然的花紋狀。

**6** － 為烤盤鋪上烤盤紙，用擠花袋擠出直徑約4公分的圓餅狀，間隔交錯排列，以免在烘烤時黏在一起。輕敲烤盤下方，以去除麵糊的氣泡，靜置結皮30分鐘。將烤箱預熱至170℃（熱度5-6），入烤箱烘烤18分鐘。

## 製作香蕉巧克力餡料

**7** － 將香蕉切成薄片。在平底煎鍋中將奶油和蜂蜜加熱，接著加入香蕉片。煎2分鐘，接著倒入蘭姆酒。倒入鮮奶油，再煎2分鐘。

**8** － 將2種巧克力切碎，放入碗中，倒入熱的混合料攪拌均勻。混合後用手持式電動均質機攪打至形成平滑的質地。冷藏30分鐘。

## 組裝馬卡龍

**9** － 將香蕉巧克力餡料填入裝有擠花嘴的擠花袋中，將餡料擠在一半的馬卡龍餅殼上，接著覆蓋上另一片馬卡龍餅殼輕輕按壓，將馬卡龍冷藏一個晚上後再品嚐。

# Bonbons
# & Petites
# Gourmandises

糖果與迷你糕點

# SUCETTES CITRON,
## chocolat et framboise

### 巧克力覆盆子檸檬棒棒糖

18根棒棒糖

準備時間：1小時—冷凍時間：3小時—保存時間：密封罐10日

難度：♙♙

### 糖漬檸檬 CITRON CONFIT
檸檬1顆
鹽1撮
水75毫升
細砂糖75克

### 檸檬杏仁膏 PÂTE D'AMANDE CITRON
杏仁粉65克
糖粉40克
可可脂1大匙
黃色食用色素1刀尖
糖漬檸檬45克

### 巧克力覆盆子甘那許
### GANACHE CHOCOLAT-FRAMBOISE
黑巧克力225克
液狀鮮奶油150毫升
覆盆子香萃1至2滴
蜂蜜40克
室溫回軟的奶油1小匙

### 糖衣 ENROBAGE
白色鏡面淋醬（pâte à glacer blanche）400克
黃色染色可可脂（Beurre de cacao coloré jaune）
紅色染色可可脂
白色染色可可脂

專用器具：擠花袋2個—直徑3.5公分的18格矽膠球形多連模1個
棒棒糖棍18根

## La pâte à glacer 鏡面淋醬

鏡面淋醬由可可粉、細砂糖和乳製品所構成，經仔細混合後再加入植物來源的油脂。用來爲多層蛋糕和其他糕點淋上鏡面，以形成預期的光亮且酥脆的外層修飾。在使用白色的鏡面淋醬時，我們可依喜好染色，讓作品更光彩多姿。

### 製作糖漬檸檬

**1** – 在一鍋加了1撮鹽的沸水中燙煮整顆檸檬，接著換水再重複同樣的程序。

**2** – 將檸檬縱切成4瓣，接著切片、去籽。在平底深鍋中將水和細砂糖煮沸，加入檸檬果瓣，以文火慢燉30分鐘。用濾器（passoire）將糖漬檸檬片瀝乾，接著切成小丁。

### 製作檸檬杏仁膏

**3** – 混合杏仁粉、糖粉、可可脂和黃色食用色素。加入糖漬檸檬丁。將這杏仁膏填入擠花袋中。

### 製作巧克力覆盆子甘那許

**4** – 將黑巧克力隔水加熱至融化。讓鮮奶油在室溫下回溫。和覆盆子香萃混合，和蜂蜜一起倒入融化的黑巧克力中。加入室溫回軟的奶油、拌勻。將甘那許填入擠花袋中。

### 進行組裝和並包覆糖衣

**5** – 將裝有杏仁膏的擠花袋尖端剪掉，將杏仁膏填入第1層半球形模型中至與邊緣齊平。

**6** – 擺上第2層半球形模型。

**7** – 將裝有巧克力覆盆子甘那許的擠花袋尖端剪掉，從模型的小孔中擠入甘那許。

**8** – 將棒棒糖棍插入孔裡。冷凍3小時。

**9** – 小心地為棒棒糖脫模。將鏡面淋醬加熱至融化，倒入碗中。加入黃色染色可可脂，接著是紅色和白色，用棒棒糖棍稍微混合，形成旋渦狀。小心地將棒棒糖浸入鏡面淋醬中，一邊拉起一邊旋轉，讓表面形成彩色的旋渦。

# TRUFFES
## au chocolat
### 松露巧克力

45顆松露巧克力

準備時間：1小時 ＋ 30分鐘巧克力調溫—冷藏時間：5分鐘
保存時間：密封罐15日
難度： ♙ ♙

### 巧克力甘那許 GANACHE AU CHOCOLAT
液狀鮮奶油150毫升
牛奶巧克力100克
可可脂70%的黑巧克力110克
蜂蜜55克
奶油12克

### 糖衣 ENROBAGE
可可成分70%的覆蓋巧克力
（chocolat de couverture）＊250克
可可粉100克

＊至少含32%可可脂（beurre de cacao）的巧克力
稱爲覆蓋巧克力（chocolat de couverture）。

專用器具：料理溫度計1支—擠花袋1個—12號擠花嘴1個—塑膠手套（Gants en plastique）

## Les truffes
松露巧克力

在年終節慶時格外受人喜愛的糖果，松露巧克力是以巧克力、鮮奶油（或奶油）和
糖所製作而成。可用肉桂、咖啡、香草、蘭姆酒、檸檬、茶等調味。塑形成球狀
的甘那許以巧克力包覆，接著再沾裹上無糖可可粉。

## 製作巧克力甘那許

**1** – 讓液狀鮮奶油在室溫下回溫。將巧克力隔水加熱至融化，接著混入蜂蜜。

**2** – 加入鮮奶油。

**3** – 用攪拌器輕輕混合。

**4** – 再輕輕混入奶油，接著繼續以軟刮刀輕輕攪拌，直到混合料變得平滑。攪拌至甘那許變得濃稠，接著填入裝有擠花嘴的擠花袋中。

**5** – 在鋪有烤盤紙的烤盤上，用擠花袋擠出直徑2公分的小球。冷藏5分鐘。

**6** – 戴上塑膠手套，用雙手將每顆松露巧克力搓揉成圓形。

## 製作糖衣

**7** – 為黑巧克力調溫（tempérez le chocolat 見494-495頁）。將可可粉倒入盤中。

**8** – 用叉子將一顆顆的甘那許球浸入調溫巧克力中。

**9** – 接著立刻裹上可可粉。在可可粉中放涼。

---

**ASTUCE DU CHEF 主廚訣竅**

若你不想為巧克力調溫，可跳過這個階段，直接為甘那許球沾裹上可可粉。

---

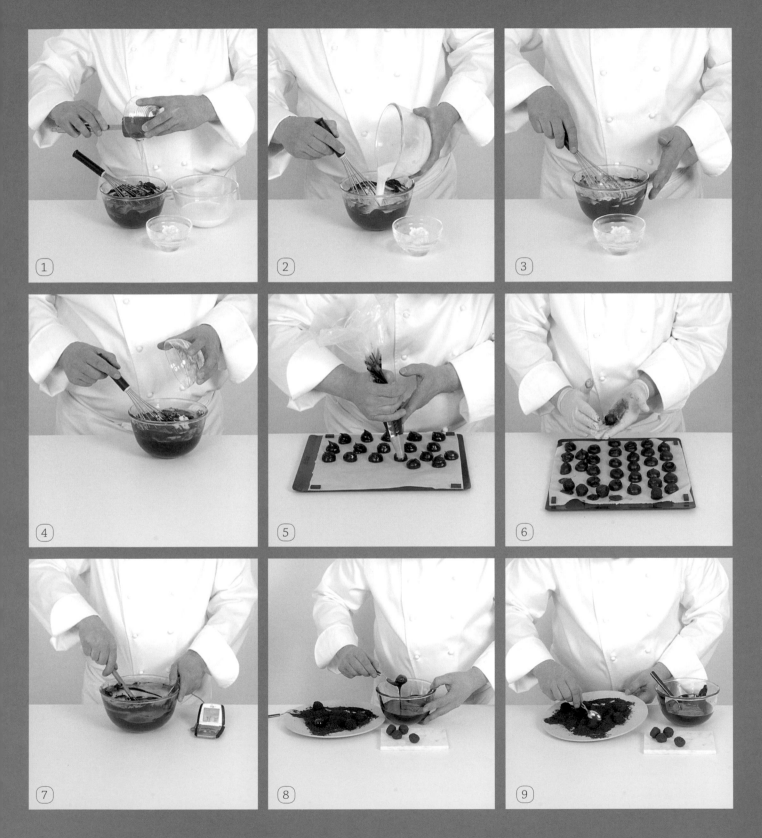

# PÂTES DE FRUIT
## mangue
### 芒果水果軟糖

---

65顆水果軟糖

---

準備時間：30分鐘—凝固時間：4小時—保存時間：以密封罐保存6日
難度：♕

芒果水果軟糖 PÂTE DE FRUIT MANGUE
芒果泥200克
杏桃泥150克
黃色果膠1又1/2小匙
細砂糖35克
葡萄糖100克
細砂糖375克
酒石酸液（acide tartrique liquide en solution）
1又1/2小匙

裝飾 DÉCOR
細砂糖

專用器具：料理溫度計1支—直徑4公分的矽膠多連模1個

## La pectine jaune :
## idéale pour les pâtes de fruits
### 黃色果膠：製作水果軟糖的利器

若要製作水果軟糖，我們通常會使用黃色果膠，它緩慢的凝固有利於富含糖和酸性物質的膠化。形成相當穩定的質地，讓水果軟糖具備良好口感，同時也擁有這些糖果特有的柔軟度。

製作芒果水果軟糖

**1** – 將芒果泥和杏桃泥加熱至微溫。混合黃色果膠和35克的細砂糖。

**2** – 一次將果膠和細砂糖的混合料倒入微溫的果泥中。

**3** – 加入葡萄糖。

**4** – 將混合料煮沸，接著加入375克的細砂糖。

**5** – 繼續煮，一邊用軟刮刀持續攪拌，直到料理溫度計達105℃。

**6** – 質地必須是略為濃稠的膏狀。

**7** – 熄火，加入酒石酸，一邊用軟刮刀攪拌。

**8** – 用湯匙將混合料分裝至多連模的孔洞中。在室溫下凝固4小時。

**9** – 為水果軟糖脫模。如果你想要的話，可在另一個容器中倒入一些細砂糖，將軟糖放入細砂糖中沾裹表面。

---

### ASTUCE DU CHEF 主廚訣竅

你可用幾滴檸檬汁來取代酒石酸液。

# BARRES CARAMEL-CHOCOLAT
## façon mendiant
### 巧克力四果棒

10 根焦糖棒

---

準備時間：1 小時 ＋ 30 分鐘巧克力調溫—冷藏時間：2 小時 15 分鐘

凝固時間：15 分鐘—保存時間：密封罐 1 週

難度：♙♙

### 焦糖 CARAMEL
香草莢 1/2 根
液狀鮮奶油 150 毫升
細砂糖 110 克
水 40 毫升
細砂糖 100 克
葡萄糖 100 克
奶油 55 克

### 巧克力甘那許 GANACHE CHOCOLAT
液狀鮮奶油 150 毫升
牛奶巧克力 90 克
可可成分 70% 的黑巧克力 115 克
蜂蜜 40 克
奶油 12 克

### 糖衣 ENROBAGE
可可成分 70% 的覆蓋巧克力
（chocolat de couverture）* 500 克

### 裝飾 DÉCOR
去皮杏仁
去皮榛果
糖漬柳橙
開心果

\* 至少含 32% 可可脂（beurre de cacao）的巧克
力稱為覆蓋巧克力（chocolat de couverture）。

專用器具：料理溫度計 1 支—Cacao Barry® 可可巴芮聚碳酸酯（PC）模 1 個（11×2.3×1.4 公分）
擠花袋 3 個—圓錐形小紙袋 1 個

## Les mendiants
### 四果

「mendiant」一詞原本指的是杏仁、榛果、葡萄乾和無花果這四種，象徵著隸屬
於托缽修道會（ordres mendiants）的修士袍。加進巧克力後，就成了年終節慶深
受喜愛的經典糖果。每個人都可以展現自己的創意，使用果乾或糖漬水果，如開
心果、柳橙或杏桃來製作。

### 製作焦糖

**1** － 將香草莢剖開成兩半並以刀尖刮下內部的籽。在平底深鍋中將鮮奶油、110克的細砂糖和香草籽煮沸。離火。

**2** － 在平底深鍋中加熱水和100克的細砂糖，加入葡萄糖。

**3** － 不要攪拌，加熱煮成焦糖。

**4** － 糖一變為棕色，就加進奶油，一邊用攪拌器攪拌。

**5** － 立刻倒入鮮奶油、細砂糖、香草的熱混合料，再度煮沸。離火後將焦糖放至微溫，接著填入擠花袋中。

### 製作巧克力甘那許

**6** － 讓鮮奶油在室溫下回溫。將2種巧克力隔水加熱至融化，混入蜂蜜，接著是鮮奶油，用攪拌器輕輕混合。

**7** － 用攪拌器慢慢混入奶油，接著以軟刮刀持續攪拌至混合料變得平滑。放至微溫，接著將甘那許填入擠花袋中。

### 製作糖衣並進行組裝

**8** － 為巧克力調溫（ tempérez le chocolat 見494-495頁）。填入擠花袋中，將尖端剪掉，在模型的凹洞中填滿巧克力。

**9** － 在工作檯表面輕敲模型，以去除氣泡。

**10** – 將模型倒過來，輕敲模型底部，讓巧克力從多連模的孔洞中流下，接著用刮刀刮模型表面，同時讓模型維持倒轉狀態，去掉多餘的巧克力。多連模的孔洞中只需保留薄薄一層巧克力。

**11** – 用刮板將表面刮至潔淨。靜置凝固15分鐘。稍微隔水加熱一下，將調溫巧克力維持在32℃（注意，溫度不可超過32℃）。

**12** – 拿起裝有巧克力甘那許的擠花袋，將尖端剪掉，接著擠入多連模的孔洞中，填至2/3滿。

**13** – 拿起裝有焦糖的擠花袋，將尖端剪掉，接著擠在多連模孔洞裡的甘那許上，在表面預留3公釐的空間。冷藏15分鐘。

**14** – 用裝有調溫巧克力的擠花袋，填滿多連模孔洞裡的空隙。

**15** – 立刻鋪上厚的塑膠紙（feuille de papier plastique épais）或玻璃紙（feuille guitare），按壓每個孔洞，以確實緊貼至內部的巧克力上。

**16** – 用刮板刮模型表面，以去除多餘的巧克力。冷藏2小時。

**製作裝飾**

**17** – 在焦糖巧克力棒完全凝固時脫模。製作小的圓錐形紙袋，將剩餘的甘那許倒入紙袋中。

**18** – 在每根巧克力棒上擠出甘那許小點，黏上四種裝飾的果乾與堅果。

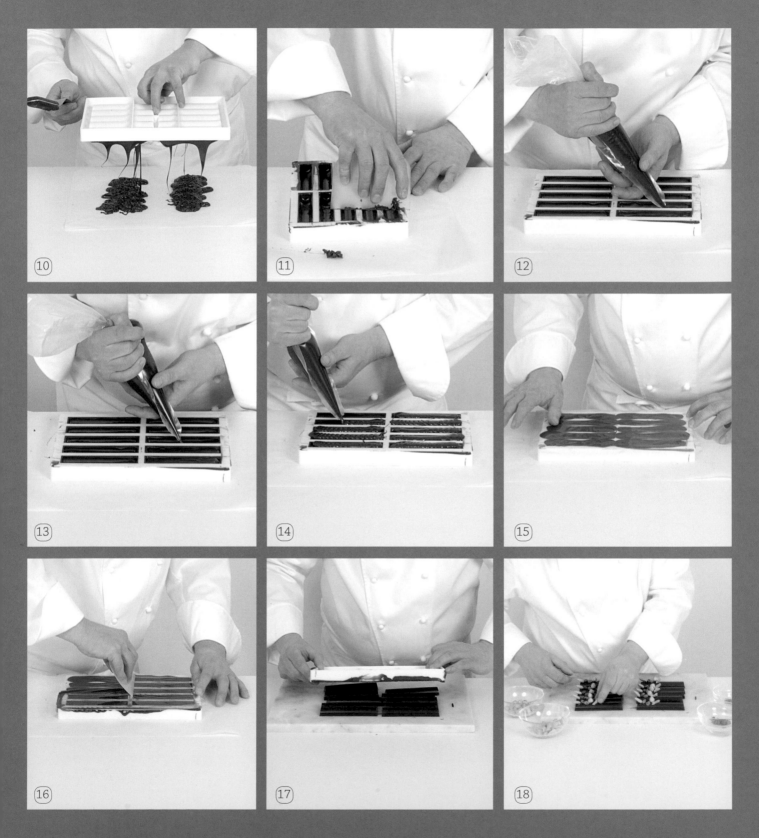

# PETITES
## pommes d'amour

迷你焦糖蘋果

10顆焦糖蘋果

---

準備時間：30分鐘

難度：♙

| 蘋果 POMMES | 紅焦糖 CARAMEL ROUGE |
|---|---|
| 檸檬1顆 | 細砂糖500克 |
| 蘋果10顆 | 水150毫升 |
| | 葡萄糖80克 |
| | 覆盆子紅色食用色素1刀尖 |
| | 香草莢3根 |

專用器具：竹籤10根—料理溫度計1支

## La pomme d'amour

焦糖蘋果

有市集節慶之后稱號的焦糖蘋果，是裹上酥脆紅焦糖，再插在竹籤上的蘋果。這種焦糖可再加入香草或肉桂來增添風味。焦糖蘋果因其顏色和形狀和番茄很相像，因而保留其源自番茄的名稱「愛之蘋 pomme d'amour」。傳統上會使用金冠品種的蘋果製作，但為了變換口味，請毫不猶豫地使用更小的品種，在此獻上迷你焦糖蘋果。

## 準備蘋果

**1** - 在一大盆水上方將檸檬榨汁。

**2** - 將蘋果去梗並去皮，立刻浸入檸檬水中，以免氧化。

## 製作紅焦糖

**3** - 將細砂糖和水倒入平底深鍋中，攪拌至細砂糖溶解，接著加入葡萄糖。

**4** - 煮沸，用湯匙撈去浮起來的雜質。

**5** - 加入食用色素，維持在煮沸的狀態。

**6** - 將香草莢剖開成兩半，用刀尖刮下內部的籽，將香草籽加入焦糖中，接著混合。

**7** - 讓料理溫度計的溫度到達160至170℃。

## 爲蘋果裹上焦糖

**8** - 讓蘋果在潔淨且乾燥的毛巾或吸水紙上瀝乾，接著將每顆蘋果插在竹籤上。

**9** - 當焦糖到達適當的溫度時，將平底深鍋離火。立刻爲蘋果裹上焦糖，即刻擺在烤盤紙上。讓焦糖蘋果凝固變硬。

### ASTUCE DU CHEF 主廚訣竅

視你的喜好，蘋果也可以不削皮。在這種情況下，就不需要浸泡檸檬水。

# BARRES
# passion-chocolat
## 百香巧克力棒

10根巧克力棒

準備時間：1小時 + 30分鐘巧克力調溫—冷凍時間：1小時—巧克力的凝結時間：1小時
保存時間：密封罐5日
難度：

### 百香杏仁膏 PÂTE D'AMANDE PASSION

百香果泥60克
可可脂1大匙
杏仁粉85克
糖粉50克
馬鈴薯澱粉（fécule de pomme de terre）20克

### 百香甘那許 GANACHE PASSION

百香果泥30克
細砂糖2又1/2小匙
葡萄糖2小匙
牛奶巧克力120克
可可成分70%的黑巧克力20克
液狀鮮奶油40毫升
奶油6克

### 糖衣 ENROBAGE

覆蓋牛奶巧克力（chocolat de couverture lacté）* 350克

專用器具：Silikomart® 迷你冰棒模（Mini Pick）1個—棒棒糖棍10根
巧克力轉印紙（feuille de transfert pour chocolat）1張

* 至少含32%可可脂（beurre de cacao）的巧克力稱爲覆蓋巧克力（chocolat de couverture）。

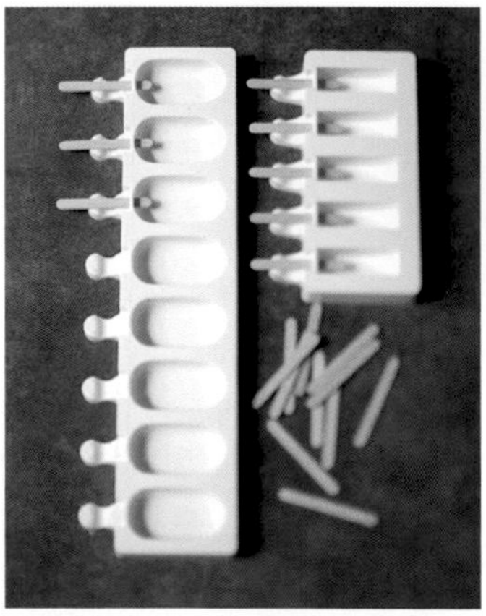

## Moules à sucettes
### 棒棒糖模

爲了製作令大人小孩都欣喜，專屬於你的棒棒糖，請毫不猶豫地取得特殊的模型以形成獨特的形狀：圓柱形、心形、星形或圓形，它們很容易使用，而且可以做出一致的棒棒糖。

## 製作百香杏仁膏

**1** – 在平底深鍋中，將百香果泥煮至濃縮一半，接著趁熱混入可可脂。

**2** – 將杏仁粉和糖粉一起放入碗中，倒入上述熱的液體。

**3** – 攪拌至形成膏狀。

**4** – 在工作檯上撒上一些馬鈴薯澱粉，將百香杏仁膏 薄至3公釐的厚度。

**5** – 裁成6×4公分的長方形。

**6** – 撒上馬鈴薯澱粉。

**7** – 將長方形的百香杏仁膏放入模型的格子中，撒有馬鈴薯澱粉的一面靠向模型底部，按壓以貼平模型。

## 製作百香甘那許

**8** – 在平底深鍋中，將百香果泥加熱濃縮至剩下一半，加入細砂糖和葡萄糖，加熱。將牛奶巧克力切碎，放入碗中。

**9** – 鍋中倒入液狀鮮奶油，一邊加熱一邊攪拌。

● ● ●

> ### ASTUCE DU CHEF 主廚訣竅
>
> 你可用其他適合搭配巧克力的微酸水果來取代百香果泥，
> 例如覆盆子、鳳梨或黑醋栗。微酸的風味和巧克力組合
> 可確保糖果的清爽口感。

**10** – 全部倒入切碎的巧克力中，拌勻。

**11** – 混入奶油。將百香甘那許填入擠花袋中。

**12** – 將百香甘那許擠入多連模的棒棒糖模型中至3/4滿。

**13** – 在百香甘那許中插入棒棒糖棍。

**14** – 最後在棒棒糖模型的孔洞中填入百香甘那許至與邊緣齊平。

**15** – 用刮刀刮平表面，去除多餘的百香甘那許。在室溫下凝結1小時，接著冷凍至少1小時，直到巧克力棒凝固。

**16** – 在烤盤紙上爲巧克力棒脫模。

## 包覆並裝飾巧克力棒

**17** – 爲覆蓋牛奶巧克力調溫（tempérez le chocolat 見494-495頁）。

**18** – 在工作檯上鋪好轉印紙。將巧克力棒一一浸入調溫好的覆蓋牛奶巧克力中，接著立刻擺在轉印紙上。讓巧克力凝固。

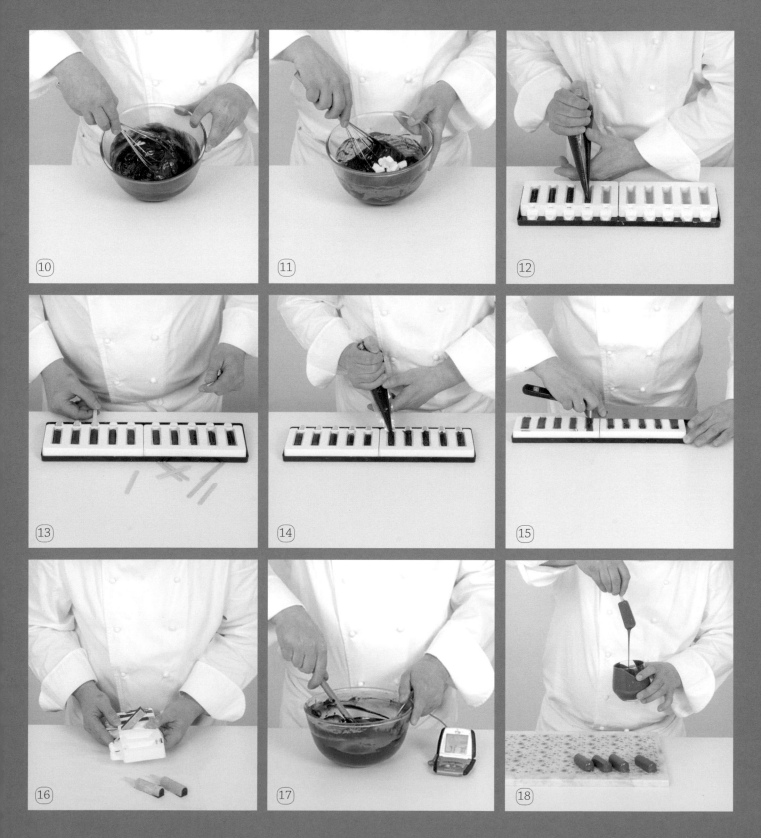

# BÂTONNETS
## chocolat-orange
### 橙香巧克力棒

12根巧克力棒

準備時間：1小時 + 30分鐘—烘焙時間：10分鐘—冷藏時間：1小時5分鐘
冷凍時間：2小時—保存時間：以密封罐保存8日
難度：♔ ♔

#### 酥脆杏仁
#### AMANDES CROUSTILLANTES
水1大匙
細砂糖1大匙
杏仁條50克
細砂糖

#### 橙香帕林內酥
#### CROUSTILLANT PRALINÉ-ORANGE
牛奶巧克力12克
帕林內果仁糖 (praliné) 50克
奶油20克
糖漬橙皮10克
巴瑞脆片 (pailleté feuilletine)* 25克

#### 帕林內甘那許 GANACHE PRALINÉE
液狀鮮奶油100毫升
蜂蜜25克
牛奶巧克力220克
帕林內果仁糖80克
Cointreau® 君度橙酒1大匙

#### 糖衣 L'ENROBAGE
覆蓋牛奶巧克力 (chocolat de couverture lacté)* 300克

＊法文名字 Feuilletine 其實只有「脆片」的意思，但因爲台灣最常見的是法
國 cacao barry 出的這種脆片，於是被冠上廠商名稱爲「巴瑞脆片」，事
實上並不只有此廠牌生產這種脆片，只是在台灣已經習慣稱爲巴瑞脆片。

＊至少含32% 可可脂 (beurre de cacao) 的巧克力稱爲覆蓋巧克力
(chocolat de couverture)。

專用器具：Silikomart® 迷你經典多連模 (Mini Classic) 1個—擠花袋1個—棒棒糖棍12根

## Utilisez le chocolat tempéré
## plusieurs fois dans la même recette
### 在同一道配方中數度使用調溫巧克力

爲了能夠在這道配方中的三個階段使用同樣的調溫巧克力，必須將調溫巧克力維
持在適當的溫度（28至30℃之間）直到最後的包覆階段，以確保巧克力具有同樣
的顏色和光澤。因此，我們必須經常將調溫巧克力隔水加熱一會兒。

### 製作酥脆杏仁

**1** – 將烤箱預熱至150℃（熱度5）。將水和細砂糖煮沸。將杏仁條倒入碗中，攪拌並撒上細砂糖。

**2** – 入烤箱烤10至15分鐘。在烘烤期間翻面。

### 製作橙香帕林內酥

**3** – 將巧克力隔水加熱至融化。混入帕林內果仁糖，接著是奶油。

**4** – 混入橙皮，接著是巴瑞脆片（Gavottes® 品牌）。

**5** – 將混合料鋪在烤盤紙上。擺上另一張烤盤紙，用擀麵棍擀成4公釐的厚度。冷藏30分鐘。

**6** – 將烤盤紙移除，裁成6×3公分的長方形。

### 製作帕林內甘那許

**7** – 在平底深鍋中將鮮奶油和蜂蜜煮沸。將巧克力隔水加熱至融化。

**8** – 將熱液體倒入巧克力中，用攪拌器輕輕混合。

**9** – 混入帕林內果仁糖，接著是君度橙酒。冷藏30分鐘。

• • •

### ASTUCE DU CHEF 主廚訣竅

為了適當地插入棒棒糖棍，請確保巧克力夠軟，找到正中央的位置：不應插得太淺或太深，很快就能抓到訣竅。

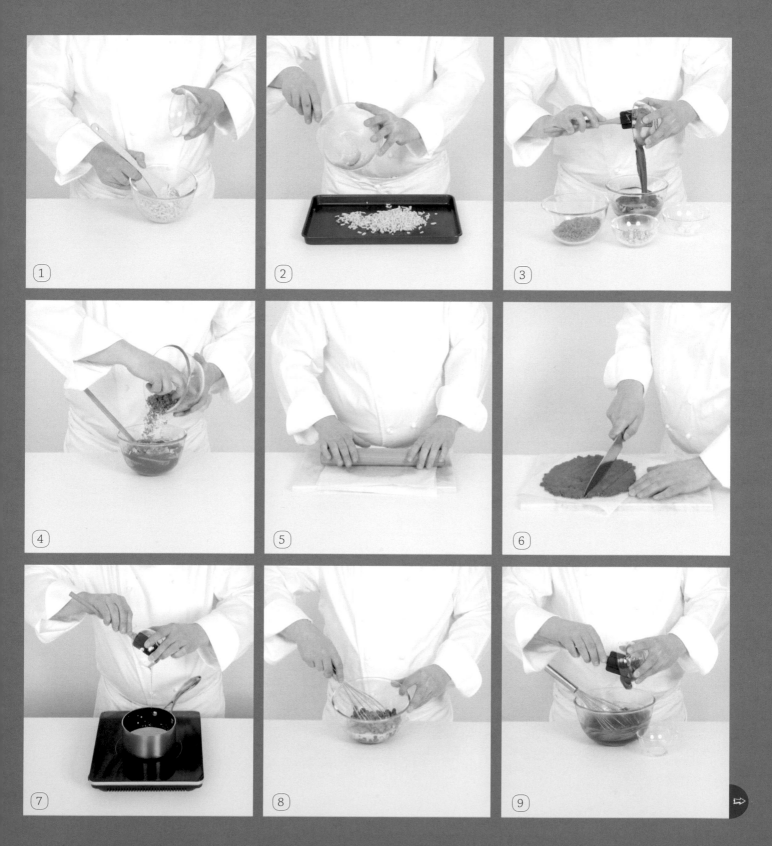

**進行組裝並包覆糖衣**

**10** − 為覆蓋巧克力進行調溫（tempérez le chocolat 見494-495頁）。用糕點刷在多連模的孔洞內刷上調溫後的巧克力。冷藏5分鐘，直到巧克力凝固。將調溫後的巧克力維持在28-30℃。

**11** − 快速攪打至甘那許乳化並變稀一些。填入擠花袋。

**12** − 剪掉擠花袋前端，將甘那許擠入刷有巧克力的多連模中，填至一半的高度。

**13** − 將棒棒糖棍插入多連模預留的位置。

**14** − 在每個格子中放入1塊長方形的橙香帕林內酥。

**15** − 用擠花袋擠入甘那許，直到將格子填滿。

**16** − 用刮刀刮模型表面，以去除多餘的甘那許。

**17** − 將一些調溫巧克力倒入模型的格子裡，立刻用刮刀刮平。冷凍2小時。同時將調溫巧克力維持在28-30℃。

**18** − 為巧克力棒脫模，一根一根地浸入調溫後的巧克力中。瀝掉多餘的巧克力，接著擺在潔淨的工作檯上。立刻撒上酥脆杏仁。

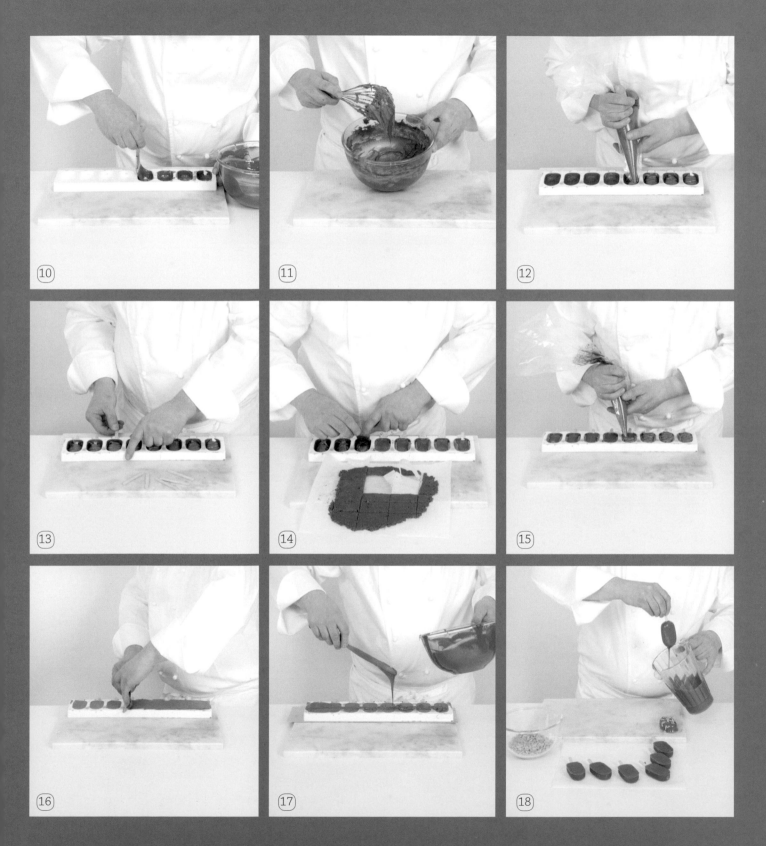

# GUIMAUVES
## chocolat
### 巧克力棉花糖

約65顆棉花糖

準備時間：30分鐘─靜置時間：24小時─保存時間：以密封罐保存3日

難度：♡

巧克力棉花糖
GUIMAUVE CHOCOLAT
吉力丁11片（22克）
水70毫升
細砂糖175克
葡萄糖75克
Trimoline® 轉化糖100克

Trimoline® 轉化糖110克
可可塊（pâte de cacao）45克
糖粉150克
馬鈴薯澱粉150克

蛋糕框用奶油

專用器具：料理溫度計1支─16×16公分的蛋糕框1個─糕點刷1支

## La guimauve
### 棉花糖

棉花糖源自一種作物（guimauve 蜀葵），這種作物因其療效而作爲藥物販售，經常以軟糖的形式生產。正是它的質地爲這著名的糖果賦予其名。通常以糖漿、細砂糖和吉力丁所組成，而且經常加上顏色的變化。英語系國家著名的甜食marshmallow（棉花糖）是不同的變化版本。

### 前1天，製作巧克力棉花糖

**1** － 將吉力丁放入一碗冷水中泡軟。將水、細砂糖、葡萄糖和100克的轉化糖加熱至料理溫度計達113℃。

**2** － 按壓吉力丁片，盡可能擠出最多的水分，和110克的轉化糖一起放入碗中。倒入糖漿，用手持式電動攪拌機攪打至混合料泛白，在攪拌器末端形成尖嘴狀。

**3** － 將可可塊加熱至融化，混入混合料中。

**4** － 為蛋糕框刷上奶油，擺在鋪有烤盤紙的烤盤上。在蛋糕框中倒入棉花糖。

**5** － 混合糖粉和馬鈴薯澱粉，撒在棉花糖表面。讓棉花糖在室溫下凝固24小時。

### 隔天，為棉花糖脫模並進行裝飾

**6** － 用刀劃過蛋糕框內緣將棉花糖剝離脫模。

**7** － 將棉花糖連同烤盤紙翻倒在另一個鋪有烤盤紙的烤盤上，接著將表面的烤盤紙移除。

**8** － 篩上糖粉和馬鈴薯澱粉的混合，接著用糕點刷去除多餘的粉。

**9** － 全部切成2公分的條狀，再切成邊長2公分的塊狀。

> **ASTUCE DU CHEF 主廚訣竅**
>
> 你可用非液態蜂蜜(miel non liquide)來取代轉化糖。

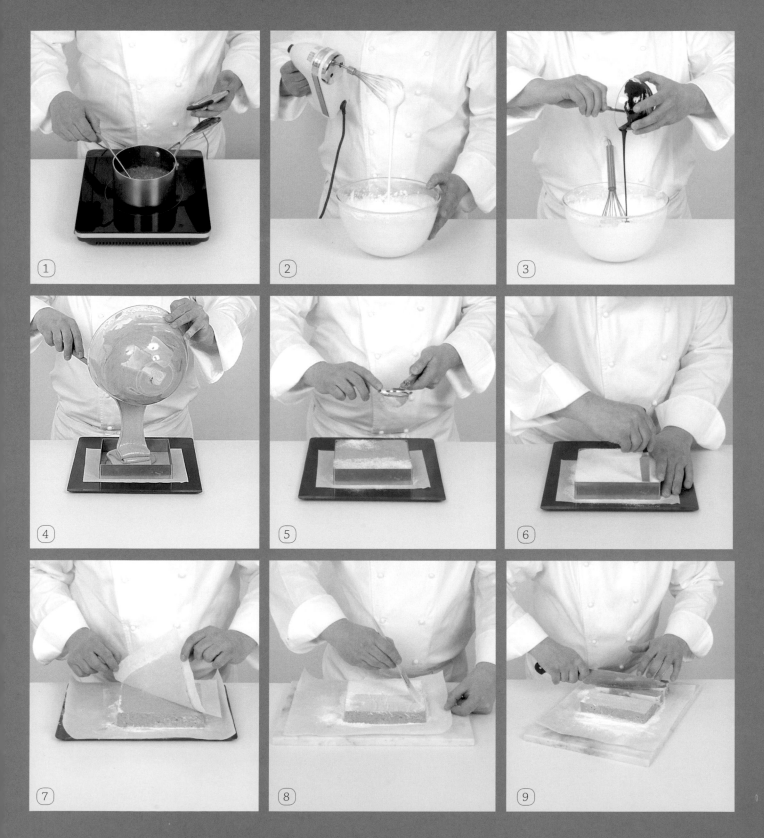

# NOUGAT

## 牛軋糖

### 1公斤的牛軋糖

準備時間：45分鐘—烘焙時間：35分鐘—保存時間：密封罐10日

難度：♙♙

牛軋糖 PÂTE À NOUGAT

去皮榛果100克

去皮杏仁200克

去皮開心果100克

蛋白1又1/2個（50克）

細砂糖20克

蜂蜜215克

-------

細砂糖250克

葡萄糖100克

水70毫升

矽膠烤墊用油

專用器具：料理溫度計1支—矽膠烤墊2張

## Technique du nougat
### 牛軋糖的技巧

牛軋糖是一種由細砂糖和蜂蜜所構成的甜點，必須含有15%的堅果。其軟硬度會依烹煮方式的不同而有所變化，也能添加糖漬水果。法國的許多地區都生產牛軋糖，但過去是以蒙特利馬爾（Montelimar）爲發源地，這座城市因其牛軋糖含有至少30%的堅果，包括杏仁和開心果，而成爲最著名的生產重鎭。

**製作牛軋糖**

**1** － 將烤箱預熱至160℃（熱度5-6）。將榛果、杏仁和開心果擺在烤盤上，入烤箱烤
15分鐘。在大碗中，用電動攪拌器將蛋白攪打至硬性發泡，讓蛋白能夠挺立於攪拌器
末端。加入細砂糖，形成蛋白霜。同時間在平底深鍋中加熱蜂蜜，直到料理溫度計達
140℃。

**2** － 一到達140℃就立刻將蜂蜜倒入蛋白霜中，用電動攪拌器輕輕混合。

**3** － 在平底深鍋中加熱細砂糖、葡萄糖和水，直到料理溫度計達175℃，一邊攪打蛋白
霜混合料。

**4** － 立刻倒入蛋白霜混合料中，持續混合至形成均勻的質地。

**5** － 將大碗放入隔水加熱鍋中，隔水加熱10分鐘，直到形成濃稠的膏狀質地。

**6** － 將大碗從隔水加熱鍋中取出，用木匙混入堅果拌勻。

**7** － 在工作檯上擺上一張矽膠烤墊，刷上油並倒入牛軋糖。擺上另一張刷上油的矽膠烤
墊，用掌心將牛軋糖壓扁。

**8** － 用擀麵棍稍微擀平，直到形成1.5至2公分均勻的厚度。在室溫下放涼。

**9** － 將牛軋糖切成條狀，接著再切成塊。

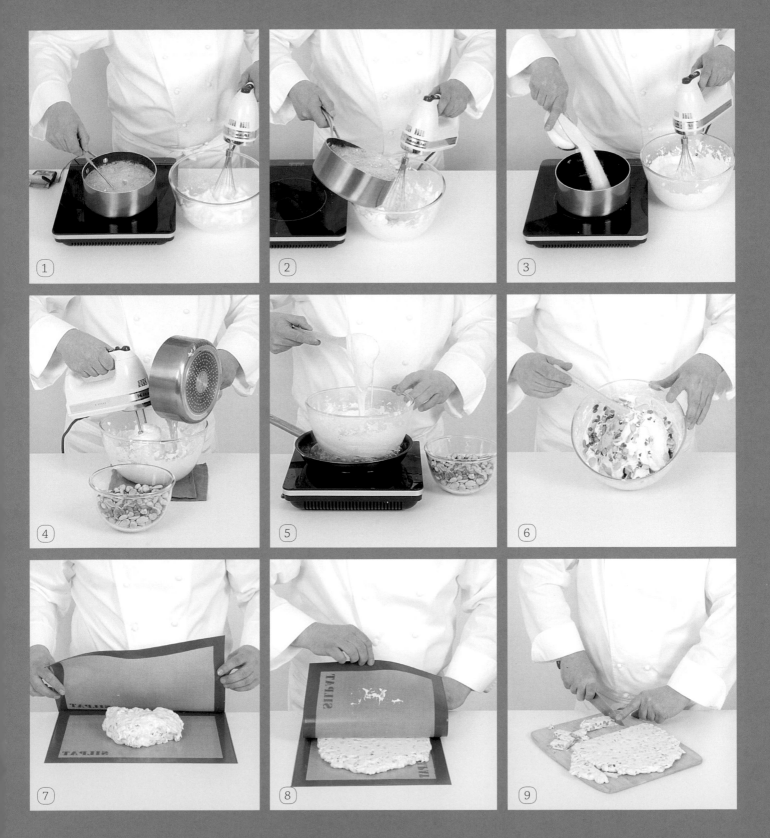

# PÂTES DE FRUIT
## framboise-amande
### 覆盆子杏仁水果軟糖

**65顆水果軟糖**

準備時間：45分鐘—凝固時間：4小時—保存時間：以密封罐保存6日
難度：

覆盆子水果軟糖
PÂTE DE FRUIT FRAMBOISE
覆盆子泥300克
黃色果膠1小匙
細砂糖30克
葡萄糖80克
細砂糖295克
酒石酸液（acide tartrique
en solution）1小匙

杏仁膏 PÂTE D'AMANDE
白色杏仁膏200克

裝飾 DÉCOR
細砂糖

專用器具：料理溫度計1支—16×16公分的蛋糕框1個

## Les pâtes de fruits
水果軟糖

源自奧弗涅（Auvergne）的水果軟糖是以水果、細砂糖和膠化劑（通常為黃色果膠）製成的糖果。如此濃郁的水果味來自所含的果泥，而這就是水果軟糖主要的材料元素。這些糖果的口味也相當繁多，包含以下水果：覆盆子、草莓、芒果、杏桃、榅桲（coing）、黑李（prune）等等。

製作覆盆子水果軟糖

**1** － 在平底深鍋中將覆盆子泥加熱至微溫。混合黃色果膠和30克的細砂糖，接著將混合料一次倒入微溫的果泥中。加入葡萄糖。

**2** － 將混合料煮沸，接著加入295克的細砂糖。

**3** － 繼續烹煮，一邊用攪拌器持續攪拌，直到料理溫度計達104℃。

**4** － 離火並加入酒石酸液拌勻。

**5** － 在鋪有烤盤紙的烤盤上擺上蛋糕框，倒入覆盆子泥等混合料。在室溫下凝固4小時。

**6** － 將白色杏仁膏擀至極薄。將水果軟糖的烤盤紙取下，將水果軟糖連同蛋糕框一起擺在杏仁膏上。將蛋糕框周圍多餘的杏仁膏切掉，將邊緣整平，擺在一旁。

**7** － 用刀劃過蛋糕框內緣，將水果軟糖剝離脫模。將切下的多餘杏仁膏再度揉成團，接著再次擀至極薄，擺在水果軟糖的另一面。切下多餘的杏仁膏，將邊緣修至齊平。

**8** － 將水果軟糖切成2公分的條狀，接著切成2×2公分的塊狀。

**9** － 在盤中倒入一些細砂糖，為每塊水果軟糖沾裹上細砂糖。

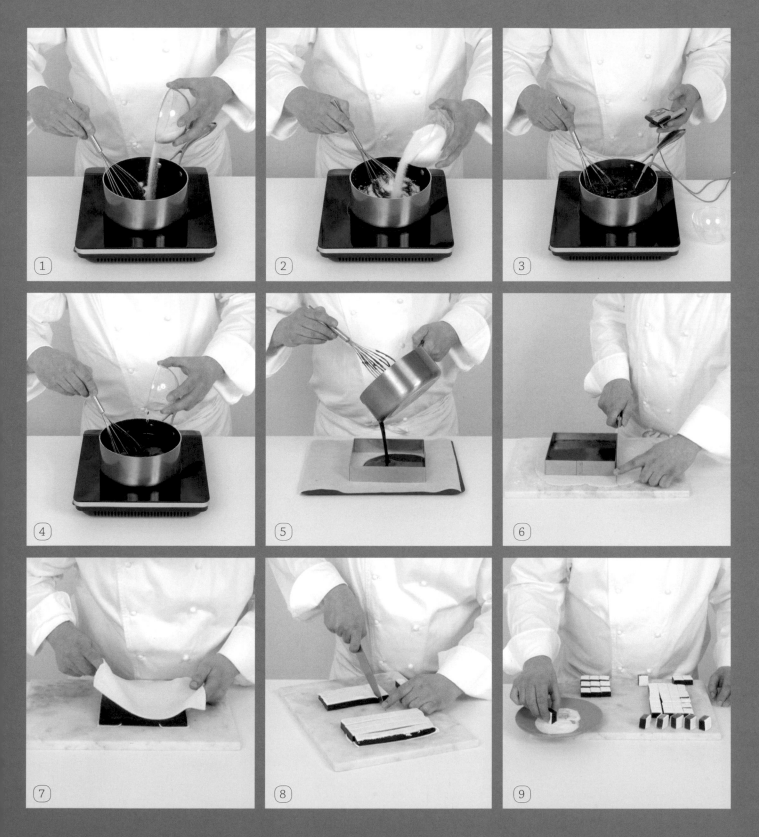

# SUCETTES
## cassis-praliné
### 黑醋栗帕林內棒棒糖

**20根棒棒糖**

---

準備時間：1小時 + 30分鐘巧克力調溫

冷藏時間：15分鐘—凝固時間：1小時—保存時間：以密封罐保存1週

難度：🍥

<u>黑醋栗帕林內 PÂTE CASSIS-PRALINÉ</u>

牛奶巧克力200克

可可成分70%的黑巧克力60克

黑醋栗泥120克

細砂糖20克

果膠1小匙

帕林內果仁糖醬180克

糖粉

<u>糖衣 ENROBAGE</u>

可可成分70%的覆蓋黑巧克力

（chocolat noir de couverture）＊400克

＊至少含32%可可脂（beurre de cacao）的巧克力
稱爲覆蓋巧克力（chocolat de couverture）。

<u>專用器具</u>：棒棒糖棍20根—巧克力轉印紙1張—直徑5公分的壓模1個

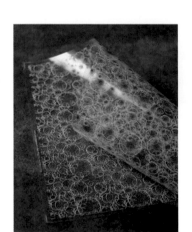

## Les feuilles de transfert pour chocolat
### 巧克力轉印紙

容易使用的轉印紙可以昇華巧克力製作的糖果或甜食，爲它們賦予專業水準的修飾。有多種花樣，你可將喜歡的圖案印在作品上。請仔細地在轉印紙上鋪一層巧克力，這就是訣竅！

## 製作黑醋栗帕林內

**1** － 將2種巧克力切碎並放入碗中。在平底深鍋中將黑醋栗泥加熱至微溫。混合細砂糖和果膠，接著一次倒入黑醋栗泥中。

**2** － 煮沸幾秒，接著倒入裝有切碎巧克力的碗中混合。

**3** － 混入帕林內果仁糖醬，接著在室溫下放涼，直到混合料形成膏狀。

**4** － 在一張烤盤紙上篩糖粉，擺上成團的黑醋栗帕林內，同樣篩上糖粉。再鋪上一張烤盤紙。

**5** － 用擀麵棍擀至1公分的厚度。移至烤盤上，冷藏15分鐘。

**6** － 用壓模裁出20塊黑醋栗帕林內膏圓餅。

**7** － 在圓餅側面中央插入棒棒糖棍。

## 製作糖衣和裝飾

**8** － 為黑巧克力調溫（tempérez le chocolat 見494-495頁），倒入碗中。在工作檯上擺一張烤盤紙。將轉印紙切成10張，每張約6×6公分的正方形。

**9** － 將每根棒棒糖一一浸入調溫巧克力中，讓多餘的巧克力流下，接著擺在烤盤紙上。立刻鋪上正方形的轉印紙。在室溫下凝固1小時。

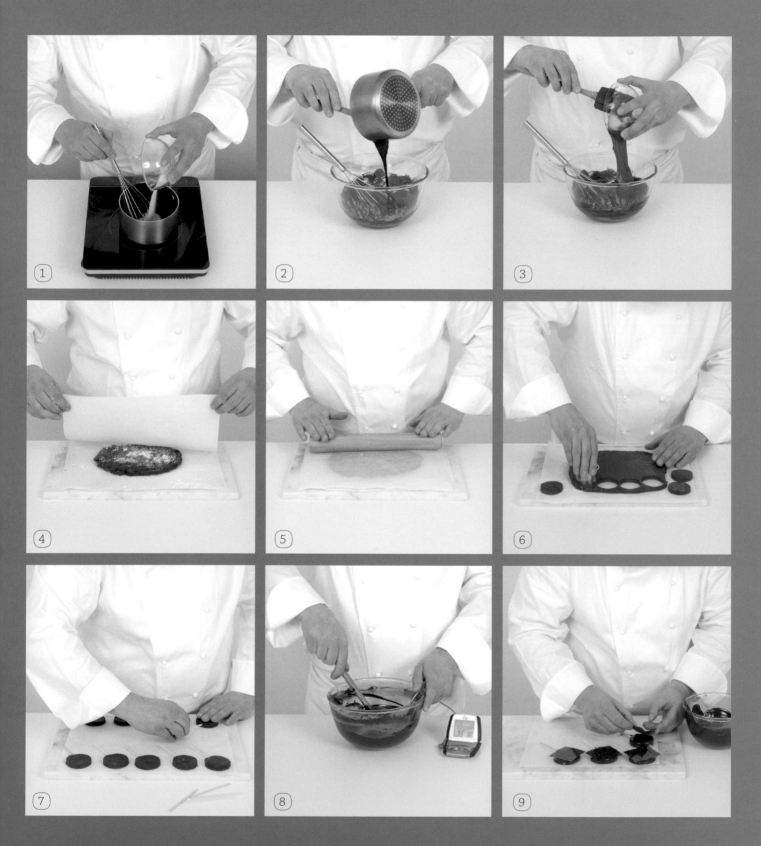

# CARAMELS
## framboise et spéculoos
### 覆盆子焦糖餅乾軟糖

**40顆軟糖**

---

準備時間：30分鐘—凝固時間：12小時—保存時間：密封罐1週

難度：🍮🍮

---

#### 覆盆子焦糖餅乾軟糖
#### CARAMELS FRAMBOISE ET SPÉCULOOS
比利時焦糖餅乾100克
液狀鮮奶油360毫升
細砂糖200克
葡萄糖50克
小蘇打粉 (bicarbonate de soude) 1小撮

Trimoline® 轉化糖60克
覆盆子泥160克
半鹽奶油 (beurre demi-sel) 30克
可可脂20克
大豆卵磷脂 (lécithine de soja) 1撮

專用器具：料理溫度計1支—16×16公分的蛋糕框1個—直徑4公分的圓形壓模1個

## Les emporte-pièce
### 壓模

不論是圓的、方的，還是其他的幾何形狀，是平口的還是鋸齒狀的，壓模是用來在各種麵皮中裁切出精確形狀的用具。白鐵、不鏽鋼或塑膠材質的壓模廣泛用於糕點製作，可壓出各種形狀的餅乾或甜食。

**製作覆盆子焦糖餅乾軟糖**

**1** – 將比利時焦糖餅乾搗碎。

**2** – 將鮮奶油、細砂糖、葡萄糖和小蘇打粉放入大型平底深鍋中。煮至料理溫度計達118℃，一邊以軟刮刀持續攪拌。

**3** – 達118℃時，加入轉化糖，接著是覆盆子泥。持續並輕輕攪拌至料理溫度計上的溫度再度到達118℃。

**4** – 混入奶油、可可脂和大豆卵磷脂，接著立即離火。

**5** – 加入比利時焦糖餅乾碎片拌勻。

**6** – 在鋪有烤盤紙的烤盤上擺好蛋糕框，在蛋糕框中倒入焦糖。用軟刮刀均勻鋪開。在室溫下凝固12小時。

**7** – 當焦糖完全凝固時，用刀劃過蛋糕框內緣，小心地脫模。

**8** – 切下2條寬2公分的焦糖餅乾軟糖，接著切成4公分的長方形。

**9** – 用圓形壓模裁切剩餘的焦糖餅乾軟糖。

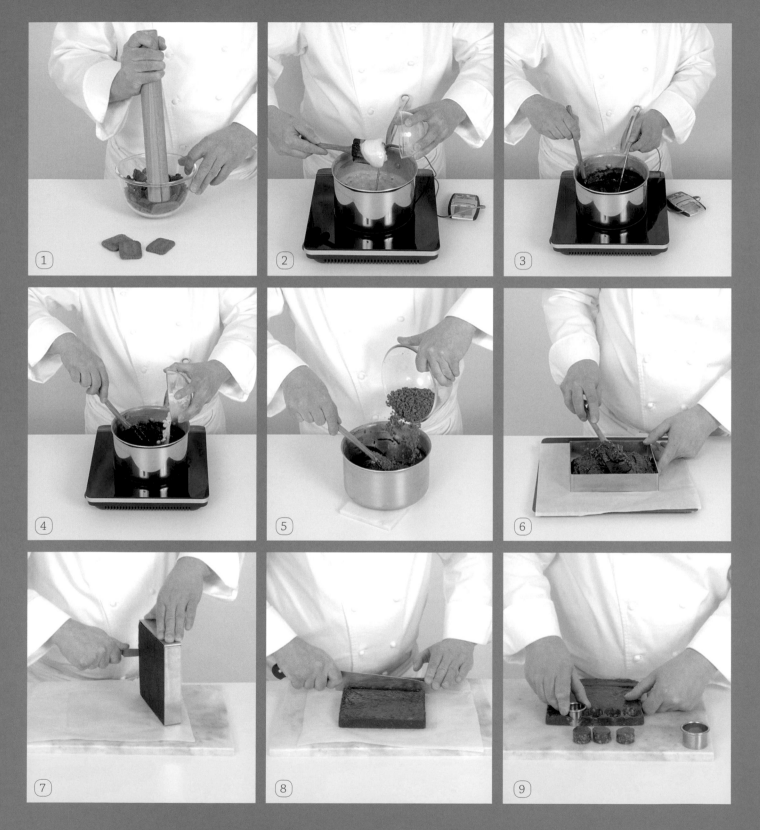

# GOURMANDISES
## au thé matcha
### 抹茶小點

40份

___

準備時間：30分鐘 + 15分鐘甜酥麵團—冷藏時間：3小時 + 30分鐘甜酥麵團
烘焙時間：10分鐘—保存時間：冷藏2日
難度：♧

### 白巧克力甘那許
#### GANACHE CHOCOLAT BLANC
白巧克力270克
液狀鮮奶油100毫升
奶油20克

### 抹茶凍 GELÉE AU THÉ MATCHA
抹茶粉（thé vert matcha en poudre）1小匙
洋菜（agar-agar）1/2小匙
細砂糖30克
水400毫升
蜂蜜50克

### 甜酥麵團 PÂTE SUCRÉE
奶油80克
糖粉50克
鹽1撮
麵粉80克
蛋1/2顆（20克）

### 裝飾 DÉCOR
覆盆子40克
糖粉

專用器具：直徑4公分的矽膠多連膜1個—直徑5公分的圓形壓模1個
擠花袋1個—PF16擠花嘴1個

## Le thé vert matcha
### 抹茶

從中國引進的抹茶是一種綠色帶有香氣的茶，從乾燥的綠茶葉研磨而得，以細粉的形狀販售。在日本受到高度重視，在著名的茶道中，抹茶的製作方式是在未沸騰的熱水中加入抹茶粉，接著以茶筅（fouet en bambou）攪拌至乳化，直到形成翠綠色、帶有綿密泡沫，均勻的茶液。

## 製作白巧克力甘那許

**1** – 將白巧克力隔水加熱至融化。將液狀鮮奶油和奶油煮沸，接著立刻倒入白巧克力中，攪拌至形成均勻的質地。冷藏1小時。

## 製作抹茶凍

**2** – 混合抹茶粉、洋菜和細砂糖。在平底深鍋中倒入水和蜂蜜，接著是乾料。

**3** – 全部煮沸，一邊用攪拌器攪拌。

**4** – 倒入碗中，放至微溫，接著將混合料填至多連模的孔洞中至與邊緣齊平。冷藏2小時。

## 製作甜酥圓餅

**5** – 將烤箱預熱至170℃（熱度5-6）。將甜酥麵團（見488和489頁）擀成約3公釐的厚度，用壓模裁成圓餅狀。擺在鋪有烤盤紙的烤盤上，入烤箱烤10分鐘。

## 進行組裝與裝飾

**6** – 為抹茶凍脫模，在每塊甜酥圓餅上擺1個抹茶凍。

**7** – 攪拌白巧克力甘那許。填入裝有擠花嘴的擠花袋中，接著在一張烤盤紙上擠出玫瑰花狀的甘那許。

**8** – 為覆盆子篩上糖粉，接著擺在甘那許玫瑰花上。

**9** – 將覆盆子甘那許玫瑰花放在抹茶凍甜酥圓餅上。

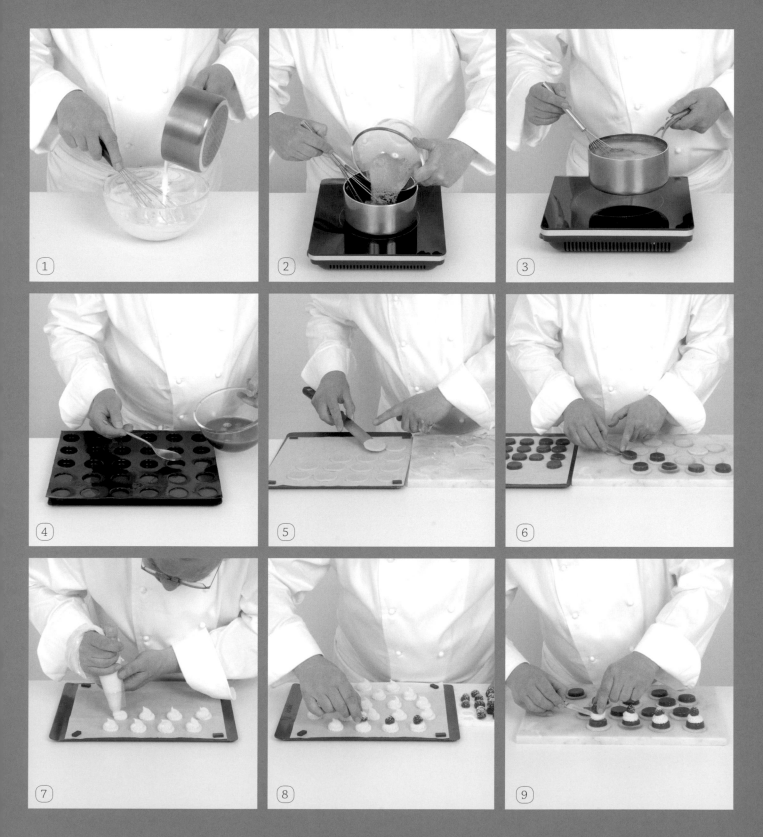

# CARAMELS
## tarte au citron
### 檸檬塔焦糖

**40 顆焦糖**

準備時間：1小時—烘焙時間—凝固時間：12小時—保存時間：以密封罐保存1週

難度：♡♡

**焦糖 CARAMEL**
布列塔尼酥餅 115 克
液狀鮮奶油 300 毫升
檸檬皮 1 顆
細砂糖 150 克
蜂蜜 50 克

小蘇打粉 1 撮
洋梨泥 60 克
Trimoline® 轉化糖 50 克
奶油 25 克
可可成分 31% 的白巧克力 20 克

專用器具：料理溫度計 1 枝—16×16 公分的蛋糕框 1 個

## Caramels tarte au citron
### 檸檬塔焦糖

你可在這些清爽微酸的軟焦糖中找到可口的檸檬塔味。由於加入了布列塔尼酥餅、鮮奶油和檸檬皮等混合料，這法式料理的經典味道在此完美重現。口感酥脆且入口即化，這些以焦糖製成的軟糖可滿足各種對甜食的慾望。

**製作檸檬塔焦糖**

**1** – 在碗中將布列塔尼酥餅搗碎。

**2** – 將鮮奶油倒入平底深鍋中。將檸檬皮刨碎並放入鍋中。

**3** – 加入細砂糖、蜂蜜和小蘇打粉。

**4** – 煮至料理溫度計達118℃，一邊以軟刮刀持續攪拌。

**5** – 達118℃時，加入混有轉化糖的洋梨泥，繼續並持續輕輕攪拌，直到料理溫度計上的溫度再度到達118℃。

**6** – 離火，混入奶油、白巧克力，接著是搗碎的布列塔尼酥餅。

**7** – 將蛋糕框擺在鋪有烤盤紙的烤盤上，在蛋糕框中倒入焦糖。用軟刮刀均勻地鋪開。在室溫下凝固12小時。

**8** – 當焦糖完全凝固時，用刀劃過蛋糕框內緣，脫模。

**9** – 切成厚2公分的條狀，接著切成3公分的塊狀。

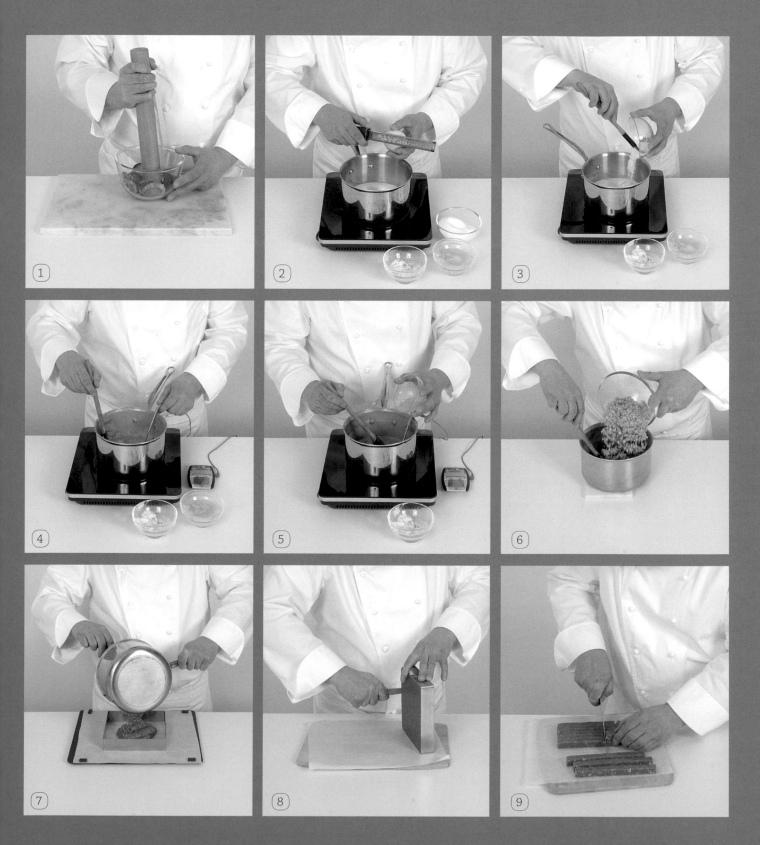

# Les bases
# de la pâtisserie

糕點基礎

# LES USTENSILES
用具

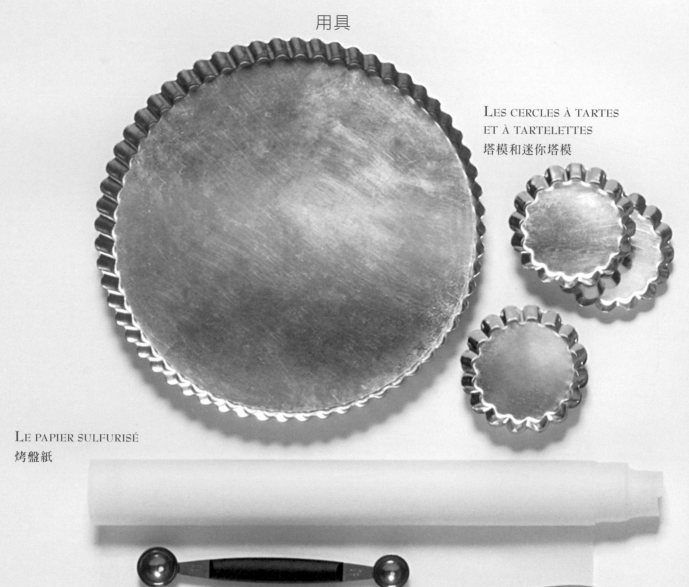

LES CERCLES À TARTES
ET À TARTELETTES
塔模和迷你塔模

LE PAPIER SULFURISÉ
烤盤紙

LA CUILLÈRE À POMME PARISIENNE
挖球器

LES FOUETS
攪拌器

LE ROULEAU À PÂTISSERIE
擀麵棍

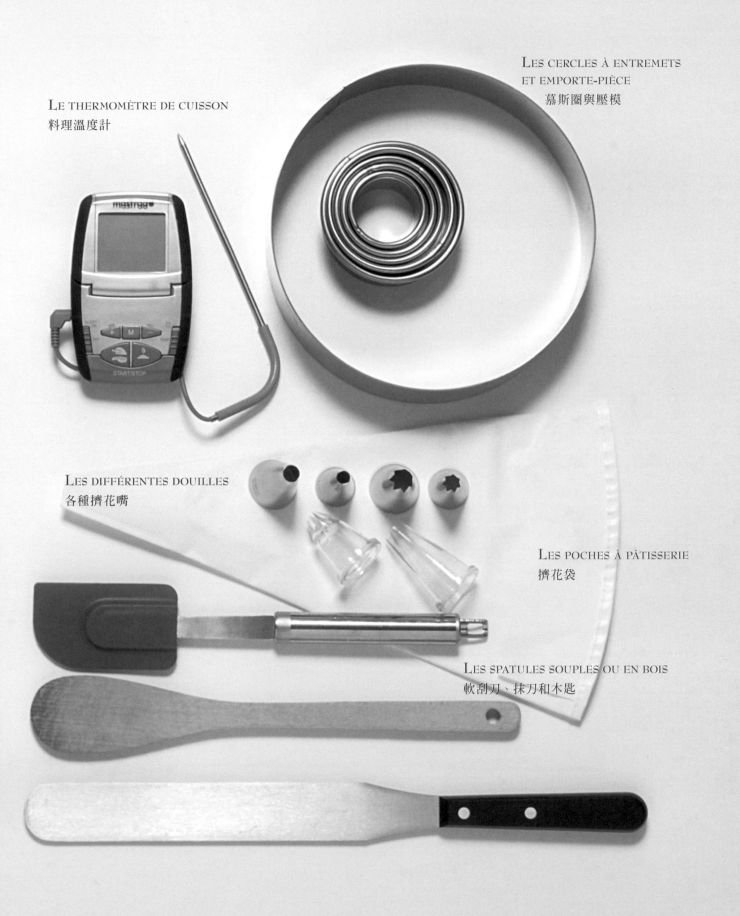

LE THERMOMÈTRE DE CUISSON
料理溫度計

LES CERCLES À ENTREMETS
ET EMPORTE-PIÈCE
慕斯圈與壓模

LES DIFFÉRENTES DOUILLES
各種擠花嘴

LES POCHES À PÂTISSERIE
擠花袋

LES SPATULES SOUPLES OU EN BOIS
軟刮刀、抹刀和木匙

# LES INGRÉDIENTS
食材

LE CACAO EN POUDRE 可可粉

LA FARINE 麵粉

LE SUCRE GLACE 糖粉

LE LAIT 牛乳

LE GLUCOSE 葡萄糖

LE SUCRE EN POUDRE 細砂糖

LES GOUSSES DE VANILLE
香草荚

LA GÉLATINE
吉力丁

LES ÉPICES
香料

LA FÉCULE DE MAÏS
玉米粉

L'ARÔME NATUREL
天然香萃

JASMIN

LES ŒUFS
蛋

LE CHOCOLAT DE COUVERTURE
覆蓋巧克力

LE BEURRE
奶油

# LES USTENSILES
## de pâtisserie
### 糕點用具

## LES FOUETS
### 攪拌器

攪拌器是用來攪拌或混合備料，同時混入空氣的料理用具。在無數的糕點製作中，例如鮮奶油香醍、發泡蛋白或沙巴雍（sabayon），都是不可或缺的用具。攪拌器有很多種，不同的形狀對應到不同的用途。一方面，鋼絲略厚且末端爲圓形的「球形」攪拌器（fouet «ballon»）用於需要混入較多空氣，例如打發蛋白或打發鮮奶油。另一方面，形狀較長且鋼絲較硬的醬汁攪拌器（fouet à sauce）（或稱乳化攪拌器）用於以蛋爲基底的混合料：實際上，這類攪拌器的人體工學讓以蛋爲基底的醬汁不會凝結。最後，我們也能提及今日廣泛使用的電動攪拌器，它們有幾種速度，可有效地攪拌各類型的備料。

## LES SPATULES SOUPLES OU EN BOIS
### 軟刮刀/抹刀或木匙

軟刮刀/抹刀用於輕輕攪拌細緻備料的糕點用具，像是不要「破壞」蛋白霜或打發鮮奶油的結構。它也用於刮取容器的底部，收集所有的備料，以便更輕易地移至擠花袋或模型中。依用途而定，我們會使用不同種類的刮刀/抹刀：爲了攪拌細緻的備料，或是必須輕輕刮取的備料，我們會使用矽膠刮刀（maryse），其特徵在於有長長的柄，以及一端爲圓形的長方形軟矽膠頭。但如果只是要混合或翻動食材，材質較硬的木匙就能發揮良好的效用。最後也有保留給內行業餘者和專業人士的刮刀/抹刀，例如三角刮刀（spatules en triangle）、耐熱攪拌刮刀（spatules Exoglass®），或是用於表面淋醬和鏡面的抹刀（spatules plates en forme de lame）。

## LES CERCLES À TARTES ET À ENTREMETS
### 法式塔圈和慕斯圈

法式塔圈和慕斯圈是無底的圈模，以不鏽鋼材質最爲常見，有不同的高度和直徑。儘管一般人較常使用有底的塔模或蛋糕模，但專業人士偏好使用無底的糕點圈模，因爲它們可以爲多層蛋糕進行完美的組裝，而且在脫模這個細膩的階段較方便使用。實際上，糕點圈可避免在這個程序時損壞成品。

## LES EMPORTE-PIÈCE
### 壓模

壓模是一種料理用具，以金屬和塑膠材質最爲常見，其目的就是「取下 emporter」，即精確地裁切各種麵皮，以獲取特殊的形狀。有各種形狀大小的壓模，從最簡單的到最誇張的都有。

## LES CADRES À PÂTISSERIE
### 蛋糕框

蛋糕框是一種料理用具，屬於法式塔圈、正方或長方形的慕斯圈。它是一種無底的模型，最常見是不鏽鋼材質，可用來烘烤塔派、海綿蛋糕的底部，或是藉由將多層蛋糕「框住」，爲它們帶來潔淨俐落的外形。蛋糕框的優點是有時可以伸展，因此能夠依配方和想要的比例數量做調整。在非常細緻的脫模階段也非常實用，傳統的模型較容易損壞作品。

## LES POCHES À PÂTISSERIE
### 擠花袋

擠花袋（poche à pâtisserie 或 poche à douille）是一種帶有開口的圓錐形袋子，可從開口處裝上擠花嘴。用於裝飾或填入餡料，是糕點中所不可或缺的用具。以不同材質製成：矽膠、食品用聚氨脂（polyuréthane alimentaire），或是在特殊用途時使用的塑膠材質。若要在最後一刻進行裝飾，我們也能將烤盤紙折成圓錐形紙袋，成為自製擠花袋。擠花袋的使用很簡單，但仍然需要「技巧」，而這來自經驗。若要正確地使用，只要用刮刀將餡料填入擠花袋中，讓混合材料落至擠花嘴的位置；接著轉動擠花袋的上方，將擠花袋閉合，按壓擠花袋，擠出備料。

## LES DIFFÉRENTES DOUILLES
### 各種擠花嘴

擠花嘴是裝在擠花袋中的接頭，以便為作品填餡或裝飾，是糕點中不可或缺的用具。擠花嘴的款式繁多，從最異想天開的（星形、花形、葉片狀等），到最經典的（平口、鋸齒形等）都有。依我們想要製作的裝飾或圖樣而定。現在的擠花嘴可以是聚碳酸酯（PC）或不鏽鋼材質。最常使用的擠花嘴為平口擠花嘴、星形擠花嘴和聖多諾黑（les douilles à saint-honoré）擠花嘴。它們有幾種直徑。平口擠花嘴通常用來製作裝飾或為中空的麵體填餡。末端為鋸齒狀圓錐的星形擠花嘴，用來製作裝飾或蛋白霜的填餡。最後，具有凹形接頭的聖多諾黑擠花嘴非常適合用來為甜點製作鮮奶油香醍等裝飾，例如聖多諾黑泡芙塔或修女泡芙。

## LE PAPIER SULFURISÉ ET LES FEUILLES DE SILICONE
### 烤盤紙和矽膠烤墊

大量用於糕點上的烘焙紙（feuilles de cuisson）不需抹油也無須多道手續，就能直接在烤箱中烘烤。而大眾熟知的烤盤紙，是一種塗有一層薄薄矽膠，以防水並抗熱的紙。亦有矽膠製的烘焙墊，過去只保留給專業人士，如今也開始被引進業餘愛好者的廚房裡。人們經常稱之為Silpat®，即販售的品牌名稱。它是一塊以充滿矽膠的玻璃纖維製成的不沾烘焙墊。這些矽膠烘焙墊特別用於如馬卡龍、蛋白霜或軟糖等備料的烘烤與製作。

## LE ROULEAU À PÂTISSERIE
### 擀麵棍

擀麵棍是一種圓柱形的料理用具，通常具有兩個握把，用於麵團的延展。傳統上為木頭材質，但現在也能找到其他材質的擀麵棍（如矽膠、塑膠或不鏽鋼）。在麵包和糕點中，它是製作各種麵團：折疊（feuilletée）、油酥（brisée）、酥餅（sablée）、甜酥麵團（sucrée）等不可少的工具。為了避免麵皮黏在擀麵棍上變形，應在使用前為擀麵棍撒上麵粉防沾。

## LE PINCEAU
### 糕點刷

食品用糕點刷是用來進行糕點製作修飾的料理用具。它可用來鋪上鏡面、塗層或裝飾。依動作的面積而定，應使用不同大小的糕點刷。食品用糕點刷以不同材質製成：鬃（豬毛）、合成纖維，或矽膠（較適用於刷上油脂）。它們的使用很簡單；不要蘸取過多的材料，就能獲得潔淨俐落的成果。

## LA CUILLÈRE À POMME PARISIENNE
### 挖球器

挖球器是圓形中空的小湯匙，用來挖取水果（例如甜瓜）或蔬菜的小球。這項用具在過去是用來製作料理中的馬鈴薯球（pommes parisiennes，略大於榛果大小的馬鈴薯球 pommes noisettes），因而得名。使用時只需將挖球器插入水果或蔬菜的果肉裡，進行圓周式繞圈的按壓動作，就能形成並舀取出渾圓的小球。

## LE THERMOMÈTRE DE CUISSON
### 料理溫度計

對注意細節的廚師和糕點師來說，料理溫度計是不可或缺的用具，它可以讓我們知道食物或備料在烹煮時的確切溫度。在糕點中用於炸彈麵糊、焦糖或水果軟糖的製作，最好選擇具有探針的料理溫度計，使用上較爲便利。

## LES FEUILLES DE RHODOÏD®
### 玻璃紙

玻璃紙是用於製作慕斯或奶油醬時，墊在慕斯圈中的紙張或帶狀塑膠紙，也能用來製作巧克力裝飾。表面平滑光亮的玻璃紙有利於脫模，爲糕點帶來潔淨俐落的輪廓。最初，Rhodoïd® 是販售這種紙張的品牌名稱，但隨著時間的過去，糕點界因職業上的習慣，將這一詞直接用來稱呼玻璃紙。玻璃紙有數種大小，而且最常以滾筒的形式在專門店或網路上販售。

# LES INGRÉDIENTS
## de pâtisserie
### 糕點食材

## LA FARINE
### 麵粉

麵粉是由穀物或其他固體食品研磨而得的粉末。最廣爲
人知的是小麥麵粉（farine de froment），通常用於麵
包、維也納麵包（viennoiseries）和糕點的製作。有多種
選擇，依其精製度分類：T之後的數字越大，麵粉保留的
麩皮就越多（因而越接近全麥）。最普遍的是用於糕點中
的T45，和多用途的T55，尤其是麵包店的麵包。今日，
許多無麩質的麵粉正流行：米粉、栗子粉、鷹嘴豆粉（pois
chiche）、玉米粉（maïs）等。但後者無法用來製作麵包，
也就是說，它們無法製成發酵麵團，但可以混入小麥麵粉
中使用，或是用來製作某些蛋糕和甜點。

編註：本書中材料表「麵粉」的部分，若沒有特別標示，請依照
以上介紹選擇相對應的麵粉種類使用。

## LE LAIT
### 牛乳

當我們談到乳品時，主要指的是乳牛的牛乳，儘管還有
很多其他種的乳品。經常用於糕點中的牛乳成分相當豐富
（水、脂質、乳糖、含氮物、酪蛋白、礦物質等）。牛乳分
類的首要標準是脂質的含量：全脂牛乳、半脫脂牛乳和脫
脂牛乳。我們通常是以瓶蓋的顏色來加以辨識：全脂牛乳
爲紅色，半脫脂牛乳爲藍色，脫脂牛乳爲綠色。牛乳有幾
種保存方式：巴斯德殺菌法，即用72至85℃之間的溫度
加熱牛乳20幾秒；滅菌法，即以115℃的溫度加熱牛乳
15至20分鐘；UHT（超高溫）滅菌法，即用140至150℃

之間的溫度加熱牛乳幾秒。依據這不同的方法，我們能
保存牛乳7至150日。

## LA CRÈME
### 鮮奶油

鮮奶油是從牛乳分離出的油脂所製造而成：以離心機脫脂
的方式，快速攪動牛乳，目的是將鮮奶油與牛乳分離。鮮
奶油從脫脂機的上層出來，而經脫脂的牛乳則從下層出
來。鮮奶油依三項標準進行區分：保存的加工處理方式、
脂質的含量和濃稠度。就和牛乳一樣，爲了保存，鮮奶油
也可以進行巴斯德殺菌、滅菌、高溫滅菌。至於稠度，可
以是液態、半稠或濃稠狀，以製作不同的糕點。值得注意
的是，鮮奶油必須含有35%的脂質才能打發。

## LE SUCRE ET LE SUCRE GLACE
### 細砂糖和糖粉

味道特別令人喜愛的細砂糖是以甘蔗或甜菜所製成。細砂
糖有很多種，而這反映出不同的生產方式：sucre roux（深
咖啡色）、sucre blond（棕色）、cassonade（深咖啡色）、
vergeoise（深咖啡色）、冰糖（sucre candi 甘蔗提煉後的
結晶）或糖粉（sucre glace）。每一種都有其特定的顏色和
味道。大量用於糕點中的糖粉是以結晶細砂糖研磨而得，
加入澱粉或二氧化矽以避免結塊。

## LE BEURRE
### 奶油

糕點上無法避免的奶油是以牛乳的脂質經過攪動而製成。在法國，「奶油」的名稱受到法律所保護：奶油必須含有至少82%的脂質（含鹽奶油則爲80%），至少16%的水分和2%的固形物。通常爲黃色的奶油，依其製造的牛乳來源而定，顏色也可能更白。另一種不同的奶油：無水奶油 beurre sec（或稱折疊奶油 beurre de tourage）也經常用於糕點和麵包業。至少由84%的脂質所組成，這種奶油較扎實，在熱的空氣下較容易操作，而且具有絕佳的可塑性。無水奶油主要用於折疊派皮和維也納麵包的製作，包括可頌、巧克力麵包等。

## LES ŒUFS
### 蛋

熱量不高且富含蛋白質的雞蛋最常使用於糕點中。蛋通常用來作爲黏著劑，但還是應該區分蛋黃和蛋白在糕點中的用途。蛋黃經加熱後扮演的是稠化劑的角色（例如用於奶油醬中）；它也用於乳化，當我們混入空氣，或是用來讓蛋糕麵糊變得黏稠時，由於它含有極大量的油脂，會使蛋糕變得柔軟。至於蛋白，則可爲麵糊提供穩定度，打發後的蛋白霜可讓麵糊和慕斯變得輕盈。

## LA VANILLE
### 香草

源自於墨西哥的香草，從阿茲提克（Aztèques）時期便開始種植，是糕點的代表性香料。今日大部分的產量來自印度洋的島嶼：馬達加斯加（Madagascar）、留尼旺（La Réunion）、模里西斯島（l'île Maurice）等等。香草以不同的形式販售，每一種都有其用途：使用前必須剖開的完整香草莢；將乾燥的香莢蘭（vanillier）果實研磨而得的香草粉（可以是原味或是添加了細砂糖的）；將香草浸漬在酒精中，接著過濾並浸泡糖漿而得的（液態或不甜）香草精。

## LE CHOCOLAT DE COUVERTURE
### 覆蓋巧克力

覆蓋巧克力是製作巧克力和糕點時使用的高品質巧克力：可以是黑巧克力或牛奶巧克力，但至少必須含有32%的可可脂，這讓巧克力變得較具流動性，可以較快融化。基於其性質，調溫時使用的就是覆蓋巧克力，可用來製作巧克力糖或裝飾。這個階段讓油脂的結晶得以凝結，在完全凝結時提供完美的巧克力特性－具有光澤且易脆。

## LA LEVURE CHIMIQUE
### 泡打粉

泡打粉是由鹼性介質（最常爲小蘇打粉）、酸性介質和穩定劑所組成的混合料。它以粉狀的形式呈現，用來讓麵包和糕點發酵。泡打粉需要熱度和水分才能發揮作用：在揉麵時接觸到濕性食材，以及在烘烤時，酸和基底共同反應產生二氧化碳（$CO_2$），接著氣體的釋出「推動」麵團，讓麵團膨脹。就是這樣的作用讓糕點作品賦予蓬鬆的質地。爲了能夠均勻地膨脹並獲得最好的結果，泡打粉應混入麵粉中並一起過篩。務必要遵守食譜上指示的份量，因爲過多的泡打粉會導致異常的膨脹，在嘴裡產生不太愉悅的味道。

## LA FÉCULE DE MAÏS
### 玉米粉

玉米粉是一種極細的白色粉末，從玉米的澱粉中萃取而得。人們有時會將它和粗粒玉米粉（farine de maïs）相混淆，但它們的成分是不同的：粗粒玉米粉是將玉米顆粒磨碎，而玉米粉則是只含有澱粉，因此玉米粉較細。玉米粉因其稠化和膠化的特性而用於料理和糕點中。用玉米粉取代部分的小麥麵粉，可讓蛋糕變得更輕盈蓬鬆。

## LA FÉCULE DE POMME DE TERRE
### 馬鈴薯澱粉

馬鈴薯澱粉是乾燥的馬鈴薯磨成粉而得的白色細粉。主要因其稠化的性質而用於料理中。在糕點中，馬鈴薯澱粉的作用是讓甜點變得輕盈，為甜點賦予柔軟的質地。它也是卡士達奶油醬的材料之一，讓卡士達奶油醬變得極其滑順。由於不含麩質，非常適合對麩質會過敏的人，但如果需要發酵的話，馬鈴薯澱粉便無法單獨使用於材料中：實際上，馬鈴薯澱粉是無法用來製作麵包的。

## LA LEVURE DE BOULANGER
### 酵母

酵母是以一種或多種麵包酵母（Saccharomyces cerevisiae）的菌株所製成，而麵包酵母是一種具生命的微小真菌。和泡打粉不同的是，酵母經過活的微生物發酵而產生作用。酵母廣泛用於麵包、維也納麵包和皮力歐許的製作，在麵包的製程中（麵團的「發酵」）。以新鮮（壓成塊狀、磨碎或液態）或乾燥（活性或即溶）的形式販售，酵母從麵粉中含有的細砂糖（葡萄糖）吸取養分，產生化學反應。

酵母不需要熱才能發揮作用；只要將麵團置於室溫下即可（需要一定的時間發酵：2至3小時）。請注意，不要直接將酵母與鹽混合，因為後者會「殺死」酵母中所含的微生物，使得麵團無法發酵。

## LES AMANDES EN POUDRE
### 杏仁粉

杏仁粉正如其名，就是整顆杏仁研磨而得的粉末。它在糕點中的使用非常普遍且多功能：軟糖、塔、費南雪、馬卡龍、杏仁膏等。杏仁粉在馬卡龍、卡士達杏仁奶油醬和費南雪的製作中非常重要，因為它是主要材料之一，它可以極其巧妙地用來為你的水果蛋糕、布丁或奶酪（blanc-manger）調味。在製作塔或迷你塔時，杏仁粉非常實用，因為它們會吸收多餘的汁液：你的塔底因而能夠保持酥脆。

## LES NOISETTES EN POUDRE
### 榛果粉

榛果經烘烤並研磨而得的榛果粉用於許多甜食的製作中，特別是為甜點調味：馬卡龍、餅乾、甘那許、塔底等等。榛果若經更長時間的研磨，也能成為著名的榛果醬成分之一，即大人小孩都熱愛的知名麵包抹醬的關鍵基底。請注意，勿將榛果粉和榛果麵粉（farine de noisette）相混淆：為了製造榛果麵粉，會將油萃取出來，而榛果粉則保留油的部分。因此兩者並不具有相同的性質。

## LE CACAO EN POUDRE
### 可可粉

可可粉來自可可樹豆子的果仁。可可豆的果仁必須經過加工處理才能去除其苦澀味：經過發酵、揀選和烘焙。之後，再經過冷卻、研磨和搗碎。我們因而取得可可塊（pâte de cacao），可可塊中含有油脂，即可可脂（beurre de cacao）。再萃取出油脂後剩下的圓餅狀可可，經搗碎和過篩，最後便形成可可粉。廣泛用於糕點製作的可可粉，可為甜點賦予巧克力風味，在牛乳中摻入可可粉，可製作著名的熱巧克力。

## L'AGAR-AGAR
### 洋菜

洋菜是來自紅藻的膠化物，人們將它磨成粉使用。不含卡路里，無臭無味，非常適合遵循素食飲食者，並用它來取代吉力丁（以牛或豬皮為基底）。然而洋菜具有吉力丁8倍以上的膠化能力（因此會使用較少的份量），而且其使用方式也不同。洋菜必須在冷的時候混入液體中，接著煮沸10-30秒，然後才能加入備料中；最後會在冷卻時凝固。洋菜會為作品賦予較硬，甚至是脆的質地，因此這也是在使用前必須考量的要素。為了讓你的洋菜甜點變得更滑順，建議可加入法式酸奶油、果漬或鮮乳酪（fromage frais）。

## LA PECTINE ET LA PECTINE JAUNE
### 果膠和黃色果膠

植物來源的果膠，主要存於蘋果、柑橘類水果、榲桲（coings）和紅醋栗中。果膠因為具有穩定、膠化和稠化等功效而受到使用。果膠有幾種，最主要的是 NH 果膠和黃色果膠。NH 果膠在甜和酸的環境中發揮作用，形成結實並帶有光澤的質地；以這種果膠製作的鏡面是可逆的，也就是說它們可以經得起數度的接連凝固、融化，同時還可保留其特性。至於黃色果膠則是一種緩慢凝固的果膠，亦可在甜或酸的環境中發揮作用，但成果並不會因為加熱而產生逆轉。黃色果膠因而非常適合用來製作水果軟糖、果醬或膠化的糖果。

## LE GLUCOSE
### 葡萄糖

葡萄糖是從玉米澱粉或馬鈴薯澱粉中取得的糖。用於許多糕點中，但食譜中卻很少著墨，多半是專業人士使用。傳統糖的甜度為葡萄糖的四倍，但兩者卻含有相同的熱量，它最常以質地黏稠的無色糖漿形式呈現。在冰淇淋的製作中，它作為穩定劑使用，可改善口感。在糕點中，我們因其抗結晶和防腐的性質而使用葡萄糖。實際上，它可以避免細砂糖的結晶，但也可以在冷凍時避免水的結晶，像是應用在冰淇淋的製程中。此外，它也大大參與了材料的保存，同時改善其柔軟和滑嫩度。冷的時候，葡萄糖可先摻入液體中，再加入其他材料；而熱的時候，葡萄糖必須先融化，才能與其他材料混合。

## LA GÉLATINE
### 吉力丁

由富含膠原的物質水解而得,例如骨頭、豬皮、牛皮或魚皮,吉力丁是作爲膠化劑使用的食材。無色、無臭無味,用於各式各樣的食品材料中,包括鹹食和甜食。它爲食品賦予如乳霜般滑順的質地。吉力丁最常以片狀形式呈現,使用吉力丁必須先將吉力丁片泡在冷水中10分鐘,讓吉力丁軟化,接著擰乾,放入熱的液體中溶解(但不要煮沸,否則吉力丁會喪失其膠化能力)。若要用於冷的材料中,應加熱少量的液體以溶解吉力丁片,接著再加入冷的混合料中。請注意,某些水果,例如奇異果、鳳梨或木瓜,所含的酶會讓吉力丁無法凝固。爲了解決這小小的問題,只要在使用前加熱這類水果即可。

## LES COLORANTS ALIMENTAIRES
### 食用色素

食用色素用來增強或修飾食品的顏色,因爲鮮豔的顏色更吸睛。食用色素有兩大類:水溶性色素和脂溶性色素。水溶性色素就是能夠溶解於水中的色素,建議用於馬卡龍、布丁、蛋糕、杏仁膏等等的上色。脂溶性色素則是可溶解於脂肪中的色素,建議用於巧克力、奶油或鏡面的上色。食用色素(水溶性或脂溶性)可以不同的形式呈現:液狀、膠狀或粉狀。請避免將液狀食用色素用於以蛋爲基底的材料中,因爲它可能使混合料液化,因而塌陷。膠狀食用色素顏色較深,因而可以形成相當鮮豔的顏色;此外,它們的好處是不會對材料造成影響。以少量使用的粉狀食用色素,經常在馬卡龍的配方中佔有一席之地。

## LA POUDRE D'OR
### 食用金粉

很適合用來增加亮度和光澤的食用金粉,也能爲作品帶來具節慶氣氛和專業度的修飾。過去只保留給專家使用,如今我們也能輕易在網路上或商店中找到。它的用法是用濕潤的刷子將金粉刷在甜點表面,以一層薄薄的金粉作爲裝飾。它是最後的修飾,讓外觀臻於完美;實際上,不建議將食用金粉混入麵糊、奶油醬或任何其他的糕點混合材料中,因爲金黃色的效果不會均勻,而且無法爲所有的混合料上色。請依個人喜好或場合,將食用金粉用於馬卡龍、巧克力、塔派、木柴蛋糕上,也能作爲餐盤上的裝飾。

## LE NAPPAGE NEUTRE
### 鏡面果膠

非常容易製作,鏡面果膠由水、糖、葡萄糖和膠化劑(通常爲果膠或吉力丁)所組成。可帶來光澤,而且能夠美化你的塔派、多層蛋糕和其他的糕點作品。無味無色,是糕點完美的最後修飾,立即爲糕點賦予專業且極爲美麗的外觀。製作完成的鏡面果膠請用糕點刷刷在甜點表面。

## LE FONDANT
**翻糖（風凍）**

糕點用翻糖是以細砂糖、水和葡萄糖爲基底的備料，用於蛋糕、多層蛋糕的鏡面，以及其他糕點的製作上，例如千層派、泡芙、修女泡芙或閃電泡芙。將含糖的糖漿煮至114至116℃，冷卻至75℃，然後再均勻地攪拌糖漿。翻糖因而變爲白色不透明。必須先經過熟成（通常需冷藏3日）才能使用。亦可依個人喜好或製作糕點的主要味道爲翻糖染色。

## LE BEURRE DE CACAO
**可可脂**

可可脂是可可塊（pâte de cacao）在製造可可粉時經水壓機分離後所流下的油脂。在室溫下，可可脂以固態的形式呈現，而且具有極低的熔點：35至37℃之間。儘管如此，可可脂可以多種形式販售：粉末、液狀或塊狀。可可脂幾乎沒有味道，帶有淡淡的可可香。它用於許多食品、藥劑和美妝的材料中。是非常多功能的食材，既是巧克力的成分，又可用於烘烤，作爲塔底的塗層：讓塔底變得防水，因而不會因爲水果或餡料而變得潮濕。非常有益於健康的可可脂只要不暴露在空氣下，就不會產生油臭味，而且可以長時間保存（2年）。

## LE SUCRE INVERTI (OU TRIMOLINE®)
**轉化糖（或 Trimoline®）**

轉化糖，或者稱 Trimoline®，是甜度高於傳統砂糖約25%的甜味材料。轉化糖由蔗糖水解而得：我們因而取得同等比例的葡萄糖和果糖的混合。多爲專業人士和內行的業餘愛好者使用，Trimoline® 因其抗乾燥性而深受好評；它可防止細砂糖的結晶，改善發酵和上色效果，強化味道。因此，它主要用於製作柔軟的成品、減少烹調時間，爲冰淇淋和雪酪增加穩定度。以液態或膏狀形式販售，只能在專門的商店或網路上購得。

編註：本書中若無特別標註 citron vert 青檸檬，所有配方中的「檸檬」皆爲 citron 黃檸檬。

# LA CRÈME PÂTISSIÈRE
## 卡士達奶油醬

準備時間：30分鐘
冷藏時間：30分鐘

---

### 約500克的卡士達奶油醬

牛乳370毫升、奶油25克、蛋黃3個（70克）、細砂糖80克、麵粉20克、玉米粉25克

依你選擇的食譜調整食材用量。

傳統上，卡士達奶油醬會從牛乳開始製作，但有時會以水果泥、椰漿、果汁等來替代牛乳或少量取代，以調配不同的風味。我們也能在烹煮後添加像是巧克力、咖啡或帕林內（praliné），來爲原味卡士達奶油醬調味。

作法近似英式奶油醬，必須特別注意並緩慢地烹煮，但很大的不同處在於卡士達奶油醬會以麵粉和/或澱粉來勾芡，而且必須煮沸。這就是稠度的來源。廣泛用於糕點中的卡士達奶油醬是多層蛋糕、卡士達杏仁奶油醬（frangipane）、泡芙內餡（閃電泡芙、修女泡芙）的成分之一（直接使用，或添加奶油或打發鮮奶油），而且也是舒芙蕾的基底。

---

1　在平底深鍋中將牛乳和奶油煮沸，接著離火。

2　在碗中攪打蛋黃和細砂糖，直到混合料變得濃稠泛白。

3　混入麵粉和玉米粉，用攪拌器混合。

4　倒入1/3的熱牛乳，一邊用攪拌器拌勻。

5　和剩餘的液體一起全部再倒回平底深鍋中，以文火燉煮，一邊不停以攪拌器攪拌，直到奶油醬變得濃稠。煮沸1分鐘，一邊不停攪拌，接著立刻離火。

6　用軟刮刀將卡士達奶油醬倒入碗中。

---

### ASTUCE DU CHEF
### 主廚訣竅

爲避免玉米粉和/或麵粉結塊，應在烹煮奶油醬的全程持續攪拌。由於卡士達奶油醬很容易燒焦，最好在夠深的平底深鍋中製作，以攪拌至整個底部和內緣的方式持續攪拌。

# LA CRÈME ANGLAISE
## 英式奶油醬

**準備時間：** 15分鐘

---

**約500毫升的英式奶油醬**

牛乳350毫升、香草莢1/3根、蛋黃4個（80克）、細砂糖85克

依你選擇的食譜調整食材用量。

如同卡士達奶油醬，英式奶油醬也是以牛乳、蛋黃和細砂糖爲基底製作而成，只是不含麵粉或澱粉。必須非常小心製作：加熱混合好的材料時，一邊持續以刮刀攪拌，以免蛋黃燒焦，煮至「像表面鋪了一層 à la nappe」，即質地濃稠到拿起刮刀可在表面附著一層英式奶油醬的程度。

經典的英式奶油醬是以香草調味，通常一開始就會將香草浸泡在牛乳中。英式奶油醬亦可以在烹煮後調味：巧克力、咖啡、帕林內（praliné）、開心果等等。

① 將香草莢沿著長邊剖開，用刀刮取內部的籽。

② 在碗中攪打蛋黃和細砂糖，直到混合料變得濃稠泛白。

③ 在平底深鍋中將牛乳、香草籽和香草莢煮沸。

④ 將1/3的熱香草牛乳倒入蛋黃和細砂糖的混合料中，一邊用力攪拌。

⑤ 再全部倒入平底深鍋中，以文火燉煮，一邊以刮刀不停攪拌，直到奶油醬變得濃稠並附著於刮刀上：用刮刀或湯匙舀起一些奶油醬，將刮刀傾斜，用手指在刮刀或湯匙背上劃出一條直線。奶油醬邊緣與線條應清楚分明。

⑥ 將英式奶油醬倒入碗中，冷卻後再冷藏。

# LA CRÈME CHANTILLY
## 鮮奶油香醍

**準備時間：10分鐘**

---

### 500克的鮮奶油香醍

液狀鮮奶油500毫升、糖粉50克、香草莢1根

請依你選擇的食譜調整食材用量。

老饕尤為喜愛的鮮奶油香醍非常容易製作，而且構成
許多甜點出色的裝飾。

成功關鍵：液狀鮮奶油和1個預先冷藏、極冰涼的碗。

絕對必須使用脂質含量至少35%的液狀鮮奶油，否
則無法打發。

傳統的鮮奶油香醍會以香草調味，但今日出現了許多
種變化：巧克力、咖啡、開心果等等。

**1** 在碗中將液狀鮮奶油攪打至
濃稠。

**2** 加入糖粉、剖半香草莢刮下
的香草籽，持續快速攪打至將
鮮奶油打發，可挺立於攪拌器
末端。

---

### ASTUCE DU CHEF 主廚訣竅

若你沒有香草莢，亦可使用香草粉或液態香草
精。由於香草精非常濃縮，請注意不要下手
太重。

# LA PÂTE À CHOUX
## 泡芙麵糊

**準備時間：15分鐘**

---

### 500克的泡芙麵糊

牛乳170毫升、奶油70克、細砂糖7克、細鹽1/2小匙、麵粉100克、蛋3顆（150克）

請依你選擇的食譜調整食材用量。

泡芙麵糊是法式糕點中的經典，也是閃電泡芙、法式脆糖小泡芙（chouquettes）、修女泡芙、一般泡芙，包括聖多諾黑或巴黎布列斯特泡芙…等無數傳統泡芙麵糊的基底。

遵循這項技術一步步進行，就能形成適當的稠度和恰到好處的質地，在烘烤過後獲得理想的成果。

① 在平底深鍋中加熱牛乳、奶油和鹽，直到奶油完全融化，接著煮沸。離火並一次加入麵粉。

② 用木匙攪拌至形成平滑的麵糊，而且濃稠至可以纏繞在木匙上。

③ 重新開火，將麵糊加熱至乾燥，並持續攪拌，讓麵糊可以脫離鍋子內緣。

④ 將麵糊放入碗中，放涼5分鐘。

⑤ 慢慢混入蛋液，一邊用木匙攪打，但請保留部分蛋液，同時確認麵糊的稠度。

⑥ 確認麵糊已經完成且可供使用：用木匙舀取部分麵糊，接著向上拉起。若從木匙上落下的麵糊形成「V」形，表示麵糊的稠度剛好。否則請再加入一些蛋液攪拌均勻，重新進行麵糊的測試。

# LA GÉNOISE
## 海綿蛋糕體

準備時間：30分鐘

---

**500克的海綿蛋糕體麵糊**

蛋3又1/2顆（175克）、細砂糖130克、融化的奶油
25克、麵粉135克、杏仁粉30克

請依你選擇的食譜調整食材用量。

海綿蛋糕體是一種輕盈的麵糊，可作為多層蛋糕的基底，例如草莓蛋糕或黑森林蛋糕。

海綿蛋糕體通常會剖成2至3塊，在組裝多層蛋糕時，會為海綿蛋糕體刷上糖漿並鋪上奶油醬或慕斯。

最好使用電動攪拌器來攪打海綿蛋糕的麵糊，讓麵糊能夠如「緞帶」般濃稠。這個階段是海綿蛋糕體成功的關鍵，少了這個步驟，蛋糕體便無法在烘烤時膨脹，蛋糕體除了會壓縮以外，也很難進行分切。

1 在大碗中用手持式電動攪拌機攪打蛋和細砂糖。

2 將大碗置於隔水加熱鍋中，攪打至混合料變得濃稠泛白，而且用手指摸起來帶有些許熱度。

3 將碗從隔水加熱鍋中取出，攪打至完全冷卻，而且混合料形成濃稠帶狀：從攪拌器流下時不會中斷，像是緞帶狀。

4 在另一個碗中，將一些海綿蛋糕體麵糊與融化的奶油混合，接著再全部倒回麵糊中。

5 將麵粉過篩，和杏仁粉一起混入麵糊中。

6 用軟刮刀輕輕混合至形成均勻的質地。

# LE BISCUIT JOCONDE
## 杏仁海綿蛋糕體

準備時間：15分鐘

---

### 30×38公分的烤盤1盤

蛋4顆（200克）、杏仁粉140克、糖粉125克、麵粉45克、融化奶油25克（可省略）、蛋白4個（120克）、細砂糖35克

請依你選擇的食譜調整食材用量。

杏仁海綿蛋糕格外柔軟，因此不必像一般的蛋糕體或海綿蛋糕體常見的做法那樣，刷上糖漿浸潤。
杏仁蛋糕體或海綿蛋糕的不同之處在於製作方式：前者一開始便混合麵粉和蛋，後者則是最後才加入麵粉。
通常會在裝有杏仁海綿蛋糕麵糊的烤盤上加疊一個烤盤，再入烤箱烘烤；杏仁海綿蛋糕不用模型烘烤，而海綿蛋糕則可以使用模型。

① 攪打蛋、杏仁粉、糖粉和麵粉。加入微溫的融化奶油（可省略）。

② 將蛋白打至硬性發泡，讓蛋白能夠挺立於攪拌器末端。

③ 混入一半的細砂糖，攪拌，接著加入剩餘的細砂糖，以形成蛋白霜。

④ 用刮刀將混合料輕輕混入蛋白霜中。

---

### ASTUCE DU CHEF 主廚訣竅

為了將蛋白充分打發，應在室溫下攪打，而且也務必將器具清潔乾淨，以去除所有導致蛋白無法形成泡沫的油脂。

-485-

# LA MERINGUE
## 蛋白霜

蛋白霜是法式糕點中的經典混合材料，以打發成泡沫狀的蛋白和細砂糖爲基底所構成。

蛋白霜分爲三種：法式蛋白霜（meringue française）、義式蛋白霜（meringue italienne）和瑞士蛋白霜（meringue suisse），而三種的用途都不相同，尤其是用於製作花式小點（petits-fours）、芭菲（parfaits）、冰的舒芙蕾（souffls glacés）、達克瓦茲（dacquoise）、爲塔或多層蛋糕「製作蛋白餅 meringuer」，或是僅用來裝飾。

法式蛋白霜最爲經典，使用上也特別簡單。作法是一邊攪打蛋白，一邊加入幾乎是兩倍的糖。傳統上，我們會加入幾乎等量的兩種糖：細砂糖和糖粉。

義式蛋白霜，深受甜點主廚的喜愛，製作方式是在打好或打發的蛋白霜中倒入煮熟的糖漿。通常用來讓奶油醬變得輕盈，來修飾和裝飾塔派和多層蛋糕。

至於瑞士蛋白霜，作法是在隔水加熱鍋中攪打蛋白並加入蛋白兩倍的糖量。

# LA MERINGUE FRANÇAISE
## 法式蛋白霜

**準備時間：**10分鐘

**300克的法式蛋白霜**

蛋白100克

細砂糖100克

糖粉100克

請依你選擇的食譜調整食材用量。

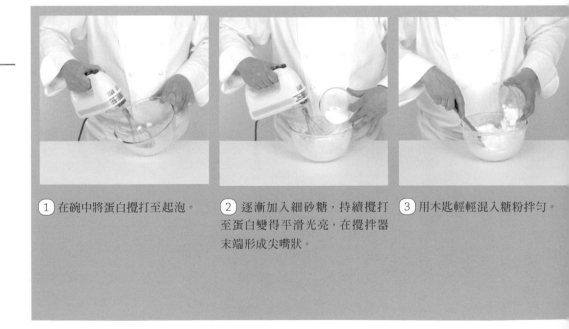

① 在碗中將蛋白攪打至起泡。

② 逐漸加入細砂糖，持續攪打至蛋白變得平滑光亮，在攪拌器末端形成尖嘴狀。

③ 用木匙輕輕混入糖粉拌勻。

# LA MERINGUE ITALIENNE
## 義式蛋白霜

**準備時間：15分鐘**

---

**350克的義式蛋白霜**

蛋白100克

細砂糖200克

水80毫升

請依你選擇的食譜調整食材
用量。

① 製作糖漿，在平底深鍋中加熱
水和細砂糖，直到料理溫度計達
119℃。在這段時間，將蛋白打發
至滑順。

② 當糖漿溫度達119℃時，立刻
倒入蛋白中，持續攪打。

③ 快速攪打至蛋白霜完全冷卻。
必須打至硬性發泡，在攪拌器末
端形成尖嘴狀。

# LA MERINGUE SUISSE
## 瑞士蛋白霜

**準備時間：15分鐘**

---

**300克的瑞士蛋白霜**

蛋白100克

細砂糖200克

請依你選擇的食譜調整食材用量。

① 在隔水加熱的碗中攪打蛋白
和細砂糖，直到料理溫度計達
45℃。

② 當溫度達45℃時，將蛋白霜
從隔水加熱鍋中取出，快速攪
打至完全冷卻。必須打至硬性發
泡，在攪拌器末端形成尖嘴狀。

# LES PÂTES À TARTES
## 塔皮

塔皮是糕點中的基本要素，只要依循正確的做法與技巧，
就能在家製作出100%美味的塔派。

甜酥麵團（pâte sucrée,）、砂布列塔皮麵團（pâte sablée）和酥脆塔皮麵團（pâte brisée sucrée）
製作起來非常簡單，你只需要花15分鐘的時間準備。
至於折疊派皮（pâte feuilletée）則需要較多的時間，製作上也較為精細。

本書中，主廚們有時會選擇以杏仁粉為麵團增加風味，但這項食材可以略過，
或甚至是以榛果粉、香草粉或可可粉取代，以形成不同的味道。

# LA PÂTE SUCRÉE ET LA PÂTE SABLÉE
## 甜酥麵團和砂布列塔皮麵團

甜酥麵團的糖油成分高，非常適合用於濃郁豐富內餡的塔派配方，例如杏仁奶油醬或巧克力甘那許。

砂布列塔皮麵團正如其名，具有如砂粒般易碎的質地，在擀開時非常脆弱，但可帶來非常美味的口感。和甜酥麵團與砂布列塔皮麵團不同的是，酥脆塔皮麵團只能以搓砂法製作（sablage）。

甜酥麵團和砂布列塔皮麵團可以用兩種方法製作，分別是「乳化法 crémage」或「搓砂法 sablage」的技術製作。

乳化法（亦稱為糖油法），是先攪拌室溫回軟的奶油和糖粉（乳化），以形成膏狀，接著再混入蛋。接著加入其他的材料。

搓砂法（亦稱為粉油法），是直接將奶油和乾料混合，接著用雙手搓細，用指尖混合（形成砂粒狀），然後再反覆疊壓（麵團）。比起乳化法，搓砂法需要較少的冷藏靜置時間，這是主要優點。

**250克的甜酥麵團**（PÂTE SUCRÉE）
麵粉105克
奶油50克
糖粉50克
杏仁粉1大匙
蛋1/2顆（25克）
請依你選擇的食譜調整食材用量。

**250克砂布列塔皮麵團**（PÂTE SABLÉE）
麵粉110克
奶油65克
糖粉45克
鹽1撮
杏仁粉1大匙
蛋20克

請依你選擇的食譜調整食材用量。

# LA MÉTHODE PAR CRÉMAGE
## 乳化法（亦稱爲糖油法）

準備時間：15分鐘—冷藏時間：1小時

1 在大碗中將奶油攪打至形成濃稠膏狀。

2 加入糖粉，攪拌均勻，以形成均勻濃稠的膏狀。

3 混入杏仁粉。

4 加入蛋，拌勻。

5 最後混入麵粉，攪拌至形成均勻的麵團。

6 將麵團揉成團狀，稍微壓扁後冷藏1小時。

# LA MÉTHODE PAR SABLAGE
## 搓砂法（亦稱爲粉油法）

準備時間：15分鐘—冷藏時間：30分鐘

1 將麵粉、奶油、糖粉、鹽和杏仁粉放入大碗中。

2 用雙手搓揉材料，用指尖混合（形成砂狀）。

3 混入蛋，用木匙混合。

4 全部倒在工作檯上，反覆將麵團壓扁（揉推），直到形成均勻的質地。

5 揉成麵團並稍微壓扁。

6 用保鮮膜包起冷藏30分鐘。

# LA PÂTE
# BRISÉE SUCRÉE
## 酥脆塔皮麵團

**準備時間:15分鐘**
**冷藏時間:30分鐘**

---

**250克的法式塔皮**
麵粉125克、奶油75克、鹽1撮、糖粉2小匙、蛋1/2
顆（30克）、水1小匙

依你選擇的食譜調整食材用量。

只採用搓砂法（sablage）。

較不那麼脆弱的酥脆塔皮麵團（pâte brisée），亦含有
較少的奶油和糖，適合作為水果塔等內餡較溼潤的理
想基底。

① 將麵粉、奶油、糖粉和鹽放 ② 用雙手搓揉材料，用指尖混
入碗中。　　　　　　　　　　合（形成砂粒狀）。

③ 混入蛋和水，用木匙混合。 ④ 全倒在工作檯上，將麵團
　　　　　　　　　　　　　　壓扁（揉推），直到形成均勻的
　　　　　　　　　　　　　　質地。

⑤ 揉成麵團並稍微壓扁。 ⑥ 用保鮮膜包起冷藏30分鐘。

# LA PÂTE FEUILLETÉE
## 折疊派皮

**準備時間**：1小時
**冷藏時間**：1小時40分鐘

---

### 500克的折疊派皮

基本調和麵團（détrempe）：

水105毫升、鹽1小匙、熱的融化奶油45克、麵粉190克、無水奶油155克

不論是質地還是製作方式，折疊派皮都和另外三種塔皮麵團完全不同。折疊派皮製作的時間較長，手法技巧也更為細緻，才能獲得所需的千層和酥脆效果。

準備分為兩個階段：製作以麵粉、水、奶油和鹽為基底的基本調和麵團；接著加入折疊用的無水奶油，接著就是將麵團本身反覆折疊的程序。傳統的折疊派皮要折疊6次。製作過程也需要較長的冷藏時間。

也有反折疊派皮（pâte feuilletée inversée），是將基本調和麵團包在奶油中。可用來製作著名的千層派（mille-feuille），以及薄塔（tartes fines）或千層酥（feuilletés）。

① 將冷水和鹽倒入大碗中，接著混入熱的融化奶油。

② 加入麵粉，用刮板攪拌麵團。形成所謂的「基本調和麵團」。

③ 將基本調和麵團擺在撒上一些麵粉的工作檯上。將麵團朝工作檯拍打數次，接著稍微揉捏至麵團均勻。

④ 用擀麵棍將基本調和麵團稍微擀平。用保鮮膜包起，冷藏30分鐘。

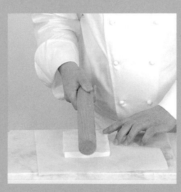

⑤ 用擀麵棍敲打無水奶油，讓無水奶油軟化。

⑥ 將奶油切成正方形，將切下的奶油擺在中間，再擀平成均勻的厚度。

⑦ 在工作檯上撒一些麵粉，將基本調和麵團約略擀開成正方形。

⑧ 交錯擺上無水奶油，將基本調和麵皮四邊折起，將奶油包住。

⑨ 輕壓整個麵團，讓基本調和麵團將奶油完整包好。

⑩ 用擀麵棍擀開，讓奶油充分與基本調和麵團貼合，擀成長方形。若有需要，請稍微撒上一些麵粉。

⑪ 將1/3的麵團向前折起。

⑫ 接著將另一邊的1/3麵團向下折起（第1折）。

⑬ 在工作檯上，將麵皮轉1/4圈。

⑭ 再度將麵團擀成長方形。

⑮ 將1/3的麵團折起，接著將另外1/3折起（第2折）。將麵團稍微擀平。

⑯ 用兩根手指在麵團上做記號，以提醒自己做了幾折（2）。用保鮮膜包起，接著冷藏20分鐘。

⑰ 將麵團從冰箱中取出，將保鮮膜取下，擺在自己面前。重複先前的步驟2次（共4次折疊），總共形成6折，每折2次便冷藏20分鐘。

⑱ 再度將麵團擀成長方形。用保鮮膜包起，冷藏30分鐘。

# FONCER UN CERCLE
## ou un moule
## à tarte/tartelette
## 爲塔圈、塔模／迷你塔模套上塔皮

製作時間：10分鐘

依你選擇的塔派食譜製作甜酥、砂布列塔皮、酥脆塔皮麵團。

用自製麵團爲塔圈、塔模／迷你塔模入模是一項簡單，但依舊是不可或缺的技術，應避免損壞麵皮，因爲這個階段的麵皮通常相當脆弱。

套上麵皮後用手指按壓模型邊緣是爲了修飾塔派的外觀。

1 將塔圈、塔模／迷你塔模擺在麵皮上作爲參考，裁成厚約3公釐，直徑大於塔圈、塔模／迷你塔模5公分的麵皮。

2 將麵皮以擀麵棍捲起，接著在刷好奶油的塔圈／模型上攤開，讓麵皮超過邊緣。

3 將麵皮壓入模型內，讓麵皮緊貼塔圈／模型內緣與底部。

4 再將麵皮稍微向內按壓，在塔圈／模型上方形成1小塊多出來的麵皮。

5 用擀麵棍滾過塔圈／模型表面，用力按壓，以去除多餘的麵皮。

6 用兩根手指捏起塔圈／模型上緣多出來的麵皮，捏起略高於塔圈／模型上緣。套上麵皮後若想要直接烘烤，請先冷藏10分鐘。

# CUIRE À BLANC
## un fond de tarte
## 盲烤塔皮

烘焙時間：10分鐘

---

製作你選擇的麵團，接著套入塔圈、塔模/迷你塔模中（見493頁），冷藏10分鐘。

盲烤可以在加入餡料（奶油醬、水果）之前先將塔皮稍微烤過，然後再繼續烘烤。
這種烘烤法用於不耐長時間烘烤的水果、內餡材料可能會浸濕生塔皮麵團，或是當餡料烘烤時間低於塔皮烘烤時間的情況。

① 將烤箱預熱至180℃（熱度6）。將塔皮從冰箱取出。將耐熱保鮮膜鋪在塔底，接著擺上一層豆粒。

② 在豆粒上再鋪耐熱保鮮膜，注意不要過度碰觸塔皮。

③ 入烤箱烤約10分鐘（塔皮不應上色）。從烤箱中取出，移除保鮮膜和豆粒。

# TEMPÉRER
## par ensemensement
## 片狀（種子）調溫法

準備時間：30分鐘

---

請依你選擇的食譜調整食材用量。

牛奶巧克力會在45℃融化，在28-30℃冷卻。

白巧克力會在40℃融化，在28-30℃冷卻。

① 將2/3切碎的黑巧克力加熱至料理溫度計達45-50℃。

② 從隔水加熱鍋中取出，加入1/3切碎的巧克力。

③ 攪拌至加入的巧克力融化，整體冷卻至30至32℃之間。

*為了知道巧克力是否已經適當調溫且可供使用，請進行測試。*

# TEMPÉRER
## le chocolat au bain-marie
## 隔水加熱為巧克力調溫

準備時間：30分鐘

---

依你選擇的食譜調整食材用量。

牛奶巧克力會在45℃融化，在26℃冷卻，接著在29℃回溫。

白巧克力會在40℃融化，在25℃冷卻，接著在28℃回溫。

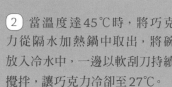

1 將黑巧克力切碎（最好使用覆蓋巧克力 chocolat de couverture）。準備一個裝了冷水的大碗。將巧克力隔水加熱至融化。水必須微滾，但不要煮沸，以免水濺起接觸到巧克力，這可能會讓巧克力失去光澤和稠度。

2 當溫度達45℃時，將巧克力從隔水加熱鍋中取出，將碗放入冷水中，一邊以軟刮刀持續攪拌，讓巧克力冷卻至27℃。

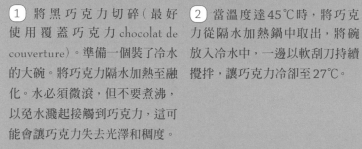

3 將巧克力從裝有冷水的碗中取出。再次隔水加熱，一邊輕輕攪拌，分數次加熱，以免碗過熱，讓巧克力升溫太快。當巧克力的溫度到達30℃時，請立即將巧克力從隔水加熱鍋中取出。此時巧克力應變得平滑光亮，已經可供使用（巧克力應在30至32℃之間使用）。

*為了知道巧克力是否已經適當調溫且可供使用，請進行測試。*

### TESTEZ LE CHOCLAT
### 測試巧克力

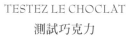

1 將少量調溫巧克力倒在一小張鋁箔紙上。將巧克力冷藏凝固7分鐘，將鋁箔紙剝離。

2 若獲得的巧克力片平滑光亮，而且容易折斷，表示調溫巧克力成功並可供使用。

# GLOSSAIRE
## 詞彙表

**AGAR-AGAR 洋菜**
植物性膠化食品,用來作爲吉力丁的替代品。然而洋菜的膠化能力爲吉力丁的八倍以上,使用方法亦不相同。

**BAIN-MARIE 隔水加熱**
烹煮或加熱的方式,當備料不能直接煮沸時(如:沙巴雍 sabayon),將有備料的容器置於水微滾的平底深鍋中,用以保溫(如醬汁)或讓材料緩緩融化(如:巧克力)。

**BEURRE DE CACAO 可可脂**
在製造可可粉的過程中,可可豆經研磨後所流下的油脂,幾乎無味並帶有淡淡可可香。是製造巧克力的成分之一。

**BEURRE CLARIFIÉ 澄清奶油**
在以極小火加熱的過程中去除固體微粒(乳清)的奶油。比起一般奶油較不容易燒焦和產生油臭味。

**BEURRE NOISETTE 榛果奶油**
加熱融化至變爲棕色,且乳清黏在鍋底的奶油。

**BEURRE EN POMMADE 膏狀奶油**
室溫回軟的奶油以刮刀攪打或攪拌,至形成柔軟且顏色偏淡的膏狀。

**BEURRER 刷上/加入奶油**
1. 用糕點刷爲容器刷上融化或室溫回軟的奶油,以避免沾黏。
2. 將奶油混入備料中。

**BISCUIT 蛋糕體**
以蛋黃、糖、麵粉和打發成泡沫狀的蛋白霜爲基底的輕盈備料。

**BLANCHIR 攪拌至泛白/燙煮**
1. 用攪拌器攪打蛋黃和細砂糖,直到混合料變得濃稠泛白。

2. 在沸水中汆燙食物(例如:柑橘類水果),以預先烹調、讓食物變軟,或去除過多的苦澀味。

**CARAMÉLISER 形成焦糖**
1. 將細砂糖煮至顏色變深。用來淋在備料上,或是製作焦糖醬。
2. 爲模型塗上焦糖。
3. 在烤箱網架上爲甜點(如烤布蕾 crème brûlée)上色。
4. 在備料中加入焦糖調味。
5. 以焦糖覆蓋泡芙。

**CERCLE À PÂTISSERIE 塔圈**
不同直徑(從6至34公分)和高度的金屬圈,用來組裝甜點(例如:多層蛋糕、慕斯等)。比起模型,糕點師偏好使用塔圈來製作塔派和法式布丁派(flans)。

**CHANTILLY 鮮奶油香醍**
加了細砂糖和香草風味的打發鮮奶油。

**CHINOIS 漏斗型網篩**
金屬製的細孔網篩,底部尖,有一個握柄。

**CHOCOLAT DE COUVERTURE 覆蓋巧克力**
含有最少32%可可脂的高品質巧克力。因其性質,用來進行調溫的就是覆蓋巧克力。

**COMPOTER 糖煮**
極爲緩慢地烹煮備料,直到食材濃縮並形成果漬。

**CONCASSER 切碎**
用刀將食材切碎,或用杵在臼中約略搗碎。

**CONFIT 醃漬**
用來形容食物被某食材(例如:細砂糖、酒精)浸透至飽和,如此有助保存。

**COUCHER 擠入烤盤**
以裝有平口或星形擠花嘴的擠花袋,將像是泡芙麵糊等備料以規則的間距擠在烤盤上。

**COULIS 庫利**
極細的液狀果泥,由攪打新鮮或煮過的水果,加糖或不加糖,再以網篩過濾而得。

**CRÈME ANGLAISE 英式奶油醬**
以牛乳、蛋黃和糖爲基本的香草奶油醬,用來搭配多種甜點,亦爲冰淇淋的基礎備料。在英式奶油醬中,香草可以用其他的口味來取代(例如:巧克力、開心果等)。

**CRÈME FOUETTÉE 打發鮮奶油**
用攪拌器攪打液狀鮮奶油至打發,且鮮奶油可以挺立於攪拌器末端。

**CRÈME PÂTISSIÈRE 卡士達奶油醬**
以牛乳、蛋黃、細砂糖和麵粉爲基底的濃稠奶油醬,傳統上會以香草進行調味,作爲許多糕點的餡料。我們也能用澱粉或法式布丁粉(poudre à flan)來取代麵粉。

**CRÉMER 形成乳霜/混入鮮奶油**
1. 攪打奶油和細砂糖,直到形成乳霜狀且顏色變淡的混合料。
2. 將鮮奶油混入備料中。

**CUILLÈRE À POMME PARISIENNE 挖球器**
圓形中空的小湯匙,用來從水果或蔬菜中挖出小球。

**DÉCUIRE 摻水稀釋**
逐漸加入所需份量的冷液體,以降低備料(例如:焦糖、含糖的糖漿)的烹煮程度,這可爲備料帶來柔軟的質地。

DÉLAYER 溶解
讓物質在液體中溶解。

DESSÉCHER 煮掉水分
為備料去除多餘的水分，在爐火上以木匙持續攪拌，直到備料脫離鍋子內緣，纏繞在木匙上（例如：泡芙麵糊、水果軟糖等）。

DÉTAILLER 裁切
用壓模或刀將預先 好的麵皮切割出形狀。

DÉTREMPE 基本調和麵團
麵粉、水和鹽的混合麵團；這是製作折疊派皮的第一個步驟。

DORER 刷上蛋液
用糕點刷為麵皮刷上蛋黃液或全蛋液，以便在烘烤過後形成具有光澤且上色的外皮。

DORURE 蛋液
整顆蛋或蛋黃攪打後所形成的蛋液，可加入水，用來在烘烤前刷在麵皮上。

DOUILLE 擠花嘴
金屬製或塑膠製的錐形中空物，和擠花袋一起用來將備料擠在烤盤上，或是裝飾在甜點上。擠花嘴可以是平口或是鋸齒形。

EFFILER 切成薄片
用手或機器將堅果，例如杏仁，從長邊切成薄片。

ÉMINCER 切成薄片
將食材，例如水果，切成規則的薄片。

ÉMONDER OU MONDER 去皮
將果實（例如：杏仁、桃子、開心果等）燙煮過後，剝除果實的皮。

EMPORTE-PIÈCE 壓模
金屬或合成材質的用具，有多種形狀（圓形、橢圓形、半圓形等），用來裁切出規則的麵皮。

ENROBER 包覆
用另一種食材（例如：巧克力、可可、細砂糖等）規則地覆蓋在整個食物上。

ÉPONGER 吸乾
用毛巾或吸水紙吸去多餘的液體或油脂。

ESSENCE 香萃
食材（例如：咖啡等）極為濃縮的精華，用來為備料調味。

ÉVIDER 挖空
將食物挖成中空，或將其內容物掏空（例如：蘋果）。

FAÇONNER 塑形
讓備料形成特殊的形狀。

FARINER 撒上麵粉
為工作檯、備料、模型，或是烤盤覆蓋上薄薄一層麵粉。

FÉCULE DE MAÏS 玉米粉
從玉米澱粉中萃取出極細的白色粉末。較粗粒玉米粉細，因其稠化和膠化性質而用於料理與糕點上，讓糕點變得更輕盈蓬鬆。

FÉCULE DE POMME DE TERRE
馬鈴薯澱粉
從乾燥並磨成粉的馬鈴薯而得的白色細粉。主要因其稠化的特性而用於料理製作。在糕點中，用來讓甜點變得更輕盈，為甜點帶來柔軟的質地。

FONCER 塔皮入模
將預先 好的塔皮鋪在模型或容器的底部與邊緣。

FONDANT 翻糖（風凍）
以細砂糖、水和葡萄糖為基底的備料，用來為蛋糕、多層蛋糕和其他的作品，如千層派、泡芙、修女泡芙或閃電泡芙製作鏡面。

FONDRE 融化
加熱，讓固態食物（例如：奶油、巧克力等）變為液體。

FONTAINE 形成凹洞
將麵粉排成環狀，在中央放入其他所需的材料，以製作麵團。

FOUETTER 攪打
用攪拌器攪拌備料，以進行乳化、讓備料變得輕盈或是起泡。

FOURRER 填餡
在鹹食或甜食內部填入備料（例如：填餡泡芙、水果杏仁糖 fruits déguisés 等）。

FRAISER OU FRASER 揉麵
用掌心在自己面前推壓麵團，讓麵團變得均勻，但不要過度揉捏。

FRÉMIR 微滾
加熱液體至接近沸騰的階段，即可看見非常微小的氣泡時。

FRIRE 油炸
將食物投入一鍋熱油中烹煮。

GANACHE 甘那許
鮮奶油和切碎巧克力的混合料，尤其用於鋪在多層蛋糕上、蛋糕或糖果的填餡。

GÉLATINE 吉力丁
無色且無臭無味的膠化食品，最常以片狀的形式呈現。使用時應先將吉力丁片泡在冷水中軟化，接著擰乾，讓吉力丁在未達沸騰的熱液體中溶解。

GLUCOSE 葡萄糖
質地黏稠的無色糖漿，因其抗結晶性和防腐作用而用於糕點和糖果的製作。此外，它也為作品提供更多的柔軟度。

GÉNOISE 海綿蛋糕
以糖和蛋等混合料組成的輕盈備料，先隔水加熱，接著攪拌至冷卻，然後再加上麵粉。作爲不同糕點的基底，亦可加入各種食材（如杏仁、榛果、巧克力等）作爲風味的變化。

GLACER 淋上鏡面或篩上糖粉
爲甜點鋪上鏡面或篩上糖粉，在視覺上更爲美觀，令人垂涎。

GRILLER 烘烤
用烤箱將烤盤上的核桃、杏仁、開心果等烤成均勻的金黃色。

GRUÉ DE CACAO 可可粒
烘焙過的可可豆碎片，可在專門的食品雜貨店中找到。

HACHER 切碎
用刀或食物調理機將糖漬水果、巧克力、榛果、杏仁等切成小塊。

HUILER 上油
1. 將烤盤或模型塗上薄薄一層油，以免沾黏。
2. 用來形容不均勻的果仁糖。

IMBIBER 浸潤
用糖漿或酒精浸透備料（如巴巴、海綿蛋糕等），賦予其柔軟的質地並進行調味。

INCORPORER 混入
慢慢將一種素材加進另一種素材中，一邊輕輕混合。

INFUSER 浸泡
將芳香素材（例如：薄荷、茶等）靜置在煮沸的液體中，讓液體能夠吸收其香氣。

LEVURE DE BOULANGER 酵母
用於製造麵包或維也納麵包的眞菌類。在含有麵粉、潮濕且微溫的環境中，它會產生發酵，排出二氧化碳：就是此散出的氣體讓麵團得以膨脹。

LEVURE CHIMIQUE 泡打粉
無臭的化學發酵粉，由小蘇打粉和塔塔粉所構成，在市面上以11克的小包裝形式販售。爲了發揮作用，泡打粉需要熱度和水分：在混拌麵糊時，泡打粉接觸到帶有水分的食材而產生作用。

LISSER 使平滑
快速攪打凝固或結實的混合材料，使其軟化。

MACÉRER 浸漬
將果乾、新鮮水果或糖漬水果浸泡在液體（例如：酒精、糖漿、茶）中，以吸收液體的香氣。

MARBRÉ 大理石紋
用來形容以兩種技術上相同，但味道和顏色不同的備料組成的甜點（大理石蛋糕、大理石冰淇淋等等）。

MERINGUE 蛋白霜
攪打成泡沫狀的蛋白和細砂糖的混合料。
有三種蛋白霜：
1. 法式蛋白霜，將蛋白打成泡沫狀並慢慢加入細砂糖。
2. 義式蛋白霜，在打發蛋白中混入煮熟的糖漿。
3. 瑞士蛋白霜，在隔水加熱鍋中攪打蛋白和細砂糖。

MONDER 去皮
見 Émonder 去皮。

MONTER 打發
用攪拌器攪打食材（例如蛋白、鮮奶油）或混合料，以增加其體積。

NAPPAGE NEUTRE 鏡面果膠
無味且無色的液態果膠，以果醬（杏桃或覆盆子）爲基底，加熱融化後鋪在糕點或水果塔上，形成帶有光澤且令人垂涎的外觀。

NAPPER 淋上鏡面／像表面鋪了一層
1. 爲甜點覆以鏡面，讓外觀更臻於完美。
2. 爲甜點淋上庫利或奶油醬。
3. 將英式奶油醬煮至濃稠，且能均勻地覆蓋在湯匙背的狀態。

PAILLETÉ FEUILLETINE 巴瑞脆片
法式薄餅的碎片。
法文名字 Feuilletine 其實只有「脆片」的意思，但因爲台灣最常見的是法國 cacao barry 出的這種脆片，於是被冠上廠商名稱爲「巴瑞脆片」，事實上並不只有此廠牌生產這種脆片，只是在台灣已經習慣稱爲巴瑞脆片。

PASSER 過濾
用濾器或漏斗型網篩過濾液態或半液態備料，以攔住固態微粒。

PÂTE À GLACER 鏡面淋醬
以可可粉、細砂糖和乳製品構成的備料，磨碎後混入植物來源的油脂。用來爲多層蛋糕和其他糕點備料製作鏡面，形成帶有光澤且酥脆的修飾。

PÂTE À SUCRE 翻糖
以糖粉、蛋白、葡萄糖液和食用色素所製成的備料。可塑性極高的翻糖可用來爲糕點作品製作裝飾。

PÂTE DE CACAO 可可塊
可可豆搗碎後所形成的團塊。這是所有以可可或巧克力為基底的食品原料。可在專門的食品雜貨店中找到。

PÂTON 麵團
經折疊但尚未烘烤的折疊派皮。

PECTINE 果膠
植物性來源的果膠因其穩定、膠化和稠化等功效而受到使用。有數種選擇，主要為NH 果膠和黃色果膠。

PÉTRIR 揉麵
混合、揉捏、搓揉備料的素材，以形成麵團。

PINCÉE 撮
以大拇指和食指捏起的少量食材（例如、鹽、細砂糖等）。

PIQUER 戳洞
用叉子在塔皮底部戳出小洞，讓塔皮不會在烘烤時膨脹。

POCHER 水煮
在保持微滾的液體中煮食材，特別是在含細砂糖的液體中煮水果。

POUSSER 發酵膨脹
用來形容因酵母發酵的作用而體積增加的麵團。

PRALIN 帕林內果仁糖
以磨碎的焦糖杏仁和／或榛果為基底的備料。市面上可找到小包裝的帕林內果仁糖。

PRALINER 加入或製成帕林內果仁糖
1. 加入帕林內果仁糖醬，為備料調味。
2. 帕林內果仁糖的製作階段：以熟糖包覆杏仁或榛果。

QUENELLE 丸形
用兩根同樣的湯匙，將冰淇淋或相類似材質等的備料塑造成橢圓丸形。

RAYER 劃線
用刀尖在刷上蛋黃漿並準備要烘烤的麵皮上形成裝飾，例如國王餅、蘋果香頌派（chausson aux pommes）等。

RÉDUIRE 濃縮
將液體煮沸並維持在煮沸的狀態，讓水分蒸散並減少體積。備料會變得更為濃稠，味道也更加濃郁。

RÉSERVER 預留備用
將之後要使用的素材置於一旁的通風處或保溫。

RHODOÏD® 玻璃紙
相當厚的塑膠紙或條，在製作慕斯或奶油醬時，用來鋪在慕斯圈中。

RUBAN 緞帶狀
用來形容經過充分打發而變得平滑均勻的備料，由攪拌器上流下時不會中斷，形成緞帶狀。

SABLER 形成砂狀
將麵粉和奶油搓成砂粒狀，在混和物變得易碎時就要停止。

SUCRE INVERTI (OU TRIMOLINE®)
轉化糖（或稱 TRIMOLINE®）
甜度高於傳統細砂糖約25% 的甜味食品。

TAMISER 過篩
用網篩或細孔濾器過濾材料（例如：可可、麵粉、糖粉、泡打粉等），以去除結塊。

TAPISSER 鋪上
在模型表面覆蓋上備料、麵糊或烤盤紙。

TEMPÉRER 調溫
讓巧克力歷經三個不同的溫度階段，以改善其光澤度和脆度。經調溫後的巧克力可用來塑形、製作裝飾，或包覆糖果。

THERMOMETRE DE CUISSON
料理溫度計
在烹煮過程中，用來瞭解食物確切溫度的料理用具。通常具有探針。

TOURER 折疊
在奶油上將麵皮（折疊派皮、可頌派皮等）重複折起，以與奶油形成層次。

TRAVAILLER 揉捏
用手、器具或攪拌器快速攪打或攪拌備料，以混入空氣、新的素材，或是讓備料增加體積或變得平滑。

TURBINER 離心攪拌
用雪酪機使混合料凝固，直到固化形成冰淇淋或雪酪。

VERGEOISE 砂糖
精製的甜菜糖或蔗糖，有顏色、質地柔軟。市面上會販售金黃色或棕色的砂糖。

ZESTER 削（柑橘類水果的）皮
用削皮器或削皮刀取下柑橘類水果（例如：柳橙、檸檬等）的外皮。果皮可混入備料中進行調味。

# INDEX DES RECETTES
## par ordre alphabétique
### 依字母順序排列的食譜索引

# INDEX DES RECETTES
## par ingrédients
### 依食材排列的食譜索引

# REMERCIEMENTS

## 致 謝

這本書若少了 Émilie Burgat 的率領，主廚 Jean-François Deguignet 和 Olivier Mahut 具專業水準的合作團隊、無時無刻的追蹤與熱忱，還有攝影師奧立維耶‧柏羅東的付出，是不可能出版的。我們也要感謝行政團隊：Catherine Baschet、 Kaye Baudinette、Isaure Cointreau、Marie Hagège、Charlotte Madec、Leanne Mallard 和 Sandra Messier。

特別感謝拉魯斯的 Isabelle Jeuge-Maynard（執行長）和 Ghislaine Stora（副執行長）及其整個團隊：Agnès Busière、Émilie Franc 和 Coralie Benoit。

法國藍帶廚藝學院和拉魯斯更感謝全球近20個國家，超過35間法國藍帶廚藝學院的主廚團隊們，是他們的專業技術和創意讓本書得以付梓。

向以下人員表示萬分感激：**巴黎藍帶廚藝學院**及其主廚 Éric Briffard（法國最佳職人 MOF）、Philippe Groult（法國最佳職人 MOF）、Patrick Caals、 Williams Caussimon、Didier Chantefort、Olivier Guyon、Franck Poupard、Christian Moine、 Marc-Aurèle Vaca、Fabrice Danniel、Jean-François Deguignet、Xavier Cotte、Ollivier Christien、Oliver Mahut、Soyeon Park、Jean-Jacques Tranchant、Olivier Boudot、Frédéric Hoël 和 Vincent Somoza；

**倫敦藍帶廚藝學院**及其主廚 Emil Minev、Loïc Malfait、Éric Bediat、Anthony Boyd、David Duverger、Reginald Ioos、Colin Westal、Julie Walsh、Graeme Bartholomew、Matthew Hodgett、Nicolas Houchet、Dominique Moudart、Olivier Mourelon、Colin Barnet、Jérôme Pendaries、Nicholas Patterson 和 Javier Mercado；

**東京藍帶廚藝學院**及其主廚 Guillaume Siegler、Yuji Toyonaga、Stéphane Reinat、Dominique Gros、Katsutoshi Yokoyama、Hiroyuki Honda、Manuel Robert、Kazuki Ogata、 Jean-François Favy、Gilles Company 和 Masaru Okuda；

**神戶藍帶廚藝學院**及其主廚 Jean Marc Scribante、Patrick Lemesle、Philippe Koehl 和 Vincent Koperski；

渥太華藍帶廚藝學院及其主廚 Hervé Chabert、Aurélien Legué、Frédéric Rose、Julie Vachon、 Cristiana Solinas、Yannick Anton、Xavier Bauby、Stuart Walsh、Stéphane Frelon、Nicolas Jordan（法國最佳職人 MOF）和 Jason Desjardins；

韓國藍帶廚藝學院及其主廚 Georges Ringeisen、Laurent Reze、Pierre Legendre、Alain Sanchez 和 Thierry Lerallu；

祕魯藍帶廚藝學院及其主廚 Jacques Decrock、Torsten Enders、Paola Espach、Clet Laborde、Jeremy Penaloza、Javier Ampuero、Gregor Funke、Elena Braguina、Angelo Ortiz、Fabian Beelen、Gloria Hinostroza、Annamaria Dominguez、Franco Alva、Andres Ortega、Daniel Punchin、Olivier Roseau、Andrea Winkelried、Christophe Leroy、Patricia Colona、Samuel Moreau、Martin Tufro 和 Juan Carlos Alva；

墨西哥藍帶廚藝學院及其主廚 Arnaud Guerpillon、Denis Delaval、Omar Morales、Carlos Santos、Carlos Barrera、Cédric Carême、Richard Lecoq、Sergio Torres 和 Edmundo Martinez；

泰國藍帶廚藝學院及其主廚 Christian Ham、Alex Ruffinoni、Marc Champire、Willy Daurade、 Supapit Opatvisan、Niruch Chotwatchara、Guillaume Ancelin 和 Wilairat Kornnoppaklao；

澳洲藍帶廚藝學院及其主廚 Andre Sandison；

上海藍帶廚藝學院及其主廚 Philippe Clergue、Jérôme Laurent、Fabrice Bruto、Jose Cau、Jean Michel Bardet、Nicolas Serrano、Régis Février、Jérôme Rohard、David Oliver 和 Olivier Paredes；

伊斯坦堡藍帶廚藝學院及其主廚 Éric Germanangues、Arnaud Declercq 和 Christophe Bidault；

馬德里藍帶廚藝學院及其主廚 Yann Barraud、Victor Pérez、Erwan Poudoulec、Franck Plana、 David Millet、José Enrique Gonzàlez、Jean Charles Boucher、Amandine Finger、Carlos Collado、Natalia Vàzquez 和 David Battistessa；

台灣藍帶廚藝學院及其主廚 Nicolas Belorgey 和 Sebastien Graslan；

紐西蘭藍帶廚藝學院及其主廚 Sebastien Lambert、Francis Motta、Paul Dicken、Vincent Boudet、 Gabriel Chambers、Paul Vige、Michel Rocton、Thomas Holleaux 和 Michael Arlukiewicz；

馬來西亞藍帶廚藝學院及其主廚 Rodolphe Onno、Sylvain Dubreau、Florian Guillemenot、Stéphane Alexandre 和 David Williams Morris。

系列名稱 / 法國藍帶
書 名 / 法國藍帶糕點聖經
作 者 / 法國藍帶廚藝學院
出版者 / 大境文化事業有限公司
發行人 / 趙天德
總編輯 / 車東蔚
文 編 / 編輯部
美 編 / R.C. Work Shop
翻 譯 / 林惠敏
地 址 / 台北市雨聲街77號1樓
TEL / (02)2838-7996
FAX / (02)2836-0028
初 版 / 2018年4月
定 價 / 新台幣1990元
ISBN / 978-986-9451482
書 號 / LCB 15

讀者專線 / (02)2836-0069
www.ecook.com.tw
E-mail / service@ecook.com.tw
劃撥帳號 / 19260956大境文化事業有限公司

國家圖書館出版品預行編目資料
法國藍帶糕點聖經
法國藍帶廚藝學院 著；--初版.--臺北市
大境文化，2018 512面；22×28公分（LCB；15）
ISBN 978-986-94514-8-2（精裝）
1.點心食譜
427.16　　107000411

Direction de la publication : Isabelle Jeuge-Maynart et
Ghislaine Stora
Direction éditoriale : Agnès Busière et Émilie Franc
Édition : Coralie Benoit
Conception graphique : Anna Bardon
Couverture : Véronique Laporte
Mise en page : Valérie Verroye-Nacci et Lucile Jouret
Fabrication : Donia Faiz